职业技能培训鉴定教材 建筑类

ZHIYE JINENG PEIXUN JIANDING JIAOCAI

通风工

级

（第2版）

TONG FENG GONG

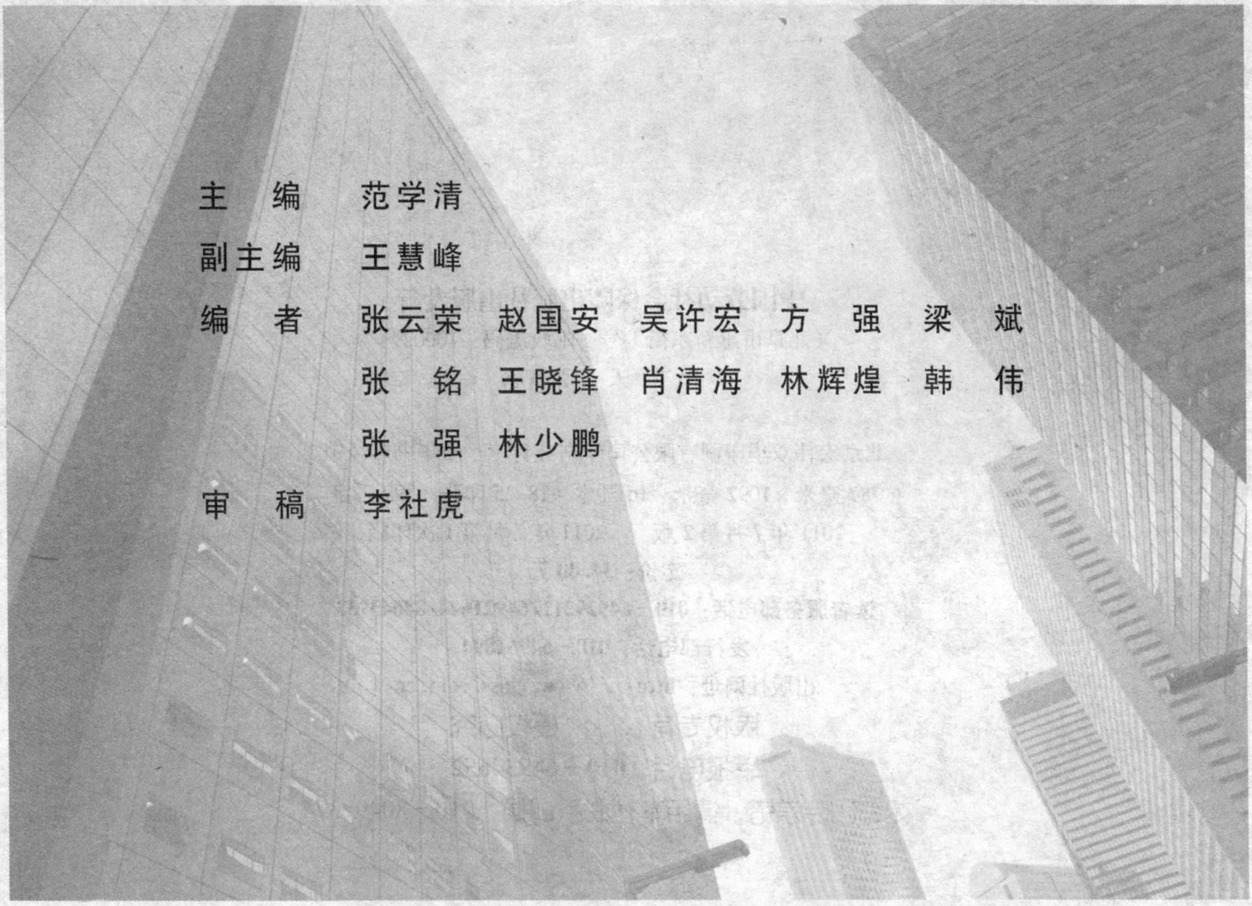

主　编　范学清

副主编　王慧峰

编　者　张云荣　赵国安　吴许宏　方　强　梁　斌

张　铭　王晓锋　肖清海　林辉煌　韩　伟

张　强　林少鹏

审　稿　李社虎

中国劳动社会保障出版社

图书在版编目(CIP)数据

通风工：初级/人力资源和社会保障部教材办公室组织编写．—2版．—北京：中国劳动社会保障出版社，2011

职业技能培训鉴定教材

ISBN 978－7－5045－9065－7

Ⅰ．①通…　Ⅱ．①人…　Ⅲ．①通风工程-职业技能-鉴定-教材　Ⅳ．①TU834

中国版本图书馆CIP数据核字(2011)第112443号

中国劳动社会保障出版社出版发行

（北京市惠新东街1号　邮政编码：100029）

出版人：张梦欣

＊

北京宏伟双华印刷有限公司印刷装订　新华书店经销

787毫米×1092毫米　16开本　18.25印张　399千字

2011年7月第2版　2011年7月第1次印刷

定价：34.00元

读者服务部电话：010－64929211/64921644/84643933

发行部电话：010－64961894

出版社网址：http：//www.class.com.cn

内容简介

本教材由人力资源和社会保障部教材办公室组织编写。教材以《建筑行业职业技能标准·通风工》为依据，紧紧围绕“以企业需求为导向，以职业能力为核心”的编写理念，力求突出职业技能培训特色，满足职业技能培训与鉴定考核的需要。

本教材详细介绍了初级通风工要求掌握的最新实用知识和技术。全书分为9个模块单元，主要内容包括：通风与空气调节知识、工程图识读，通风与空调工程常用材料，常用工具、量具、机具及机械，风管、配件展开放样，金属板材的剪切与连接，金属风管、配件及部件的制作，硬聚氯乙烯及玻璃钢风管与配件的制作，以及通风与空调系统风管安装等。每一单元后安排了单元测试题及答案，书末提供了理论知识和操作技能模拟试卷样例，供读者巩固、检验学习效果时参考使用。

本教材是初级通风工职业技能培训与鉴定考核用书，也可供相关人员参加在职培训、岗位培训使用。

前　言

1994年以来，原劳动和社会保障部职业技能鉴定中心、教材办公室和中国劳动社会保障出版社组织有关方面专家，依据《中华人民共和国职业技能鉴定规范》，编写出版了职业技能鉴定教材及其配套的职业技能鉴定指导200余种，作为考前培训的权威性教材，受到全国各级培训、鉴定机构的欢迎，有力地推动了职业技能鉴定工作的开展。

原劳动保障部从2000年开始陆续制定并颁布了国家职业标准。同时，社会经济、技术不断发展，企业对劳动力素质提出了更高的要求。为了适应新形势，为各级培训、鉴定部门和广大受培训者提供优质服务，人力资源和社会保障部教材办公室组织有关专家、技术人员和职业培训教学管理人员、教师，依据国家职业标准和企业对各类技能人才的需求，研发了职业技能培训鉴定教材。

新编写的教材具有以下主要特点：

在编写原则上，突出以职业能力为核心。教材编写贯穿“以职业标准为依据，以企业需求为导向，以职业能力为核心”的理念，依据国家职业标准，结合企业实际，反映岗位需求，突出新知识、新技术、新工艺、新方法，注重职业能力培养。凡是职业岗位工作中要求掌握的知识和技能，均作详细介绍。

在使用功能上，注重服务于培训和鉴定。根据职业发展的实际情况和培训需求，教材力求体现职业培训的规律，反映职业技能鉴定考核的基本要求，满足培训对象参加各级各类鉴定考试的需要。

在编写模式上，采用分级模块化编写。纵向上，教材按照国家职业资格等级单独成册，各等级合理衔接、步步提升，为技能人才培养搭建科学的阶梯型培训架构。横向上，教材按照职业功能分模块展开，安排足量、适用的内容，贴近生产实际，贴近培训对象需要，贴近市场需求。

在内容安排上，增强教材的可读性。为便于培训、鉴定部门在有限的时间内把最重要的知识和技能传授给培训对象，同时也便于培训对象迅速抓住重点，提高学习效率，在教材中精心设置了“培训目标”等栏目，以提示应该达到的目标，需要掌握的重点、难点、鉴定点和有关的扩展知识。另外，每个学习单元后安排了单元测试题，每个级别的教材都提供了理论知识和操作技能模拟试卷样例，方便培训对象及时巩固、检验学习效果，并对本职业鉴定考核形式有初步的了解。

本书在编写过程中得到陕西建设技术学院的大力支持和热情帮助，在此一并致以诚挚的谢意。

编写教材有相当的难度，是一项探索性工作。由于时间仓促，不足之处在所难免，恳切希望各使用单位和个人对教材提出宝贵意见，以便修订时加以完善。

人力资源和社会保障部教材办公室

目录

第1单元

通风与空气调节知识

第一节　通风与空气调节概念

培训目标

→ 了解通风与空调的联系与区别
→ 熟悉通风与空调工程各自的作用

一、通风与空气调节的概念及作用

建筑物是人们生活与工作的场所，人类约有五分之四的时间在建筑物内度过。建筑环境对人类的寿命、工作效率乃至产品质量起着极为重要的作用。因此，现代建筑仅具有挡风遮雨的功能远远不够，还必须提供一个温湿度宜人、空气清新、光照柔和、宁静舒适的环境。生产与科学实验对环境的要求更为苛刻，如计量室或标准量具刻度车间要求温度恒定，因为温差过大会使计量与刻度结果产生变化；又如纺织车间要求湿度恒定，因为空气干燥棉絮易断头，而湿度过大又不易抽丝；在精密仪器制造及电子元件的生产中，还要求恒温恒湿；在微电子集成电路生产过程中，尤其是芯片集成度的不断提高，要求生产洁净度必须达到标准，否则可能使产品在电路导线间形成短路或断路等。上述人类自身以及生产、科学实验等对环境的要求，促使通风与空调技术的发展与之相适应。

通风与空气调节是控制建筑物热湿环境和室内空气品质的技术，同时还包含着自身系统运转所产生的气流噪声、电磁噪声与机械噪声的控制。通风与空气调节虽然同为建筑环境的控制技术，但它们实际控制的对象与功能有所不同。人们通常所说的通风是广义上的通风，它包括了通风与空气调节两大部分，两者实际内容是不一样的。

通风工程是送风、排风、除尘、气力输送以及防、排烟工程的统称。

空调工程则是空气调节、空气净化与洁净室空调系统的统称。

1. 通风

通风是为改善生产和生活条件，采用自然或机械的方法，对某一空间的空气进行置换，以形成安全、卫生等适宜空气环境的技术。通风的功能主要有：

（1）提供人们呼吸所需要的氧气。

（2）稀释室内污染物或气味。

（3）排除室内生产过程中产生的污染物。

（4）除去室内多余的热（余热）、湿（余湿）量。

（5）提供室内燃烧设备所需的空气。

根据服务对象的不同，通风可分为民用建筑通风与工业建筑通风。

2. 空气调节

空气调节是使房间或封闭空间的四度，即空气温度、湿度、洁净度与气流速度等参数达到给定要求的技术。空气调节简称空调。空调可对某一房间或空间内的四度参数进行调节与控制，并提供足够量的新鲜空气。

按照传统的观念，人们把满足人体舒适、健康与利于高效工作的空气调节称作“舒适性空调”，它涉及与人类活动密切相关的所有建筑领域。相对地，人们把满足生产工艺特定要求的空气环境的空气调节称为“工艺性空调”。两者相比，舒适性空调相对简单。根据不同的使用对象，工艺性空调对某些空气环境参数的调控要求比舒适性空调严格得多。

3．通风与空调的区别及联系

在工程上，把维持室内环境中有害物质含量在一定的卫生要求范围的技术称作通风，而空调则是更高层次的通风。空气调节与通风一样担当着保障建筑环境的职能，与通风相比，它对室内空气环境品质的调控更全面，层次更高。在室内空气环境品质控制中，空气温度、湿度、洁净度与气流速度是基本参数，在有些场合可能还涉及对气压、气味及安静度等环境参数的调控。

二、通风与空气调节的主要内容

在民用建筑或一些轻度污染的工业厂房内，通风系统的任务通常是只把室外的新鲜空气送入室内，或将室内污浊的空气排到室外。采用通风换气达到保持室内空气环境的清洁、卫生，并在一定程度上改善室内的温、湿度与气流速度等环境参数。

当工业厂房内散发大量热、湿、粉尘或有害气体等有害物质时，通风的任务则要针对工业污染物采取捕集、净化等有效措施，进行处理达到排放标准后排至大气。厂房内污染物的含量必须降低到标准或规范允许的范围内，使之达到既改善了劳动条件，保护操作者的健康，又防止污染大气环境的目的。

1．通风系统

通风系统一般由进、排风装置，风管及空气净化设备等几个主要部分组成，如图1—1所示。

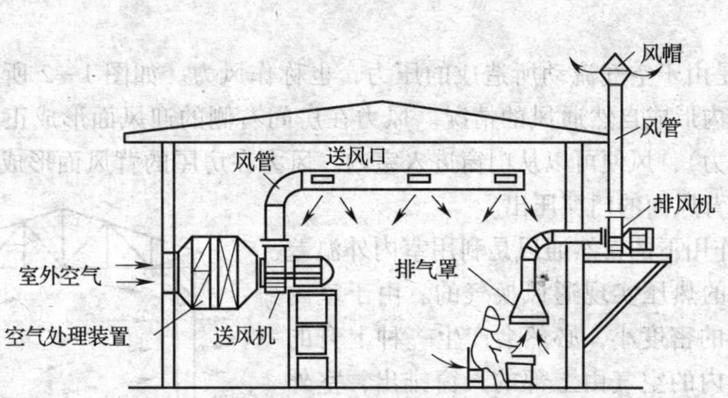

图 1—1　通风系统示意图

（1）图 1—1 中的送风系统主要由空气处理装置、送风机、风管以及送风口等组成。其中空气处理装置把从室外采集的空气进行处理，使之达到设计参数的要求再送入室内。

（2）图 1—1 中的排风系统由排气罩、风管、排风机以及伞形风帽等组成。

2．空调系统

空调系统一般是由空气处理设备、输配系统（送风机、风管、送风口）、自动控制系统等组成。空调系统的空气流程是：室外的新鲜空气或与部分来自空调房间的循环空气，一并进入空调机组，依次经过过滤、加热或冷却、加湿或干燥等各种处理，待达到空调房间要求的参数时，再由送风机、风管与送风口送入空调房间，以满足生产工艺与人们舒适生活的要求。

第二节　通风与空调系统的分类

培训目标

- 了解通风与空调系统的分类
- 熟悉各通风与空调方式的特性及适用范围

一、通风系统的分类

1．按动力方式分

通风系统按动力方式分为自然通风与机械通风。

（1）自然通风。这是利用室外自然风力造成的风压以及由室内外空气温度差与高度差产生的热压使空气流动的通风方式。

自然通风不消耗机械动力，经济且便于管理，而且可以获得较大的换气量，特别适用于产生大量余热的生产车间。不足的是易受室外气象条件的影响，尤其是风力大小、温差大小会使通风效果很不稳定。因此，自然通风较多地应用在热加工车间排除余热的全面通风上。

1）风压是由于空气流动所造成的压力，也称作风力。如图 1—2 所示就是利用风压差使得房间内形成自然通风的情况。风力在房间右侧的迎风面形成正压区（室外压力大于室内压力），风便可以从门窗进入室内。风力在房屋的背风面形成负压区，迫使室内的空气从背风面的门窗压出。

2）热压作用下的自然通风是利用室内外温差与高度差产生的热压实现通风换气的。由于室内温度高，空气的密度小，必然会产生一种上升的力量，当房间内的空气由上部的天窗排出，室外的低温空气（密度大）则从下边的门窗或缝隙进入室内，如图 1—3 所示。

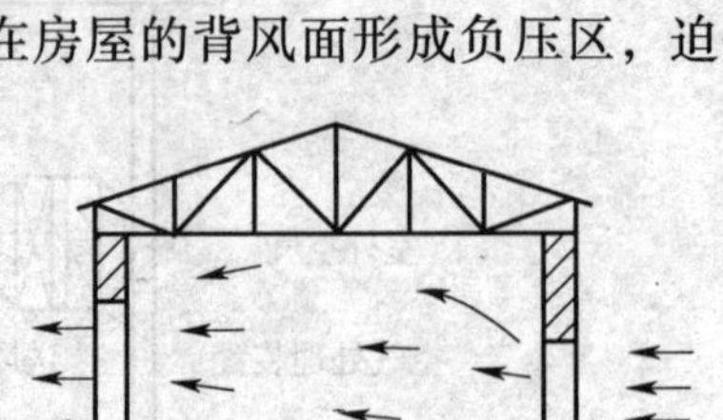

图 1—2　风压作用下的自然通风

3）在很多建筑物内的自然通风，往往都是在风压与热压复合作用下实现的。如图1—4所示，在建筑物左侧迎风面外墙的下部窗孔处，热压和风压的方向是一致的，有风压存在时其风量增大；而上部窗孔，在只有热压的作用下起排风作用，当有风时，若外面的风压大于该窗孔处的余压，左侧窗孔就会出现倒灌现象。

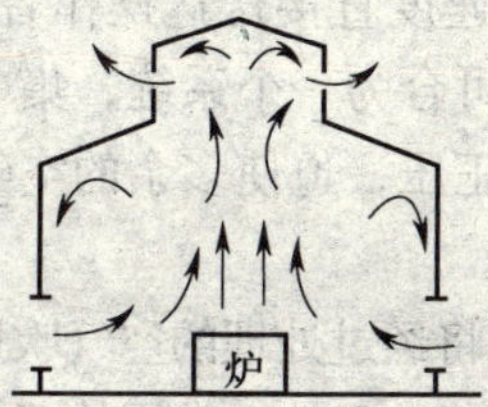

图1—3　热压作用下的自然通风

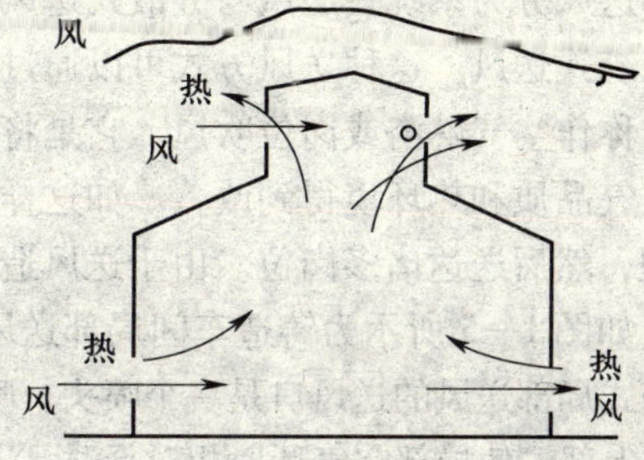

图1—4　风压与热压同时作用下的自然通风

在建筑物右侧背风面外墙的下部窗孔处，热压与风压方向并非一致，若该侧窗孔的余压值大于风压，则此侧窗孔起进风作用；上部排风口因热压与风压的方向一致，其排风量增大。

由此可见，风力的大小与风的方向对自然通风的影响很大。而风速与风压是经常变化的，不是一个可靠稳定的因素，它直接影响自然通风的效果。

利用门窗进行换气效果不好或换气量不足的民用建筑或工业厂房，均可在其上方加装筒形风帽来增加排风效果。

产生大量余热、余湿的生产车间，可在其上部加装排气罩及风管系统，在出屋面的风管末端再安装筒形风帽，以充分利用风压与热压的作用，增强排风能力，满足室内较充分换气的目的。

自然通风与机械通风相比，虽经济性好，便于管理，但通风效果常因自然风力、风向及温差的影响不易控制，如室内外温差相近几乎无风时，室内的换气性能与通风效果很差。

（2）机械通风。依靠风机运转产生的动力，迫使室内外空气交换，达到改变室内空气环境的目的。机械通风的特点是动力强，能人为地控制风量的大小与通风效果，并能对空气进行加热、冷却、加湿、干燥及净化等处理。

2. 按应用范围分

通风系统按应用范围的不同分为局部通风与全面通风。

（1）局部通风。局部通风是指为改善室内局部空间的空气环境，向该空间送入或从该空间排出空气的通风方式。如某车间某一地点产生高温、高湿或污浊有害的气体，可直接从该处抽走，以防止其扩散到整个车间；或将新鲜、温度、湿度合适的空气送达操作人员工作区域内。这些都是利用局部气流使工作地点不受有害气体污染，以达到改善工作地点空气环境的目的。

局部通风系统分为局部送风与局部排风两类。

1）局部送风。局部送风是以一定速度将新鲜空气直接送达指定地点的通风方式。

对于面积较大、工作地点相对固定、操作人员较少的车间，可以采用局部送风。如炼钢炉产生的大量高温余热，要改善整个车间的空气环境不仅困难也不经济，此时，采用局部送风增加局部地点的风速或同时降低该地点的空气温度，就能达到改善局部工作地点空气环境的目的。

局部送风分为系统式送风与分散式送风两种。

①系统式送风。这种送风方式可以通过送风管道对送出的空气进行加热、冷却等处理，通常称作空气淋浴或岗位吹风。它是将新风以一定的速度直接送达操作者的岗位，使该处空气品质和热环境得到改善。如这样的岗位较多，可合为一个系统，集中对新风进行处理，然后送达诸多岗位。由于送风造成某一区域的正压，迫使多余的空气由窗孔处排出。如图 1—5 所示为铸造车间局部送风系统。

系统式局部送风的送风口是一个喷头，喷头以一定速度将经过处理的空气吹送到操作者的身体上部，使局部空气环境相对舒适，以改善操作者的劳动条件。常用的喷头是圆柱形喷头，它在管口装有扩散角约为 6°～8°的扩散口，以利于往下送风，如图 1—6 所示。

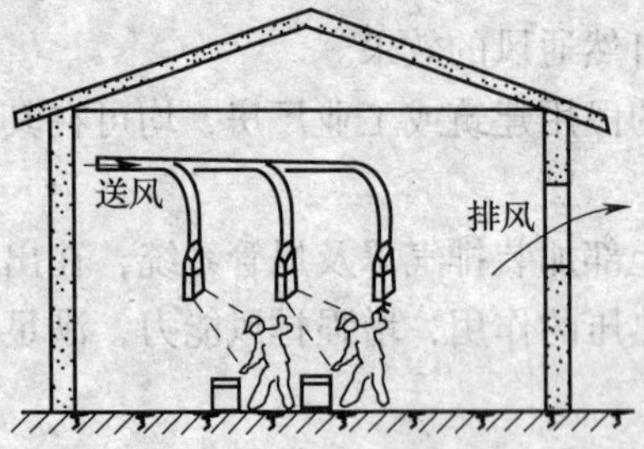

图 1—5　局部送风系统

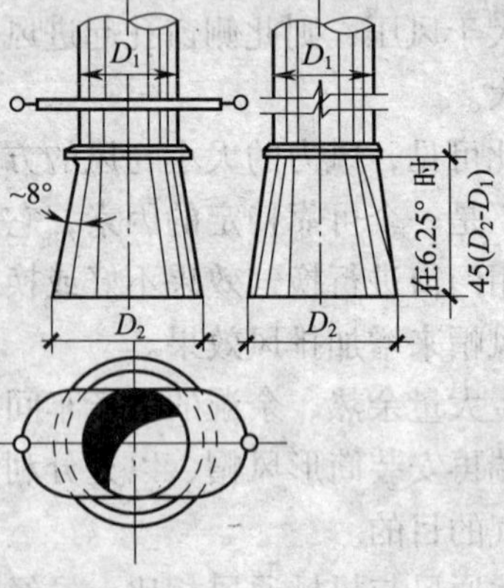

图 1—6　圆柱形喷头

在系统式局部送风中，应用较为普遍的还有旋转式喷头，如图 1—7 所示。该喷头与风管之间有一个可活动的凸缘，喷头能绕垂直风管的轴心转动；该喷头一般为 45°斜切的矩形管，在它的出风口处装有可变换开启角度的导流叶片，因此，可以向任意方向送风，且送风距离在小范围内可做些调整。

②分散式送风。常见的有喷雾风扇以及空气幕等。

喷雾风扇是用普通轴流风机加设甩水盘同时转动，盘中的水在离心力的作用下沿切线方向被甩出，形成许多细小的水滴，似雾一般随气流一起被吹出的送风装置。

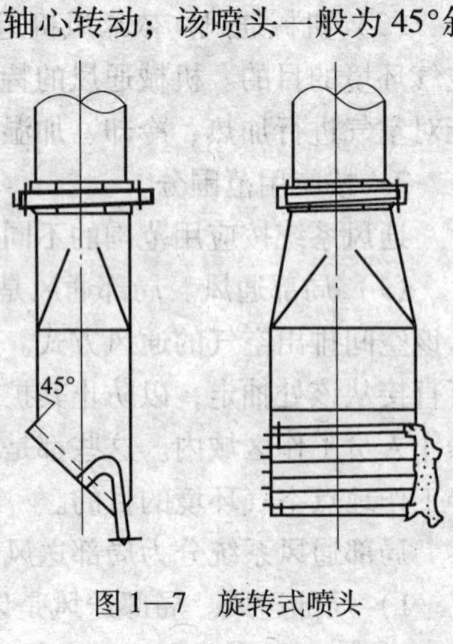

图 1—7　旋转式喷头

空气幕在人员出入频繁的公共建筑，如大商场、超市、影剧院等场合应用相当普遍。在炎热的夏季或寒冷的冬天，在建筑出入口用空气幕以条缝形空气分布器喷出一定温度和较高速度的平面气流，以隔断室内外空气对流。

利用空气幕不仅可减少或隔绝外界气流的侵入，维持室内或某一区域的环境条件，同时还可以阻挡粉尘、有害气体及昆虫的侵入。空气幕具有隔冷、隔热、隔尘及隔虫等作用，不仅维护了室内环境，还节约了建筑能耗。

空气幕由空气处理设备、风机、风管系统及风口等组成。目前使用较多的是将空气处理设备、风机及风口三者组合在一起的产品。

空气幕按照空气分布器的安装位置可分为侧送式、上送式和下送式 3 种，如图 1—8 所示。

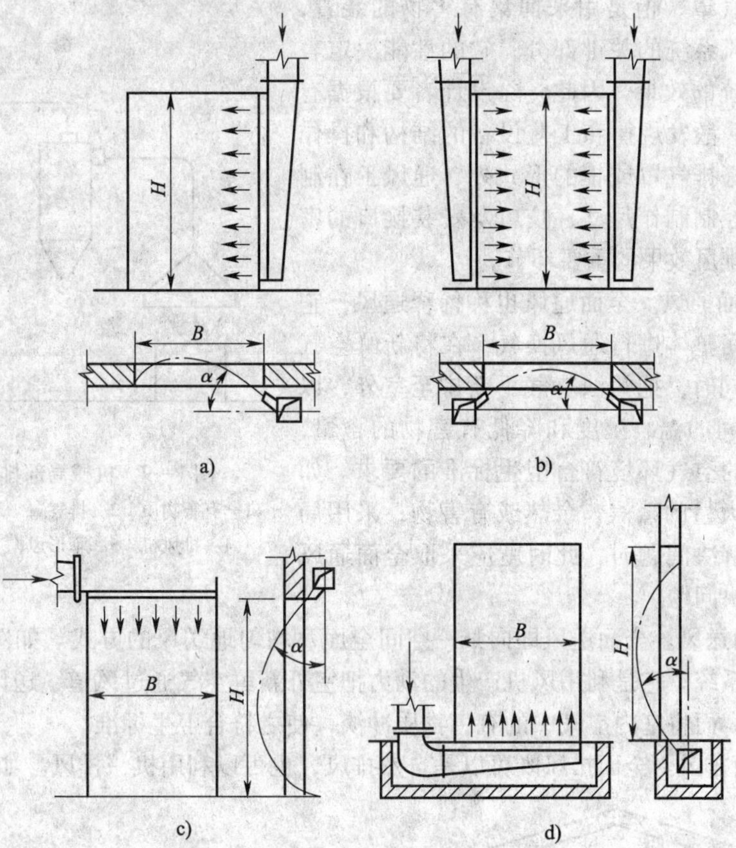

图 1—8　空气幕形式

a）单侧送风　b）双侧送风　c）上式送风　d）下式送风

a．单侧送风空气幕适用于宽度小于 4 m 的门洞，且通过门洞时间较短的场合。

b．当门洞宽度超出 4 m，而通过门洞时间较长时，应当选用双侧送风空气幕。

c．上送式空气幕，它的挡风效率不及下送式空气幕，但它喷出的气流卫生条件较下送式空气幕好，主要用于阻隔夏季热气流的侵入与室内降温。

d．下送式空气幕，气流由门洞下部吹出，所需空气量较少，运行费用低，由于射流最强区在门洞下部，因此，最适合于冬天抵抗冷空气侵入。此种空气幕因空气分布器设置于门洞的下部，存在容易积尘和被杂物堵塞，送风时还易扬尘等缺陷。

2）局部排风。局部排风是在散发有害物的某一地点加装排气罩、柜等捕集有害物的装置，直接将其排放到室外或经处理再排放到室外的通风方式。如锻造车间的加热炉产生的大量余热，可通过加装一排气罩将余热排至室外；又如电镀车间的酸洗槽，在生产过程中会产生大量的有害气体，此时可在酸洗槽两侧或顶部加装排气罩或柜，就可以控制其烟气的弥漫、扩散，经处理后排放至大气中。

局部排风系统主要由局部排气罩或柜、风管、净化装置与排风机等组成，如图1—9所示。含有害物质的空气由排气罩吸入，经风管送到净化装置内，经处理达到排放标准后，被风机吸入压进排风主管，经伞形风帽排入大气中。

局部排气罩、柜是用来捕集有害物的装置，它是局部排风系统的关键部分，它的性能决定着局部排风系统的效果，因此，除设计者要根据有害物的性质、散发规律和工艺设备的结构和操作情况，选择好排气罩或柜的形式外，通风工在制作时，严格控制制作尺寸、咬口及安装接口的密封也是影响排风效果的重要环节。

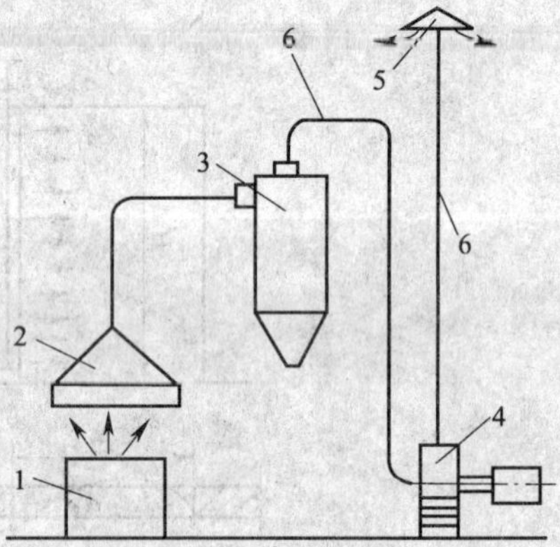

图1—9 机械局部排风系统

1—有害物质 2—排气罩 3—净化装置 4—排风机 5—伞形风帽 6—风管

（2）全面通风。全面通风也称稀释通风，它是对某一空间整体进行通风换气，在将新鲜空气送入室内的同时，把污浊空气不断排至室外，以改变这一空间的温、湿度和降低有害物的含量，使这一空间的空气环境符合卫生标准的要求。如某车间产生大量的蒸汽、余热或有害物，采用局部排风不能解决问题时，此时就应采取全面通风的方式来解决问题。

单元 1

1）全面送风。全面送风即向某一空间全面、均匀地送风的方式。如图1—10所示为全面送风系统。它是利用风机产生的动力把室外新鲜空气通过风道、送风口源源不断地送入室内，而将室内空气中的有害物质冲淡，使之符合卫生标准。

2）全面排风。全面排风既可以是自然排风，也可以利用机械排风。如图1—11所

图1—10 全面送风系统

图1—11 全面排风系统

示为全面排风系统。它是利用全面排风将室内有害物排向室外，进风则来自没有有害物的邻室或室外。

3）全面送、排风。在工程中，往往采用全面送、排风系统，即一个生产车间既采用全面送风系统，又采用全面排风系统。如图 1—12 所示为全面送、排风系统。

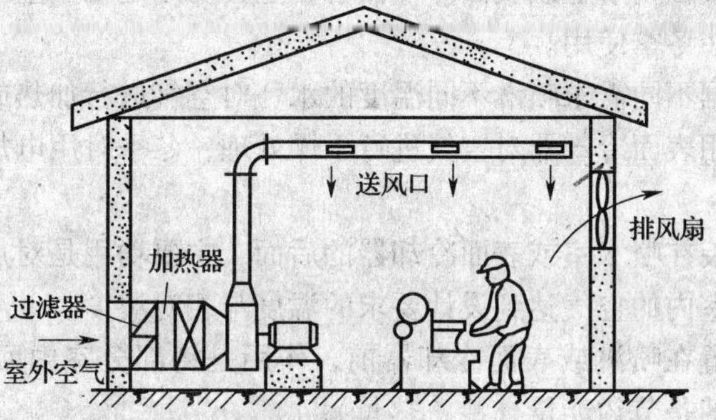

图 1—12　全面送、排风系统

二、空调系统的分类

1. 按空气处理设备的设置情况分

空调系统按空气处理设备的设置情况分为集中式空调系统、局部式空调系统与半集中式空调系统。

（1）集中式空调系统。集中式空调系统是将空气处理设备、风机和水泵等集中安装在专用的机房内，而空调室需要的冷、热媒分别由冷冻泵站与锅炉房提供。此种空调系统的优点是处理空气量大，服务面积大，便于集中管理；缺点是只能送出同一参数的空气，难以满足不同的需求。集中式空调系统由于供热与供冷是集中设置，只适用于满负荷运行的大型商场、超市等场合。

集中式空调系统主要是由空气处理设备、空气输送风管及空气分配装置三大部分组成。

空气处理设备即空气调节室，其组成如图 1—13 所示。

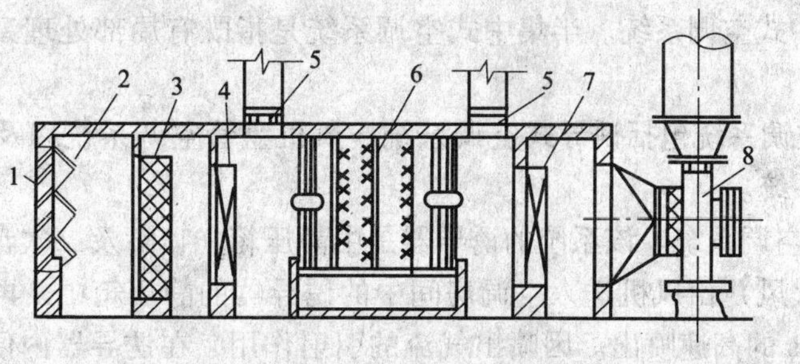

图 1—13　空气调节室示意图

1—百叶窗　2—保温阀　3—过滤器　4—一次加热器　5—调节阀
6—喷水室　7—二次加热器　8—离心风机

百叶窗的功用是阻挡室外的杂物被吸入，叶片的角度多为30°，百叶窗底边距地面的高度应大于2 m，以防地面上的灰尘被吸入。

保温阀当空调室停止工作时应立刻关闭，以阻止室外的冷或热空气侵入。

空气过滤器用来清除空气中的灰尘，使新鲜空气得到净化。

一次加热器安装在喷水室或表面冷却器前，主要功用是加热空气，重在提高空气的吸湿能力，一般仅在冬季使用。

喷水室可以根据不同需求喷淋不同温度的水，对空气进行加热或冷却、加湿或减湿处理。夏季时还可用表面冷却器对空气进行干燥处理，冬季时用电加湿器或蒸汽对空气进行加湿处理。

二次加热器安装在喷水室或表面冷却器的后面，主要功用是对加湿后的空气再一次加热，以保证输入室内的空气达到设计要求的温度与相对湿度。

一次回风口设置在喷淋或表面冷却器前，作用是将部分室内回风与室外新风混合后，再做处理，目的是节约能量（冷、热量）。

二次回风口设置于二次加热器前，显然，室内的回风与室外经处理的新风混合后只再做一次加热便可使用，目的还是节约能源。

一次与二次回风入口处装有风量调节阀，作用在于根据需要调控一次与二次的回风量。

（2）局部式空调系统。此种系统的特点是将冷源、热源、空气处理设备、风机以及自动控制设备等组装成一体，构成空调箱或空调机组，由工厂化定型生产，施工时在现场整机安装。该系统安装在楼层一角或需要空调的房间的邻室，就地对空气进行处理，用少量风管即可将经过处理的空气送入空调房间内。

这种系统适用于一幢大的建筑物内只有少数房间需要空调，或虽需要空调的房间多，但较分散的场合。特别适用于季节性较强的高层旅游宾馆，可以在每一楼层设置一个空调系统。这样可以根据客人入住情况，随时开启或关闭某层或几层的空调系统，以节约能源和运行费用。

局部式空调系统的主要特点是安装方便，用支架或吊架将整机固定，接通电源后即可运行；灵活性大，由于各空调房间或各楼层是各自独立的，各房间、各楼层需要的温、湿度以及运行时间等均可自行调节。

（3）半集中式空调系统。半集中式空调系统是指既有局部处理又有集中处理的空调系统。

半集中式空调系统包括诱导式空调系统、风机盘管空调系统以及再加热式（或再冷却式）空调系统。

1）诱导式空调系统。该系统的诱导器是由静压箱、喷嘴及二次盘管组成。经过处理的空气（一次风）由风机送入空调房间中的诱导器的静压箱中，再由静压箱上的喷嘴以20～30 m/s的高速喷出。因喷出气流的引射作用，在诱导器内便形成负压，室内的空气（二次风）被吸入诱导器，由此，一次风与二次风混合而形成诱导器的送风，以此往复，便实现了室内空气的循环。冷、热能量的来源是靠在二次风的进口处装设盘管，在其中通入冷冻水或热水来实现的。

2）风机盘管空调系统（见图 1—14）。该系统包括冷水机组、热水锅炉、水泵及管路系统、风机盘管机组。

冷水机组供给风机盘管需用的低温水，室内的空气在通过注入低温水的换热器时温度被降低。

热水锅炉用于供给风机盘管制热所需的热水，一般水温约为 60℃。

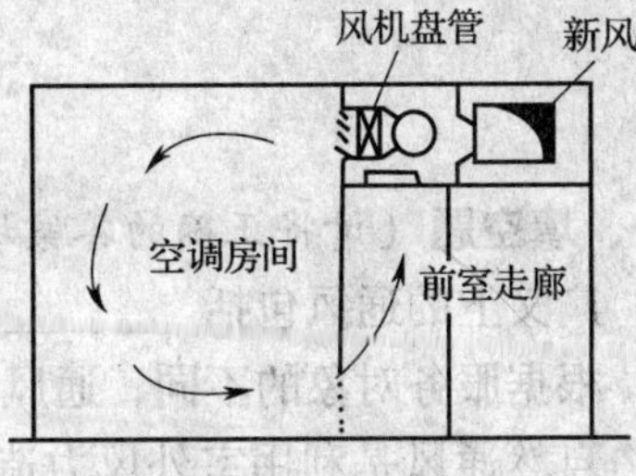

图 1—14　风机盘管空调系统示意图

水泵及管路系统，水泵的作用是使冷、热水在制冷、热系统中不断循环；管路系统有双管、三管与四管系统，目前工程上较多使用的是双管系统。双管系统采用一根供水管，夏季输冷水，冬天输热水，另一根则为回水管。

风机盘管机组是空调系统的末端装置，由风机、盘管（换热器）、微电动机、空气过滤器、室温调节器与箱体组成。其工作原理是借助机组内不断循环的室内空气，使之在通过盘管时不断得到冷却或加热，以保持室内一定的温、湿度。机组还配有变速装置，可通过它来调节风量，达到调整室内冷、热量与噪声的目的。

风机盘管空调系统的优点，一是冷、热源集中，便于维护与管理；二是布置灵活，各空调房间能独立调节、互不影响；三是机组定型化、规格化，便于选择与安装。缺点是气源分布受限制，且维修工作量大。

3）再加热式（或再冷却式）空调系统。这种空调系统是在送风至各房间的支管上加装加热器（或冷却器），各房间可根据自己的需要，再次对送入的空气进行加热或冷却处理，以满足需求。

2．按使用新风量的多少分

空调系统按使用新风量的多少分为直流式空调系统、部分回风式空调系统以及全部回风式空调系统。

（1）直流式空调系统。该系统使用的空气全都是室外新风，新风由空调器（机）处理后送入空调房间，再经排风口全部排到室外。

直流式空调系统适用于不能采集回风的场所，如生产过程中散发有害气体的车间或产生放射性物质的实验室等。

（2）部分回风式空调系统。该系统适用于空调房间内没有有害物质，系统运转时在处理一部分室外新风的同时，又抽取室内部分回风，两者混合再经空调器（机）处理后送入房间。这样，不仅满足了卫生要求，又节约了能量（冷、热量）和运行成本，因此被广泛采用。

（3）全部回风式空调系统（又称封闭式空调）。顾名思义，该系统使用的全都是空调室内的回风（亦称循环风），而不采集新风补充。它的优点是节约能源，运行费用低；缺点是卫生条件差，人不宜在此条件下长时间工作。

该系统适合战争状态下的隐蔽处、防空战备工程以及仓储工程等场合。

单元测试题

一、填空题（请将正确的答案填在横线空白处）

1. 广义上的通风包括________和________两大部分，两者的实际内容是不一样的。

2. 根据服务对象的不同，通风可分为________通风与________通风。

3. 自然通风是利用室外风力造成的________以及室内外空气________与高度差产生的________使空气流动的通风方式。

4. ________依靠风机运转产生的动力，迫使室内外空气交换，达到改变室内空气环境的目的。

5. 通风按应用范围分为________与________。

6. 分散式送风的空气幕按安装位置分为________、________以及________3种。

7. 局部排风使用的排气罩、柜是捕集有害物的装置，它是局部排风系统的________,它的性能决定着排风________。

8. 全面通风也称________，它是对某一空间整体进行通风换气。

9. 空调系统按空气处理设备的设置情况分为________空调系统、________空调系统与________空调系统。

10. 空调系统按使用新风量的多少分为________空调系统、________空调系统以及________空调系统。

二、判断题（下列判断正确的请打"√"，错误的打"×"）

1. 通风与空气调节是控制建筑物热、湿环境和室内空气品质的技术。（ ）

2. 通风与空调技术都是置换室内空气，满足生活与生产的要求，两者几乎没有什么区别。（ ）

3. 工艺性空调较舒适性空调更复杂、更严格。（ ）

4. 空气温度、湿度、气流速度与洁净度是空气调节调控的最基本参数。（ ）

5. 自然通风不消耗能源，还能通风换气，应大力推广使用。（ ）

6. 机械通风的特点是能人为地控制空气质量、风量大小与通风效果。（ ）

7. 岗位送风是一种局部送风方式。（ ）

8. 空气幕能有效地阻挡室内外空气交换，因此可以广泛用于民宅。（ ）

9. 局部排风使用的排气罩、柜的形状、尺寸及制作质量，会影响排风效果。（ ）

10. 空调室中的一次加热器对空气加热的主要目的是为了提高空气的吸湿能力。（ ）

11. 高层旅游宾馆选择集中式空调系统，较为经济与合理。（ ）

12. 在有放射性物质的实验室，应当选用直流式空调系统通风换气。（ ）

三、单项选择题（下列每题的选项中，只有1个是正确的，请将其代号填在横线空白处）

1. 在微电子集成电路如芯片的生产中，________必须达到标准，否则会使产品在电路导线间形成短路或断路。

A. 风速　　B. 温湿度　　C. 洁净度

2. 通风与空调系统运转过程中还包含着对自身产生的________、电磁噪声与机械噪声的控制。

A. 乱流噪声　　B. 气流噪声　　C. 涡流噪声

3. 空调系统对房间内“四度”中的湿度调控，主要是指________。

A. 饱和湿度　　B. 相对湿度　　C. 较低湿度

4. 人们把满足生产工艺特定要求的空气环境的空调称作________。

A. 工艺性空调　　B. 舒适性空调　　C. 洁净空调

5. 送风系统主要由空气处理装置、风机、风管系统及________组成。

A. 吸气罩　　B. 送风口　　C. 配件

6. 影响自然通风效果的因素主要有风力、风向及________等。

A. 门窗形式　　B. 建筑物高度　　C. 热压

7. 某中型超市的出入口宽度为6 m，此时应选择________送风空气幕较为合理。

A. 单侧　　B. 上送式　　C. 双侧

8. 某电镀车间酸洗槽产生有害气体，可加装排气柜、罩，此种排风属于________。

A. 全面排风　　B. 局部排风　　C. 全面送排风

9. 大型商场、超市需要处理的空气量大，服务面积广，应选用________空调系统。

A. 半集中式　　B. 局部式　　C. 集中式

10. 部分回风式空调系统适用于空调房间内气体中没有有害物质，抽取部分回风的目的是________。

A. 减少风管　　B. 节约能量　　C. 降低运行成本

四、简答题

1. 通风与空调的区别与联系有哪些？
2. 简述自然通风原理及适用范围。
3. 什么叫机械通风？有何特点？
4. 何谓集中式空调系统？有何特点？适用何范围？
5. 空调室内一次、二次加热有何区别？

单元测试题答案

一、填空题

1. 通风　空气调节　2. 民用建筑　工业建筑　3. 风压　温度差　热压　4. 机械通风　5. 局部通风　全面通风　6. 侧送式　上送式　下送式　7. 关键部分　效果　8. 稀释通风　9. 集中式　局部式　半集中式　10. 直流式　部分回风　全部回风

单元 1

二、判断题

1. √ 2. × 3. √ 4. √ 5. × 6. √ 7. √ 8. ×
9. √ 10. √ 11. × 12. √

三、单项选择题

1. C 2. B 3. B 4. A 5. B 6. C 7. C 8. B 9. C
10. B

四、简答题

1．答：通风是维持室内空气环境中有害物质含量在一定卫生要求范围的技术。空调是更高层次的通风，它担负着对室内温度、湿度、气流速度、洁净度的调控职能，有些场合甚至还要对气压、气味与安静度等参数进行调控。

空气调节与通风一样，均担负着保障建筑环境的职能，与通风相比，它对室内空气环境品质的调控更全面，层次更高。

2．答：利用室外自然风力造成的风压以及室内外空气温度差与高度差产生的热压，使空气流动达到室内换气的通风方式称作自然通风。

自然通风不耗用能源，经济性能好，便于管理。但通风效果易受风压与热压双重影响，极不稳定，导致使用受到限制，仅适用于产生大量余热的生产车间的全面排风，或局部产生余热的场合。

3．答：依靠风机运转产生的动力，迫使室内外空气交换，达到改变室内空气环境的目的的通风方式称为机械通风。

机械通风的特点是动力强，能人为地对空气进行加热、冷却、加湿、干燥以及净化等处理，并能人为地控制风量的大小与通风效果，满足人们对舒适度与生产工艺对空气环境的要求。

4．答：集中式空调系统是将空气处理设备、风机和水泵等集中安装在专用的机房内，空调室所需要的冷、热媒分别由冷冻泵站与锅炉房供给。

该系统的优点是处理空气量大，可服务的面积大，便于集中管理；缺点是只能送出同一参数的空气，难以满足不同的需求。

此系统只适用于满负荷运行的大型商场、超市等场合。

5．答：有些空调室内同时布置有一次加热装置与二次加热装置。一次加热器安装在喷水室或表面冷却器前面，其提高空气温度的主要目的是为了提高空气的吸湿能力，一般只在冬季使用。二次加热器安装在喷水室或表面冷却器后面，主要功用是对加湿后的空气再一次加热，以保证输入室内的空气达到设计要求的温度与相对湿度。

第2单元

工程图识读

工程施工图是工程的语言，是施工的依据，从事通风与空调工程施工的专业人员，应了解和掌握工程制图与识图的一些基本知识，熟悉建筑施工图的分类与特点，掌握通风与空调工程施工图的识读方法。只有这样，才能正确地将图样表达的内容变为建筑成品。

第一节　制图的基本原理

培训目标

- 熟悉正投影特性及原理
- 掌握立面图、平面图、剖面图的投影关系
- 能绘制风管、简单配件的三视图

一、正投影

通风与空调施工图同机械图、建筑图一样，是按照正投影关系画出来的。日常生活中，日光或灯光照射物体时，都会在地面或墙面上投下影子。当光线照射角度或距离改变时，影子的位置、形状也会跟着改变。机械图与工程图的投影不是任意方向、任意角度的，那样就会无规律可循。制图中的投影必须是将光线垂直地照射到投影面上，所画物体应与所画视图互相平行、互相垂直，由此得到的视图称作正投影。

工程制图的对象都是立体的物体，物体由若干个面组成，各个面由线组成。因此，直线与平面是物体的基本元素。

1．点的正投影

假设空间 *A* 点的下面是一个 *P* 投影面，从 *A* 上方对其投影，在 *P* 投影面上得到投影点 *a*（见图2—1）。由此可见，无论从哪个方向对一个点投影，得到的投影只能是一个点。

2．直线的正投影

（1）当 *AB* 线段与投影面平行时，其投影仍为一条直线，且投影与空间长度相等，即投影反映了空间直线的实长，如图 2—2a *AB* 的投影 *ab*，这种特性称作显实性。

（2）当 *CD* 线段与投影面垂直时，其投影重合为一点，称为积聚投影点，如图 2—2b *CD* 的投影 *cd*，这种特性称作积聚性。

（3）*EF* 线段与投影面倾斜时，其投影也是一条直线，但投影长度比空间直线短，即投影不反映空间直线的实长，如图 2—2c *EF* 的投影 *ef*。

3．平面的正投影

（1）与投影面平行的平面，投影仍为一平面，并且与空间的形状、大小一致，即投影反映空间平面图形的实形，如图 2—3a 所示平面 *ABCD* 的投影 *abcd*。

（2）与投影面垂直的平面，投影集聚成一条

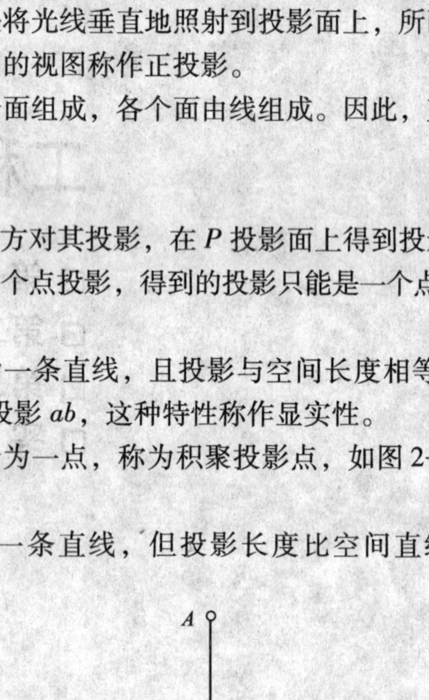

图 2—1　点的正投影

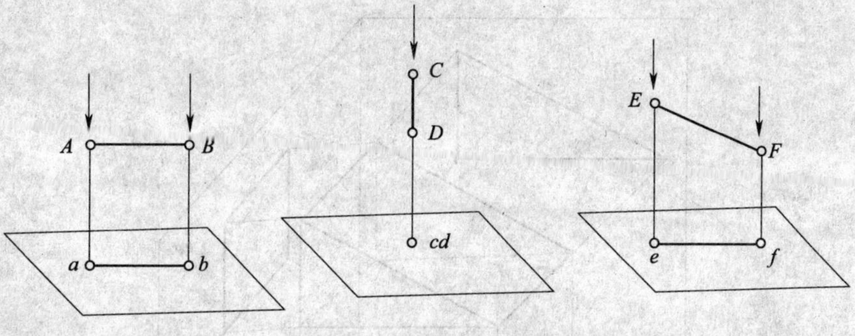

图 2—2　直线的正投影

直线，如图 2—3b 所示的平面 *ABCD* 投影成 *dacb* 直线。

（3）与投影面倾斜的平面，投影仍为一平面图形，但比原平面小，即投影不反映空间平面的实形，如图 2—3c 所示倾斜平面 *ABCD* 的投影 *abcd*。

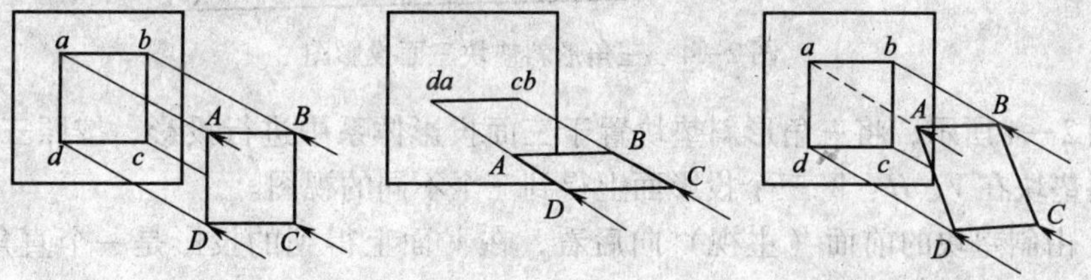

图 2—3　平面的正投影

二、投影图

1. 三面投影体系

前面介绍的点、线、面投影为单面投影，但对于物体来说，单面投影只能反映物体的局部情况，无法准确表达物体的形状与大小。因此，工程制图采用三面投影，得到的视图为三视图。

对于一般物体来说，用三个互相垂直的平面作投影面，将物体置放其中，分别在三个投影面上作投影，就能充分表达物体在空间的形状、大小。这三个互相垂直的面称为三面投影体系，如图 2—4 所示，这三个互相垂直的投影面交于三条投影轴：

V 面与 *H* 面的交线称作 *OX* 轴。

H 面与 *W* 面的交线称作 *OY* 轴。

V 面与 *W* 面的交线称作 *OZ* 轴。

OX，*OY*，*OZ* 三轴的交点 *O* 称作原点，实际画投影图或工程制图时规定：

平行于 *OX* 轴方向的向度是物体的长度。

平行于 *OY* 轴方向的向度是物体的宽度。

平行于 *OZ* 轴方向的向度是物体的高度。

2. 三视图

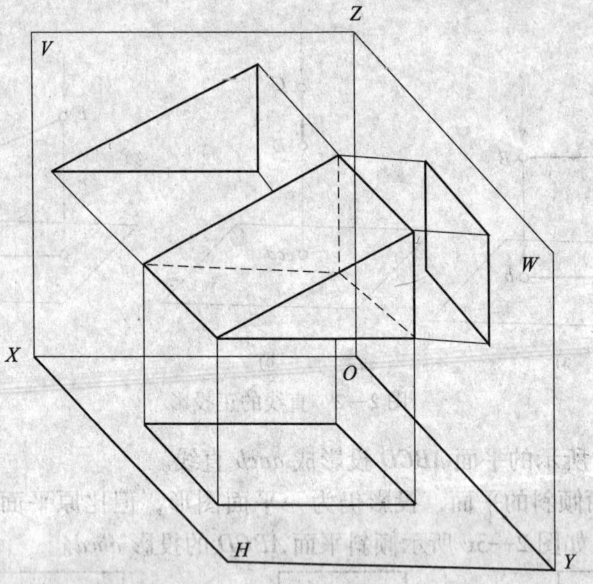

图2—4　三角形斜垫块三面投影图

如图2—4所示，将三角形斜垫块置于三面投影体系中进行投影，按照三视图投影规律，斜垫块在*V*、*H*、*W*三个投影面上得到三个不同的视图。

（1）由斜垫块的前面（主视）向后看，在*V*面上得到的投影是一个直角三角形，它反映了斜垫块前后的实际形状，即长和高。斜垫块的顶面（斜面）、底面及侧面都垂直于*V*面，投影积聚成一条线段，成为直角三角形的边框线。

（2）由斜垫块的上面（俯视）往下看，在*H*面上的投影是一个矩形。由于顶面倾斜于*H*面，故水平面上的矩形反映的是缩小了的顶面的实形；底面平行于*H*面，*H*面的矩形则反映了底面的实形，即长和宽。斜垫块的前、后立面及侧面分别垂直于*H*面，而积聚为线段，成为矩形的边框线。

（3）从斜垫块的左面（左视）向右看，在*W*面上的投影也是一个矩形，它同时反映了缩小的斜面形状和垫块侧立面的实形，即高和宽。斜垫块的前、后立面因垂直于*W*面，而积聚为线段，成为矩形前、后两条边框线 。

机械制图中把正立面上的投影称作主视图，通风与空调工程图中称作立面图；机械制图中把水平面上的投影称作俯视图，在通风与空调工程图中称作平面图；机械制图中把侧立面上的投影称作左视图，在通风与空调工程图中称作侧面图。

为了把三视图画在同一平面上，制图中规定：*V*面保持不动，将*H*面与*W*面分别绕*OX*轴向下、*OZ*轴向右旋转90°，即将*V*、*H*、*W*三个投影图处于同一面上，如图2—5所示。实际制图时，投影面上的边框不必画出。

3．三视图特征

（1）三视图投影规律。一个物体一般可以用三面投影图完整地表达出来。在三视图中，每个投影图只能反映物体长、宽、高中的两个尺寸。即：

主视图反映物体的长度和高度。

俯视图反映物体的长度和宽度。

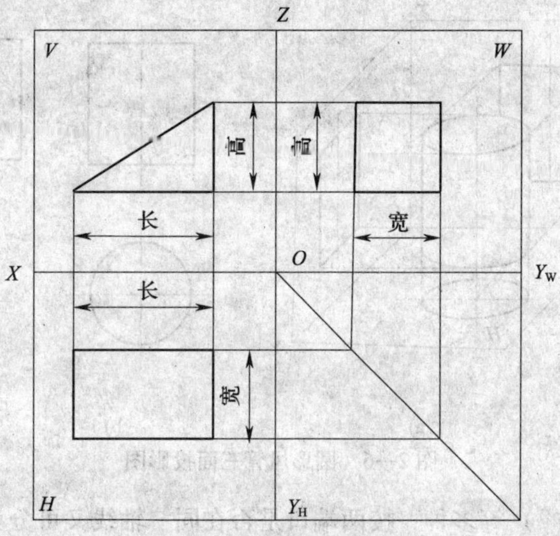

图 2—5　三角形斜垫块三视图

左视图反映物体的高度和宽度。

(2) 三视图投影关系。物体是在同一位置分别向三个投影面投影的，这样，三视图之间就有如下关系：

主视图与俯视图，长对正。

主视图与左视图，高平齐。

俯视图与左视图，宽相等。

三视图之间的关系可概括为“长对正、高平齐、宽相等”9 个字的投影关系。三视图中的“三等”关系，是绘制和识读所有工程图最基本的规律。

三、风管、配件投影图

前面介绍了三视图中的点、线、面及简单形体的正投影关系和关于视图的知识，下面介绍常用的通风与空调系统风管、配件的投影图，掌握这些知识是识读通风与空调工程图的前提与条件。

1. 圆直管三面投影图

如图 2—6a 所示，将圆形风管置于三面投影体系中，使其轴线垂直于 *H* 面，所得投影如图 2—6b 所示。

圆形风管在 *V* 面与 *W* 面上投影为矩形，其宽度为风管外径；在 *H* 面上的投影是一个圆，其直径即为风管直径。

若圆形风管垂直于 *V* 面，则在 *V* 面上投影为圆形，在 *H* 面及 *W* 面上投影则为矩形。

若是矩形风管，在风管垂直的投影面上反映矩形风管断面的几何形状与尺寸，而在其他两投影面上反映风管长度及风管高度与宽度。

2. 变径管投影图

通风与空调系统变径管按两端形状的不同可分为圆变径管、矩形变径管及方圆变径

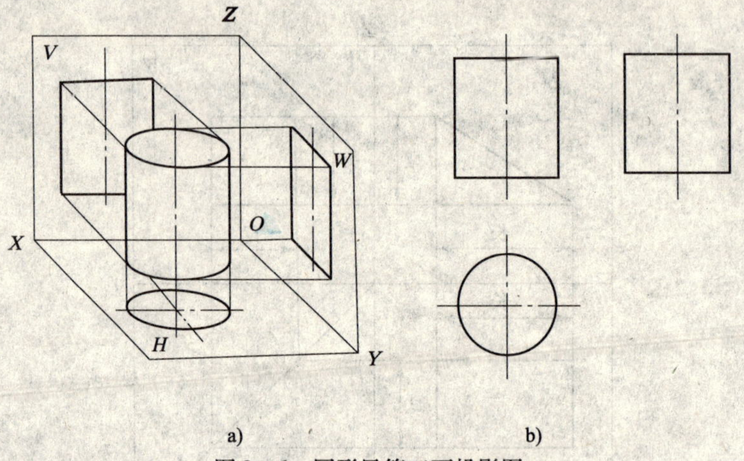

图2—6　圆形风管三面投影图

管（俗称“天圆地方”）等多种；按两端口是否在同一轴线又可分为正心变径管和偏心变径管。如图2—7所示为正心方圆变径管的三视图。

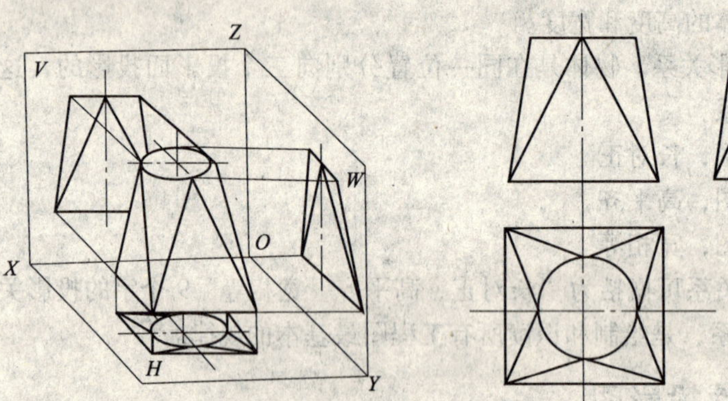

图2—7　正心方圆变径管三视图

由于方圆变径管垂直于 *H* 面，故其投影图为外方内圆形，在其他两投影面上均为梯形。绘图时应分别在两个梯形上绘出两条方圆过渡线，并在 *H* 面投影图上绘出8条方圆过渡棱线。

3．弯头三视图

弯头是用于改变风管走向的连接配件。由于风管口径形状的不同，弯头有圆、矩形之分，又由于口径的变化，弯头又有变径与不变径之分。

在上述弯头的投影图中，立面图上反映了弯头的弯曲半径及弯曲角度、节数，在其余两投影面上反映风管的断面形状及投影长度。遮挡部分在图中用虚线绘出，在实际工程绘图时，虚线可忽略不画。投影图中的法兰线与管节线宜用细线画出，如图2—8所示。

弯头画图的顺序，先根据口径、曲率半径、角度与弯头节数先画立面图，然后再画侧面图与平面图。

4．圆形三通管投影图

三通（四通）管是用在通风与空调风管系统的分流或合流作用场合的连接配件。

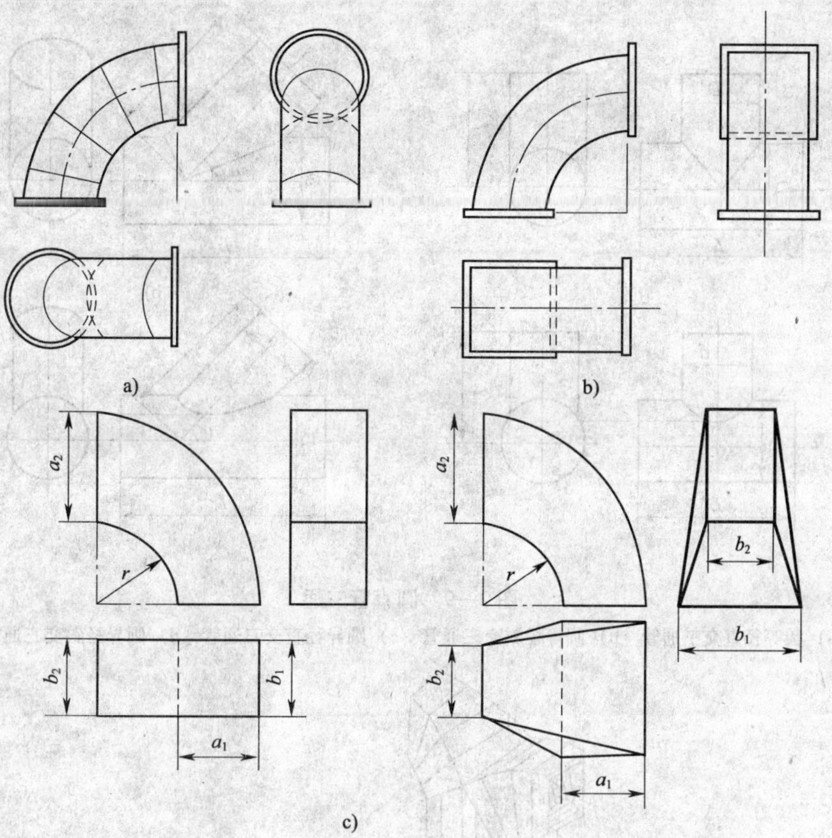

图 2—8　弯头三视图

a）圆形 90°弯头　b）矩形 90°弯头　c）矩形变径 90°弯头

如图 2—9 所示的圆直管三通。

图 2—9a 和图 2—9b 分别为圆等径直交三通管与斜交三通管，圆等径三通管不论是直交或斜交，相贯线均为通过中心的直线，且可直接画出。

图 2—9c 和图 2—9d 分别为圆异径直交三通管与斜交三通管，其相贯线均为曲线，应通过作图法才能将其画出。

三通管绘图步骤：先根据管径尺寸与主支管夹角画出正立面投影图，然后依照视图的“三等”关系，依次画出其他投影图。

5. 矩形圆弧 Y 形三通投影图

如图 2—10 所示，此三通视图较前几个配件视图稍复杂些，必须严格按照三视图的“三等”关系画视图。

读图时，仔细对照画出视图，作图步骤此处略去。

四、简单通风系统风管与设备投影图

如图 2—11 所示，某车间局部排风系统是由风管、三通、弯头、吸气罩、风帽及风机等组成。

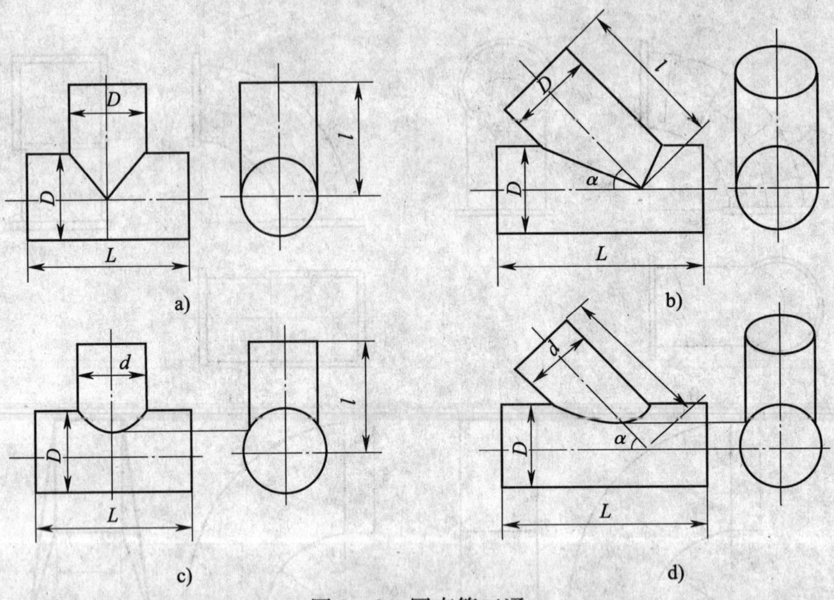

图 2—9　圆直管三通

a）圆等径直交三通管　b）圆等径斜交三通管　c）圆异径直交三通管　d）圆异径斜交三通管

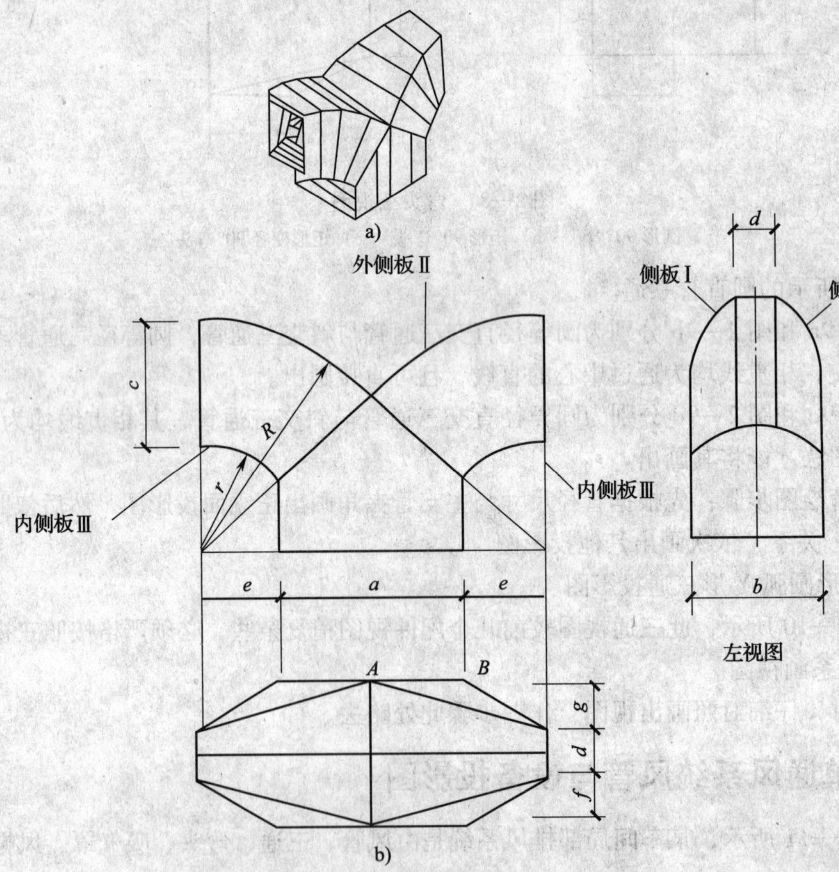

图 2—10　矩形圆弧 Y 形三通投影图

a）立体图　b）投影图

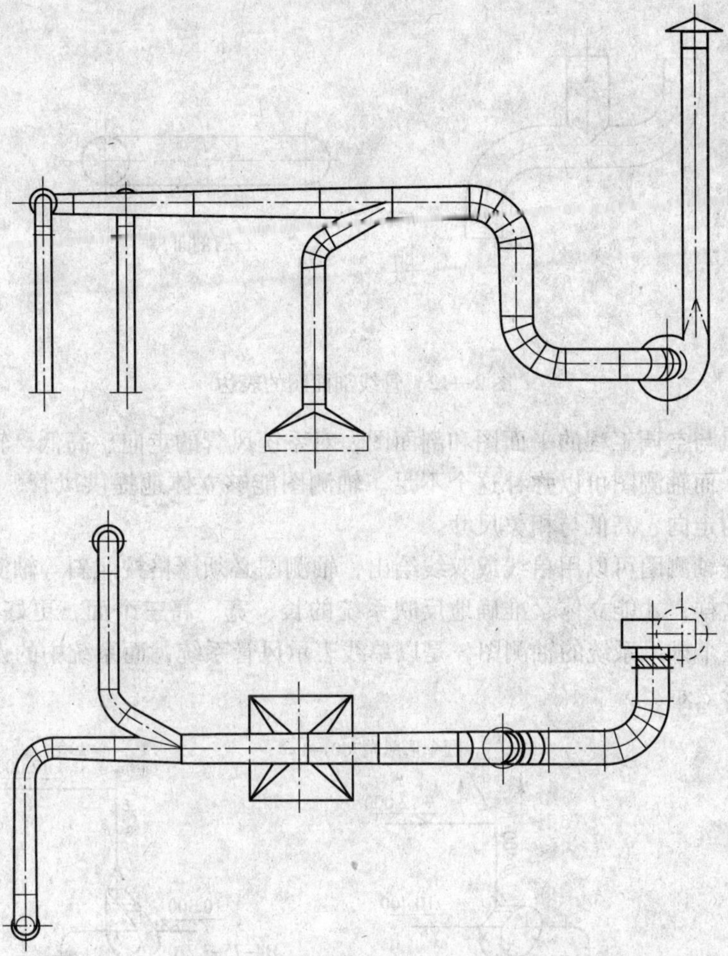

图 2—11　某车间排风系统立面图与平面图

利用三视图中的主俯视图的对应关系，就能弄清楚立面图与平面图中管件、配件及部件的位置，如果再给定尺寸，就可以计算出它们之间相互位置的几何尺寸。

五、剖面、剖面图及轴测图

1．剖面及剖面图

剖面就是假想用一个平面把通风与空调系统的某一部分切开，由此获得的投影图就是剖面图，此种剖面图有别于机械制图中的剖面图。它主要是利用剖切符号来表达剖切位置，同时也表达投影方向，由此获得系统或风管的某一投影，如图 2—12*A*－*A* 剖面图反映的图样，由三视图投影的角度看是主视图，而 *B*－*B* 剖面图则是左视图。

类似上述风管系统的剖面图，在通风与空调工程施工中被广泛应用。此类剖面图没有三视图那么严格，各剖面图的配置位置也比较灵活。

2．轴测面

通风与空调系统的轴测图是按照斜等轴测投影原理绘制的。

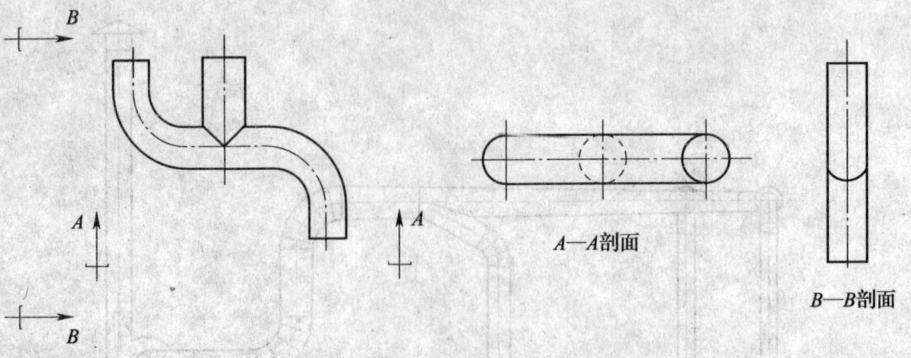

图2—12 管线剖面图的表达

识读通风与空调工程的平面图和剖面图，对系统风管的走向、高低、转弯等一般不易辨认清楚，而轴测图可以弥补这个不足。轴测图能够立体地提供风管、配件、部件、设备及空间的走向、高低与相关尺寸。

风管系统轴测图可以用单线或双线绘出，轴测图必须严格按照斜等轴测图投影原理绘制。只有这样，才能立体、准确地反映系统的长、宽、高三个面，更好地帮助识图。图2—13为三个排风系统的轴测图，是以单线表示风管系统，而系统中的设备、部件则用简单的外形表示。

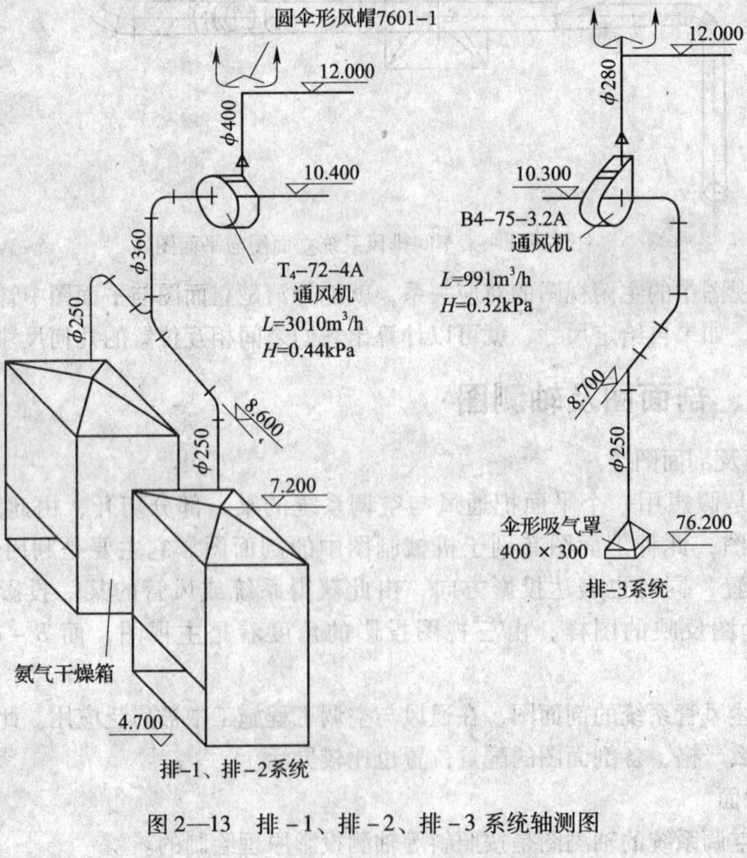

图2—13 排-1、排-2、排-3系统轴测图

第二节 建筑施工图

培训目标

→ 了解建筑施工图的特点与分类

→ 熟悉识读方法与步骤

一、施工图的图示特点与分类

1．施工图的图示特点

建筑物的形体千差万别，各不相同，为了将房屋的外表、结构、构造及各种设备完整地表达出来，便绘制了建筑施工图。它具有如下特点：

（1）建筑物形体庞大，而要将它绘制在有限的图面上，必须按比例将其缩小。

（2）采用正投影原理，将房屋的外形与内部结构绘制在图纸上。

（3）为了使图面更为简洁，识读的方便，图中大量采用行业通用的图例、符号、代号等表示构件与配件。

2．施工图的分类

施工图是按专业划分的，由建筑、结构、设备等专业施工图组成。各专业施工图又分为基本图和详图两大部分。

（1）建筑施工图。简称“建施”，主要是表示建筑物的位置、外部形式、内部平面布置、内外装修及要求等。它包括总平面图、平面图、立面图、剖面图与详图。

（2）结构施工图。简称“结施”，主要表示建筑承重结构的布置情况、构件种类、大小以及做法等。它包括结构布置平面和各构件的结构详图。

“建施”与“结施”是土建施工图，安装等工种常借助于它，识读各自专业施工图及计算相关尺寸。

（3）设备施工图。简称“设施”，主要表示建筑物的给排水、采暖通风、电气等设备的管线布置、走向与安装要求。

二、立面图、平面图、剖面图

1．立面图

每一栋房屋都有4个外墙面，表示每个外墙面情况的图样就是立面图。

立面图表达的内容有：

（1）房屋总高度与室外地坪面、室内地坪面、窗口、檐口、屋面等标高。

（2）房屋门、窗与通风洞的位置。

（3）立面上所用的建筑材料与建筑装饰。

（4）其他，如落水管、阳台、雨篷、踏步等。

通风工看立面图的重点是根据墙或柱的定位轴线编号，查看通风管道与通风设备的位置标高尺寸。

2. 平面图

房屋平面的布置情况是设想将一栋房屋沿水平方向切开，然后移去上面部分，由上往下看，得到的投影图简称平面图。

通风工查看平面图的重点是依据墙或柱的定位轴线编号，准确找到通风管道与通风设备的位置，精确计算出相关尺寸，铺排出风管、配件在房屋长度、宽度方向上的具体尺寸数值。

绘制建筑立面图及平面图时，为便于查阅图样与施工，定位轴线以承重墙或柱的轴线为依据，用点画线表示，在轴线端部画有圆圈并在圈内编号，水平方向采用阿拉伯数字从左向右按小到大顺序编号；垂直方向采用大写汉语拼音字母由下往上的顺序编号，如图2—14所示。

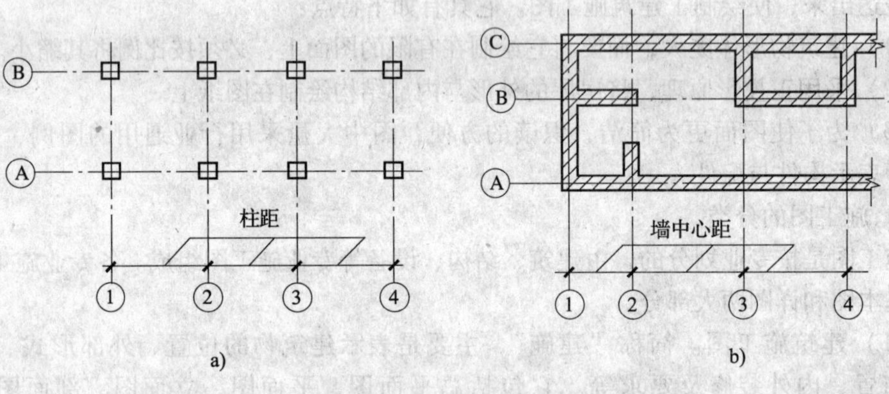

图2—14 轴线的标注方法

a）柱距注法 b）墙中心距注法

3. 剖面图

建筑施工图中，为了准确反映某一局部的具体构造情况，采用假想剖切的方法得到的视图称作剖面图。

三、识读施工图步骤及注意事项

1. 看图遵循由粗到细，由大到小，必要时把平面图、立面图、剖面图三图对照起来看。

2. 看图应细致耐心，要把图样上相关资料和尺寸数字相互对照、核对，若发现问题，应立即反映解决。

3. 要注意尺寸单位，为了使图样简明，图面上尺寸数字后面均不标注尺寸单位。根据规定，总平面图与标高尺寸单位为“m”，图面上其他尺寸单位为“mm”。

4. 看图时，不得擅自修改图样与尺寸。读图时，若发现问题应及时反映。

5. 图样上还常将图面上无法表示而又与工程质量有关的一些要求，用文字说明的形式表达出来，识图时不能遗漏这部分内容。

第三节 通风与空调工程图识读

培训目标

→ 熟悉通风与空调工程施工图种类及所表达内容

→ 能识别工程图上的各种符号、图例及线型

→ 掌握识读工程图的方法与步骤

一、施工图的种类与表达内容

通风与空调工程施工图包括基本图、详图及文字说明三部分。

1．基本图

包括平面图、剖面图及系统轴测图。

（1）平面图应表达系统风管、配件、通风与空调设备的平面位置及有关尺寸。

（2）剖面图应表达系统风管、配件及设备在高度方向上的位置及有关尺寸。

（3）系统轴测图则是立体地反映通风与空调系统的全貌，帮助施工人员了解风管、配件、部件及设备在空间的关系。

2．详图

详图包括设备、部件制作与安装图，节点大样图。施工图上常受图纸幅面及比例所限或因风管、设备重叠、遮挡等原因，常用详图表达配件、部件、设备的具体构造与安装情况，复杂的风管、配件节点还应用节点大样图来表达。

3．文字说明

包括图例、图样目录、设计与施工说明、主要设备及部件明细表等内容。

（1）设计与施工说明包括以下内容：

1）工程概况及主要技术要求。

2）通风与空调系统的划分情况。

3）用图面线条与符号无法表达的具体施工做法。如与其他专业和工种的配合事项及技术要求，风管材料及制作工艺要求，风管法兰与无法兰连接、安装的方法及技术要求，防腐、绝热材料及施工要求，通风与空调系统及设备安装技术要求，调试与试运行技术要求等。

（2）主要设备及部件明细表。一般是以表格形式附在基本图上。内容包括工程所用的主要设备、部件及其他主要材料的名称、规格、型号与数量。其中，主要设备及部件还应以序号在图面上引出，各图面上的序号必须一致，主要设备应注明设备的性能参数及生产厂家等内容，以作为设备采购的依据。

二、施工图的表示方法

通风与空调工程施工图应按《房屋建筑制图统一标准》（GB/T 50001—2010）

及《暖通空调制图标准》（GB/T 50114—2010）的要求绘制。上述两标准对施工图纸的图幅、图面组成、比例、标高、坡度、坡向、尺寸标注及图例等作了统一要求。

1. 图纸幅面

设计者可根据实际尺寸的需要来选择图幅尺寸的大小。图幅尺寸见表2—1。表中 b 为宽度（不论幅面是横式或立式），而 l 横式为长度，立式为高度。

表2—1　幅面及图框尺寸　mm

尺寸代号	幅面代号				
	A_0	A_1	A_2	A_3	A_4
$b \times l$	841 × 1 189	594 × 841	420 × 594	297 × 420	210 × 297
c	10			5	
a	25				

由表2—1可知，工程制图共有5种幅面的图纸可供设计者选择，即由 $A_0 \sim A_4$。A_0幅面最大，宽度为841 mm，长度为1 189 mm，A_4幅面最小，宽度为210 mm，长度为297 mm。仔细对比5种图幅，可以看出相邻两图幅尺寸是倍数关系。对于横式幅面的图纸而言，A_0号图纸在长度方向上对折，即得到两张 A_1 号图纸，也就是说，A_0号图纸宽度等于 A_1 号图纸的长度。而 A_1 号图纸对折，可获得两张 A_2 号图纸尺寸，余类推。

图纸幅面分横式与立式两种，工程上使用较多的是横式幅面。

此外，图纸幅面上还有标题栏、会签栏。标题栏一般位于图幅的右下方；会签栏横式幅面在左上方，立式幅面则在右上方。

2. 比例

图纸幅面上风管、配件、部件及设备的尺寸与实际尺寸的比值称作比例。通风与空调工程施工图中，除允许用单线表示的管道，如冷、热媒管，系统图中的风管，以及允许用图例表示的配件、部件外，一般都应以风管、设备的实际尺寸按比例绘制。如果一幅图面上有几种不同的比例时，必须在图名右侧注明各图的比例。各图的比例相同时，仅在标题栏中标注。通风与空调工程施工图的常用比例如下：

详图较多的有1∶1、1∶2、1∶5、1∶10、1∶20等。

平面图、剖面图有1∶20、1∶50、1∶100、1∶200等。

绘图时不论选用何种比例，图中所注的尺寸一律按实际尺寸标注。

3. 标高

风管及设备在空间位置的高度尺寸用标高表示。在轴测图及剖面图中一般只标注相对标高，而不标注间距尺寸。相对标高一般以建筑物底层的室内地坪为正负零，低于地坪的标高用负号“—”表示。

通风与空调工程中的风管标高一般规定是：

圆形风管是指地坪至风管中心。

矩形风管则指地坪至风管管底。

如有例外，必须在图样中的文字说明中加以说明。施工图中的标高尺寸单位一律以“m”计。

4. 坡度与坡向

当空调系统风管中冷凝水及冷、热媒管道有坡度要求时，图中应当用坡度及坡向来表示。坡度是指坡面倾斜度的大小，而坡向则指向哪个方向倾斜。施工图上坡度用“i”符号表示，坡向用箭头表示，如图2—15所示。

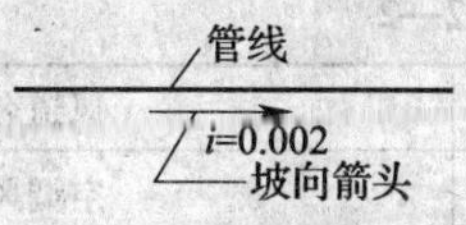

图 2—15　坡度及坡向表示方法

5. 方向标及风叶玫瑰图

为了确定建筑物的方位及了解工程所在地的常年风向频率与风速，可在平面图的左或右上方用方向标或风叶玫瑰图表示建筑物的方位、风向频率及风速。

方向标只能表示建筑物的方位，可用指北针表示。

风叶玫瑰图既表示建筑方位，同时又表示出风向频率及风向，风叶玫瑰图中各方向的线段长度不得随意，必须以风速的大小按比例绘出，冬夏季分别用实线与虚线绘出。

指北针与风叶玫瑰图的画法如图2—16所示。

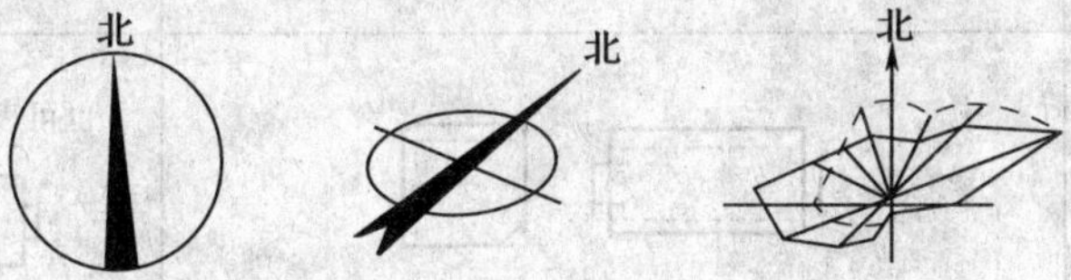

图 2—16　指北针及风叶玫瑰图

6. 尺寸标注及尺寸单位

施工图中的风管、配件的口径，风管、设备的平面位置及相互间距等均应在图中标注尺寸。一般是以中心线与建筑物轴线间的距离标注，且至少要标注两个方向的尺寸。平面位置或剖面图上的尺寸都应按实际比例绘出并标注尺寸，尺寸单位为mm。如果采用其他尺寸单位，必须在图面上注明。

7. 管径标注

通风与空调工程使用的管道种类较多，不同种类的管道要用不同的线型表示。为区别管道，可用汉语拼音字母表示类型。管径标注方法是：

焊接钢管是以公称直径“*DN*”表示，如*DN*15、*DN*32。

无缝钢管是以外径乘壁厚表示，如外径为114 mm，壁厚为5 mm，就记作$D114\times5$。

通风与空调风管的表示方法是：

圆形风管以“ϕ”或“D”表示直径，如$\phi500$或$D500$，表示圆径风管直径是500 mm。

矩形风管一般是以边长$a\times b$来表示，a表示矩形风管宽度，b表示矩形风管高度。如$1\,000\times400$，表示矩形风管宽度为1 000 mm，高度为400 mm。

8. 图例

通风与空调工程施工图中的设备、配件及部件应按《暖通空调制图标准》

（GB/T 50114—2010）规定中的图例绘制。常用图例分别见表 2—2、表 2—3、表 2—4。若因系统复杂、种类繁多、规定的图例不够用时，可自行设定图例，但必须在图面上附图例说明，以达到设计者与施工者的沟通。

表 2—2　　风道代号

代号	风道名称	代号	风道名称
K	空调风管	H	回风管（一、二次回风可附加 1、2 区别）
S	送风管	P	排风管
X	新风管	PY	排烟管或排风、排烟公用管

表 2—3　　风道、阀门及附件图例

序号	名称	图例	附注
1	砌筑风、烟道	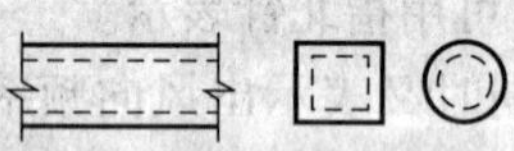	其余均为：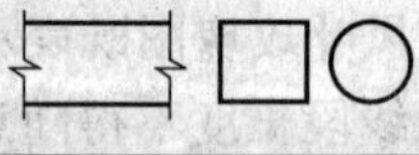
2	带导流片弯头		
3	消声器 消声弯管	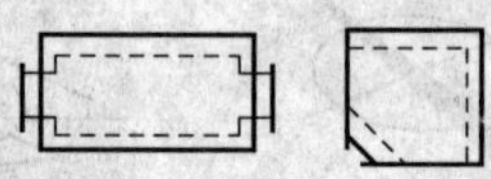	也可表示为：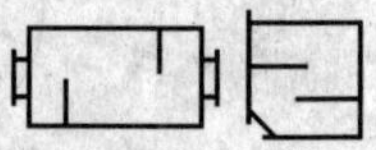
4	插板阀	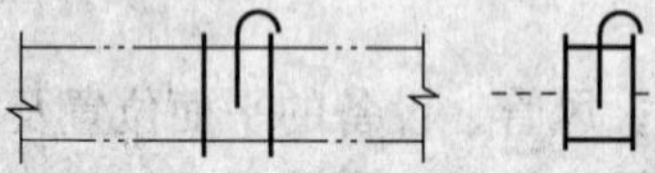	
5	天圆地方	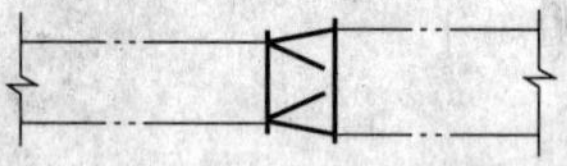	左接矩形风管，右接圆形风管
6	蝶阀	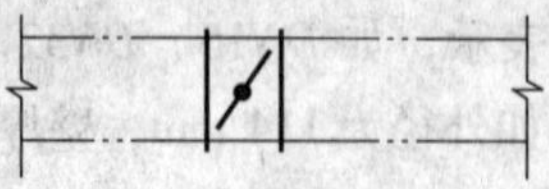	
7	对开多 叶调节阀	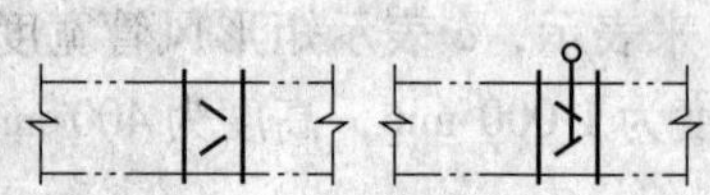	左为手动，右为电动

续表

序号	名称	图例	附注
8	风管止回阀	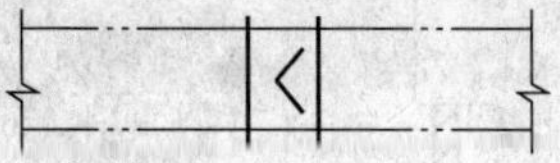	
9	三通调节阀	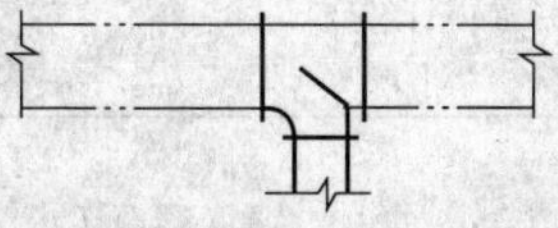	
10	防火阀		表示70℃动作的常开阀。若因图面小，可表示为：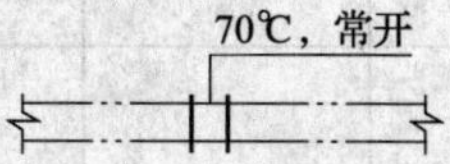
11	排烟阀	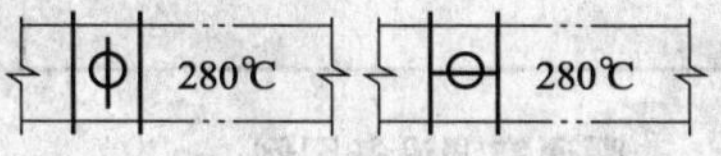	左为280℃动作的常闭阀，右为常开阀。若因图面小，表示方法可同上
12	软接头	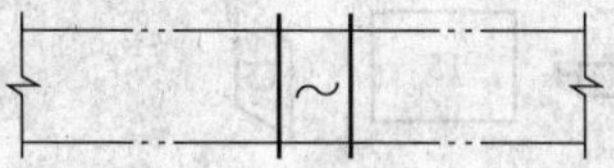	也可表示为：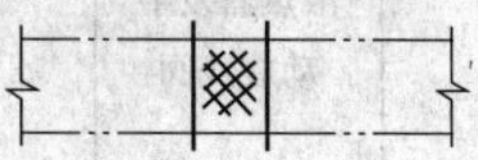
13	软管	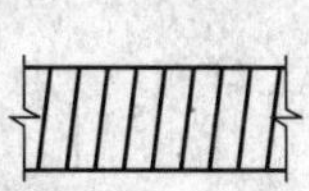 或光滑曲线（中粗）	
14	风口（通风）	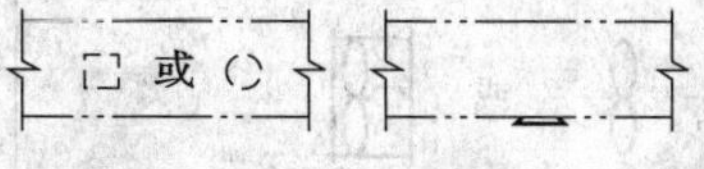	
15	气流方向		左为通用表示法，中表示送风，右表示回风

续表

序号	名称	图例	附注
16	百叶窗		
17	散流器	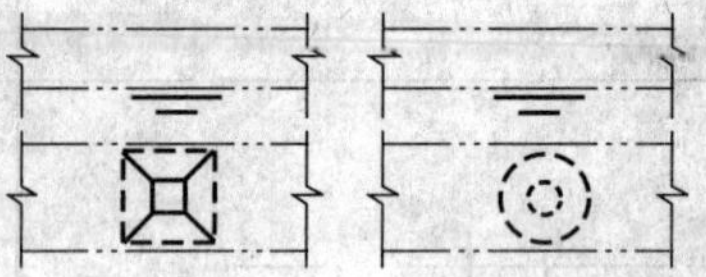	左为矩形散流器，右为圆形散流器。散流器为可见时，虚线改为实线
18	检查孔、测量孔	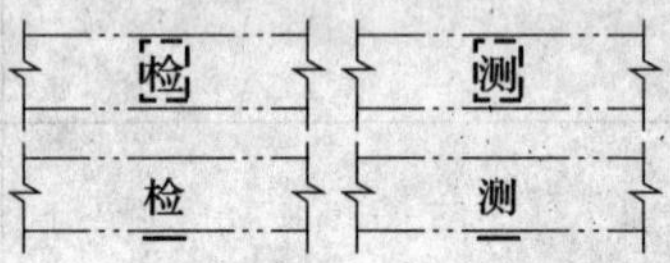	

表 2—4　　暖通空调设备图例

序号	名称	图例	附注
1	散热器及手动放气阀	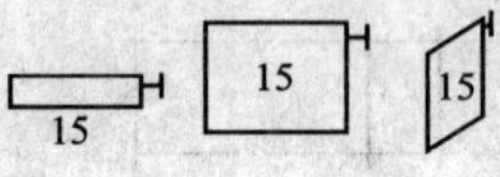	左为平面图画法，中为剖面图画法，右为系统图，*Y* 轴侧图画法
2	散热器及控制阀	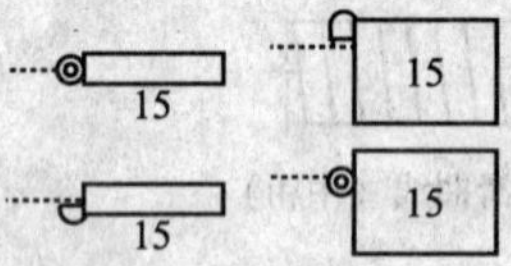	左为平面图画法，右为剖面图画法
3	轴流风机		
4	离心风机		左为左式风机，右为右式风机

续表

序号	名称	图例	附注
5	水泵		左侧为进水，右侧为出水
6	空气加热冷却器		左、中分别为单加热、单冷却，右为双功能换热装置
7	板式换热器	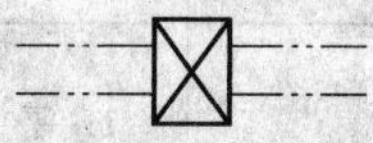	
8	空气过滤器	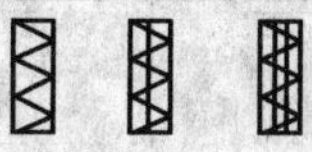	左为粗效，中为中效，右为高效
9	电加热器		
10	加湿器		
11	挡水板		

为方便识图，较复杂的通风与空调工程施工图，应在主要图样上对工艺设备、通风空调设备等加引出线并标号，并在主要设备材料表中注明其规格及数量等。在系统轴测图上还要对风管的配件、部件加引出线并标号，并在设备材料表上注明其规格尺寸与数量。值得注意的是，各种图面上的设备、配件与部件等的序号一定要统一，以免造成混乱，施工者难以辨认，也不便于组织加工制作。

9. 图线

通风与空调工程施工图中最粗的线是风管、配件及部件的外轮廓线、冷热媒管道；其次是通风空调设备外轮廓线；最细的线是工艺设备外轮廓线及建筑线。

施工图中的各种线必须层次分明，粗细适度。各种线型见表2—5。

表2—5　　　　线　型

名称	线型	线宽	用途
粗实线	**———**	b	1. 采暖供水、供汽干管、立管 2. 风管及部件轮廓线 3. 系统图中的管线 4. 设备、部件编号的索引标志线 5. 非标准部件的外轮廓线
中实线	———	0.5b	1. 散热器及散热器连接支管线 2. 采暖、通风、空气调节设备的轮廓线 3. 风管的法兰线
细实线	———	0.35b	1. 平、剖面图中土建轮廓线 2. 尺寸线、尺寸界线 3. 材料图例线、引出线、标高符号等
粗虚线	**- - - -**	b	1. 采暖回水管、凝结水管 2. 平、剖面图中非金属风道（砖、混凝土风道）的内表面轮廓线
中虚线	- - - -	0.5b	风管被遮挡部分的轮廓线
细虚线	- - - -	0.35b	1. 原有风管轮廓线 2. 采暖地沟 3. 工艺设备被遮挡部分的轮廓线
细点画线	—·—·—	0.35b	1. 设备中心线、轴心线 2. 风管及部件中心线 3. 定位轴线
细双点画线	—··—··—	0.35b	工艺设备外轮廓线
折断线	—╲╱—	0.35b	不需要画全的断开界线
波浪线	～～～	0.35b	1. 不需要画全的断开界线 2. 构造层次的断开界线

三、施工图的识读

1. 识读方法

（1）应先看文字说明部分，包括图例、图样目录、设计与施工说明及主要材料表，从而对整个工程的概况、图样组成情况、图面符号表示做到心中有数。

（2）再看通风与空调系统平面布置图，初步了解建筑物内有几个通风与空调系统，各个系统所属的通风设备及工艺设备的类型与位置，风管的走向及与设备的连接情况。

（3）根据平面图中的剖切符号，找到对应的剖面图，从剖面图上查找出风管与设备在空间的位置标高等。

（4）对于整个系统的概貌及相互关系，可以在系统轴测图中看出。当风管系统较为复杂，在平面图与剖面图上因图线相互交叉、重叠难以辨认时，对照系统轴测图，就比较容易看清楚风管系统的整体走向。

对通风空调设备、配件与部件的具体构造及安装要求，可通过图样目录查看具体的详图或标准图集，即可解决相关问题。

2. 识读图样注意事项

（1）工程中初识图样时，常有可能遇到暂时读不懂的地方，不用着急，先放下来，接着往下读。待整张、整套图样，几种图样交叉阅读后，可能不懂的地方、不明白的问题已经解决。若还有弄不清楚的地方，可以把不懂的问题重新梳理，再仔细、反复比照，查看几种图样共同部位的每一条线、每一个符号，直到弄懂为止。识读图样最忌讳似懂非懂或不懂装懂，那样会贻误工作。

（2）施工图中有时会因某种原因出现错误，在读图找出来并确认后，不要擅自修改原图。做好记录并及时告知技术负责人，以便通知建设方与设计院做出更改。

四、某空调机房图识读

1. 某空调机房平面图识读（见图 2—17）

如图 2—17 所示，识读步骤：

（1）查清建筑平面轮廓、轴线编号与尺寸，该空调机房位于建筑物水平轴线的①~②之间；垂直轴线的Ⓐ~Ⓑ之间（该轴线是以承重墙标注的）。①~②轴线之间的长度为 12. 42 m，Ⓐ~Ⓑ轴线实际宽度为 6. 71 m。

（2）查清风管及空调机房的平面布置与连接形式，风管上部件的装配位置，新风采集口、回风口及送风口的分布与气流方向。

1）由平面图中可以看出，空调机房共分 8 个部分，分别为混合段、过滤段、回风消声段、回风机段、表冷及挡水段、送风机段、送风消声段及送风段。

2）风管与风口布置情况，新风口中心距墙轴线①的距离为 800 mm；回风口中心距墙轴线①的距离为 5 620 mm；送风口中心距墙轴线②的距离为 3 620 mm。

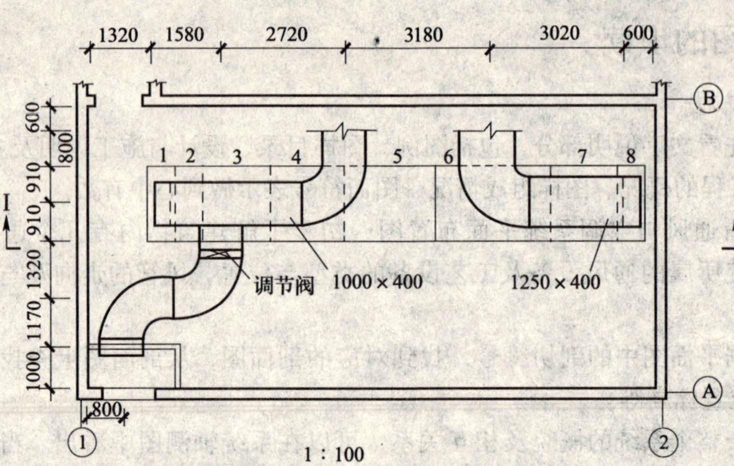

图2—17　某空调机房平面图

1—新回风混合段　2—粗效过滤段　3—回风消声段　4—回风机段　5—表冷器及挡水段

6—送风机段　7—送风消声段　8—送风段

3）空调机体中心及回风管中心、送风管中心距垂直轴线Ⓐ的距离均为4 400 mm。

4）风管连接形式。新风采集后经一个来回弯管与回风管在距①墙轴线2 900 mm处连接。送风管在送风段上面连接后送出。

5）新风采集由调节阀来控制其量的大小。

6）气流方向，新风由风井吸入与回风混合后由右向左进入混合段体；送风则由送风管压入风管送达指定位置。

单元 2

2. 某空调机房剖面图识读

通风空调剖面图主要表达的内容是风管、配件与部件、通风空调设备在竖直方向的连接情况，风管、设备与土建结构之间的相互位置以及高度方向的具体尺寸等。

如图2—18所示为某空调机房Ⅰ—Ⅰ剖面图。

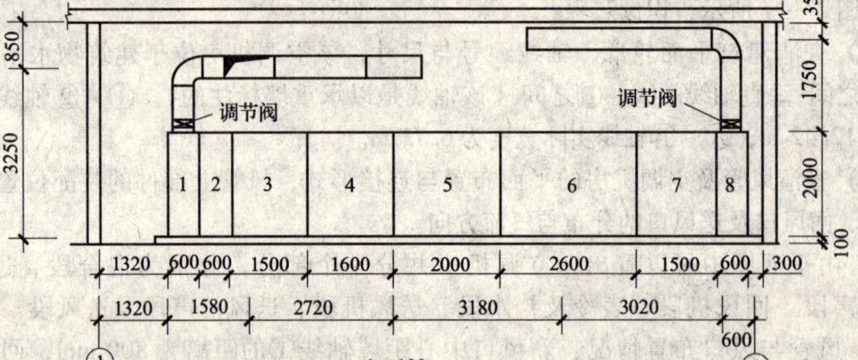

图2—18　某空调机房Ⅰ—Ⅰ剖面图

（1）空调机房 8 个段体的宽度分别为 600 mm、600 mm、1 500 mm、1 600 mm、2 000 mm、2 600 mm、1 500 mm、600 mm，高度均为 2 000 mm。各管体基础高度为 100 mm。

（2）回风口中心距地坪高度为 3 250 mm，送风口中心距地坪高度为 3 750 mm。

（3）新回风混合段风量的大小由混合管上面的调节阀控制，送风量由送风段上方的调节阀控制其大小。

（4）由剖面图与平面图比照起来看，与新回风连接的矩形风管尺寸为 1 000 mm × 400 mm，而送风段上方连接的送风管尺寸为 1 250 mm × 400 mm。

五、空调系统施工图识读

1．某会议厅空调系统平面图识读

（1）如图 2—19 所示，某会议厅位于建筑物水平轴线的①～⑤之间，垂直轴线的Ⓐ～Ⓒ之间。该会议厅长 28 m，宽为 15 m，面积约 420 m^2。

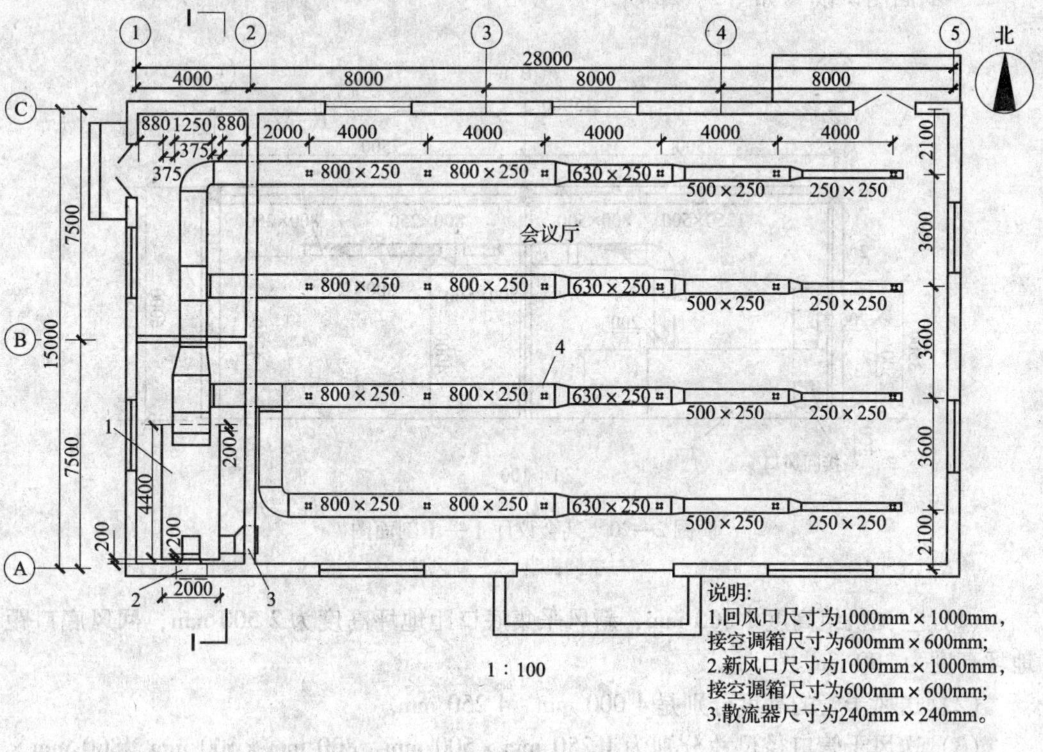

图 2—19　某会议厅空调系统平面图

1—空调机组　2—新风口　3—回风口　4—散流器

（2）空调机组 1 位于机房内靠近南墙一端，距南墙 200 mm，距东西墙均为 880 mm。空调机组平面尺寸为 2 000 mm × 4 400 mm。南墙上设有新风采集口 2，尺寸为 1 000 mm × 1 000 mm，而与空调机组连接的尺寸为 600 mm × 600 mm，由进气口到机组接口必须经一个矩形变径管方能连接。在机组南端右下方设有回风口，回风口尺寸为

1 000 mm×1 000 mm，与机组箱体的连接的尺寸为 600 mm×600 mm，两者之间仍需一矩形变径管将其连接。当新风与回风在空调机组的混合段混合后，再经过机组其他段体的加热、冷却、过滤等处理，达到设计要求的温度、湿度、洁净度以及流动速度后，由空调机组末端顶部的出风口送至送风的干管。

（3）送风干管从空调机组末端上方由南向北经两个矩形三通分支、再经一 90°矩形弯头转向东送风；第一个矩形三通分支送风的支管再经矩形三通分支与一 90°矩形弯头由北往东送风。

由平面图可清晰地看出，四路分支管几何尺寸一致，且有三次变径，分别为 800 mm×250 mm 变为 630 mm×250 mm，630 mm×250 mm 变为 500 mm×250 mm，500 mm×250 mm 变为 250 mm×250 mm。

（4）四路分支管前后间距均为 3 600 mm，支管距墙轴线 2 100 mm。

（5）在四路分支管上布置有左右间距为 4 000 mm 的散流器，第一个散流器距水平轴线②为 2 000 mm，24 个散流器尺寸均为 240 mm×240 mm。

2. 剖面图识读（如图 2—20 所示）

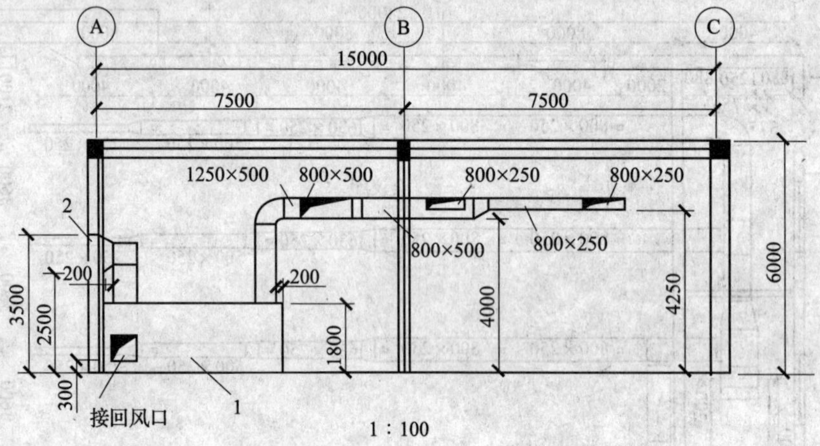

图 2—20　某会议厅 Ⅰ—Ⅰ 剖面图

1—空调机组　2—新风口

（1）空调机组高度 1 800 mm，新风采集底口距地坪高度为 2 500 mm，回风底口距地坪高度为 300 mm。

（2）送风干管的高度分别是 4 000 mm、4 250 mm。

（3）送风干管口径尺寸分别为 1 250 mm×500 mm、800 mm×500 mm、800 mm×250 mm。

（4）三路分支管由送风干管接出，第一个接口尺寸为 800 mm×500 mm，后两个接口尺寸为 800 mm×250 mm，图 2—20 中以“◣”标出。

3. 系统图识读

如图 2—21 所示为某会议厅空调系统图。图中完整清晰地表示出该空调系统的构成、风管配件的走向以及设备的布置情况等。

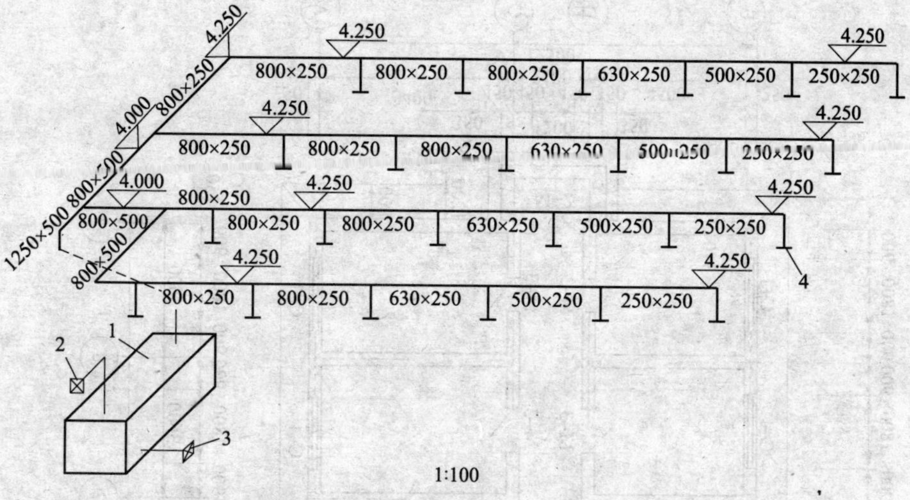

图 2—21　某会议厅空调系统图

1—空调机组　2—新风口　3—回风口　4—散流器

（1）风管的干管与支管的标高分别为 4. 0 m、4. 25 m。

（2）各段风管、配件的口径尺寸分别为 1 250 mm × 500 mm、800 mm × 500 mm、800 mm × 250 mm、630 mm × 250 mm、500 mm × 250 mm 及 250 mm × 250 mm。

（3）每排风管上均匀布置有 6 个散流器，四排共 24 个散流器。

以上是对一较简单的某会议厅空调系统平面图、剖面图及系统图的识读全过程。在识读过程中，不能死板地一个图一个图地看，而应当相互比照着看，这样就能更快捷、更准确地把握这个空调系统的基本情况。

实训　工程图识读技能训练实例

实训 1　某房屋平面图识读

【实训内容】

请识读以下房屋底层平面图，如图 2—22 所示。

【操作步骤】

步骤 1　识读图名与比例。

步骤 2　寻找纵横定位轴线与编号。

步骤 3　室内各房间组合及分隔。

步骤 4　门窗布置及其型号。

步骤 5　房屋建筑方位。

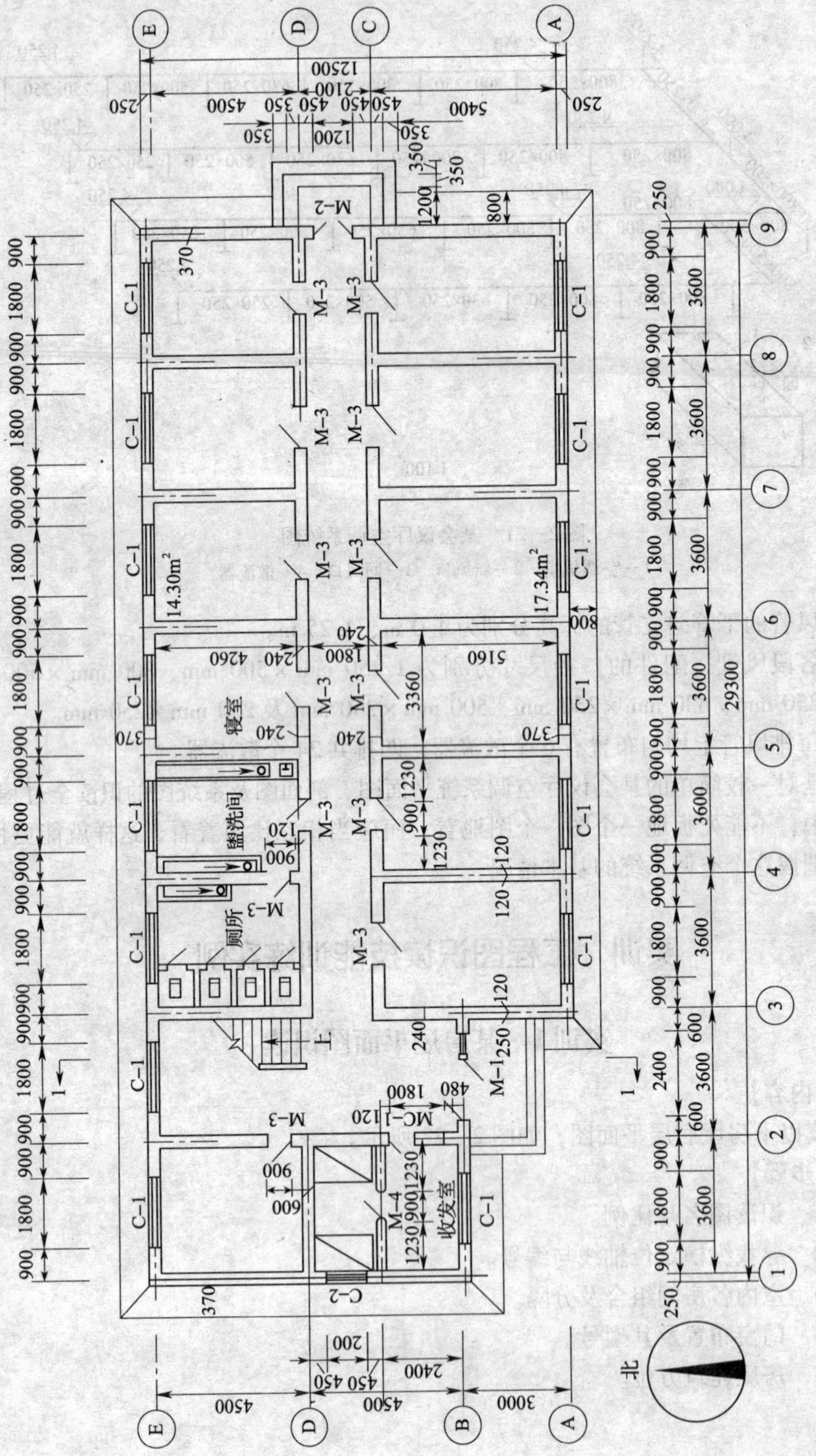

图 2—22　房屋底层平面图（1∶100）

实训2　某车间排—1系统施工图识读

【实训内容】

如图2—23所示为某车间通风系统布置图，其中有送风的送—1系统与排风的排—1系统，以及担任全面排风的两台轴流风机（墙体安装）。这里只识读排—1系统及两台轴流风机。

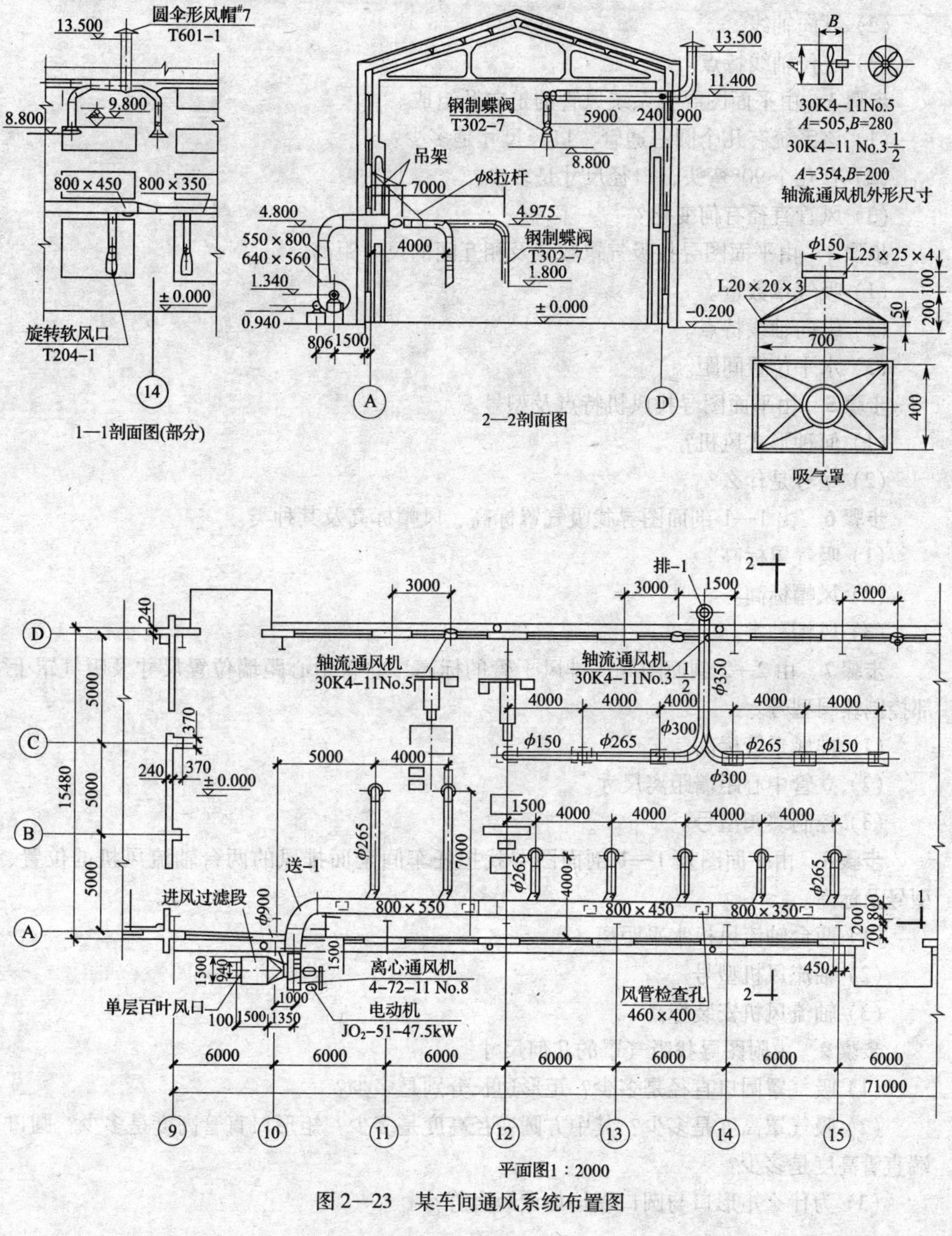

平面图1：2000

图2—23　某车间通风系统布置图

【操作步骤】

步骤1　识读图名与比例。

（1）图名。

（2）比例。

步骤2　寻找纵横定位轴线与编号。

（1）水平轴线。

（2）纵向轴线。

（3）定位轴线特点。

步骤3　由平面图寻找系统风管的走向及组成。

（1）该系统有几个圆三通管，口径尺寸是多少？

（2）有几个90°弯头，口径尺寸是多少？

（3）风管直径有何变化？

步骤4　由平面图寻找吸气罩数量及相互间的尺寸距离。

（1）吸气罩数量。

（2）纵向轴线特点。

（3）水平位置间距。

步骤5　由平面图寻找风机特点及型号。

（1）何种形式风机？

（2）型号是什么？

步骤6　由1—1剖面图寻找吸气罩标高、风帽标高及其种类。

（1）吸气罩标高。

（2）风帽标高。

（3）风帽种类。

步骤7　由2—2剖面图寻找排风干管的标高，立管中心距墙位置尺寸及吸气罩上部控制蝶阀型号。

（1）排风干管标高。

（2）立管中心距墙距离尺寸。

（3）控制蝶阀型号。

步骤8　由平面图及1—1剖面图寻找担任车间全面排风的两台轴流风机的位置、型号及标高。

（1）两台轴流风机水平距离。

（2）轴流风机型号。

（3）轴流风机安装标高。

步骤9　由附图寻找吸气罩的几何尺寸。

（1）吸气罩圆口直径是多少？矩形边长分别是多少？

（2）吸气罩高度是多少？其中方圆变径高度是多少？矩形口直管高度是多少？圆口端直管高度是多少？

（3）为什么矩形口与圆口端均加设短直管？

(4) 风口端法兰用何材料？尺寸是多少？矩形口端加固框用何材料？尺寸是多少？

如排—1 这样简单的通风系统，通过系统平面图与剖面图就能基本搞清楚整个系统的情况，如果再给出系统图，三图相互比照，识读起来就更为方便容易。

单元测试题

一、填空题（请将正确的答案填在横线空白处）

1. 通风空调工程施工图同机械图、建筑图一样，都是按照________关系画出来的，即将光线________地照射在投影面上。

2. 当一直线段与投影面倾斜时，其投影仍是一条________，但投影长度比实际________。

3. 一个平面垂直于投影面，其投影积聚成________。

4. 三视图的投影规律是每个视图只反映物体长、宽、高中的两个尺寸，主视图反映物体的________和________。

5. 按照三视图投影的“三等”关系，主视图与俯视图________，主视图与左视图________，俯视图与左视图________。

6. 当一节圆形风管轴线垂直于投影面，得到的图形应当是________；而在另外两个投影面上则是________。

7. 圆形异径三通管不论是直交或斜交，其相贯线均为________，只有通过________才能画出。

8. 通风空调工程施工图的剖面图，就是________用一个平面把系统的某一部分切开得到的视图。

9. 通风空调系统的轴测图是按照________轴测原理绘制的，可以用单线或________绘出。

10. 建筑物形体庞大，而要将其绘制在有限的图面上，必须按________将其________才能做到。

11. 建筑施工图是按专业划分的，通风空调工程施工图属于________。

12. 建筑施工图定位轴线以________或________的轴线为依据，以点画线绘出。

13. 建筑施工图中的标高尺寸单位为________，而图面上其他尺寸单位均为________。

14. 通风空调工程施工图包括________、________、________三部分。

15. 图纸幅面上风管、设备的尺寸与实际尺寸的比值称作________，若图面标明1∶100，图面尺寸5 mm，实际尺寸是________。

16. 通风空调工程施工图若无文字说明，所注标高是指地坪到矩形风管________，而圆形风管则为________。

17. 图纸共有________种幅面尺寸，即由________至 A_4。图纸幅面分横式与立式两种，常用的是________。

18. 通风空调系统工程图上圆形风管常以________或________表示直径；若矩形风

管标注 1 000 ×600，表示高度为________，宽度为________。

19. 通风空调工程图中最粗的线应是________的外轮廓线，或是________。

20. 施工图中若出现错误并被确认，不得擅自修改________，只能反映给相关人，由建设方与设计院做出________。

二、判断题（下列判断正确的请打“√”，错误的打“×”）

1. 投影图不论光线照射角度或距离有无改变，图样都不会改变。（ ）

2. 当一条线段与投影面平行时，其投影是一条反映实长的直线段。（ ）

3. 一个平面与投影面倾斜，其投影是一条倾斜的直线。（ ）

4. 三视图中的“三等”关系，是识读工程图需掌握的最基本规律。（ ）

5. 一节圆变径管，当其轴线平行于投影面时，得到的图形是梯形。（ ）

6. 圆多节弯头侧立面图，要根据已知曲率半径、圆直径、弯头角度与节数才能绘制出来。（ ）

7. 圆等径三通管若是直交，其相贯线是两条通过中心的直线，必须通过作图才能求出。（ ）

8. 通风空调工程的轴测图，只是一种示意图，只要能表明风管、配件、部件及设备的基本情况，可以随意绘制。（ ）

9. 建筑施工图是利用正投影原理，将房屋的外形与内部结构绘制在图纸上。（ ）

10. 通风工常要借助“建施”与“结施”土建施工图，确定预留孔洞位置及计算相关尺寸。（ ）

11. 土建施工图的定位轴线水平方向用汉语拼音字母排序，而垂直方向则采用阿拉伯数字从左向右顺序编号。（ ）

12. 通风空调工程施工图中的基本图包括平面图、剖面图、系统轴测图及详图。（ ）

13. 剖面图除要重点表达风管、设备等在高度方向上的位置及尺寸外，还可以标注水平位置尺寸。（ ）

14. 图纸幅面共有 5 种，以 A_4 幅面最大，A_0 幅面最小。（ ）

15. 若图样上标明比例为 1∶20，图样上一段距离量得是 50 mm，则实际距离应是 1 000 mm。（ ）

16. 当空调系统风管有冷凝水时，风管应有坡度与坡向要求，坡度是指向哪个方向倾斜，坡向是指倾斜度大小。（ ）

17. 施工图中的风管、设备等在空间的位置，只要在纵向或横向标注一个尺寸，就能确定其准确位置。（ ）

18. 识读工程图时，碰到不懂的地方，一定不要放下，必须彻底弄清楚，才能往下读其他图样。（ ）

三、单项选择题（下列每题的选项中，只有1个是正确的，请将其代号填在横线空白处）

1. 当一直线段与投影面垂直时，其投影重合为一点，此种特性称为________。

A. 显实性　　B. 积聚性　　C. 压缩性

2. 一平面与投影面平行，得到的投影仍是一平面，且是________。

A. 实形　　B. 缩小 1/2 平面　　C. 扩大 1 倍平面

3. 三面投影体系中，绘制工程图时规定，*OX* 轴方向表明物体的________。

A. 高度　　B. 宽度　　C. 长度

4. 三视图中，每个视图只能反映物体两个方面的尺寸，俯视图上反映的是________。

A. 长度与高度　　B. 长度与宽度　　C. 高度与宽度

5. 正圆变径管中心线与投影面平行时，在三视图中的投影，是个________梯形。

A. 偏心　　B. 平行四边形　　C. 等腰

6. 弯头由于口径形状的不同，分圆形弯头与矩形弯头，但弯头的主要作用是用作风管________的连接配件。

A. 变径　　B. 不变径　　C. 走向改变

7. 建筑施工图中，主要表示建筑承重结构的布置情况、构件种类、大小以及做法等属于________。

A. 结构施工图　　B. 建筑施工图　　C. 设备施工图

8. 通风工识读建筑立面图的重点，是依据墙或柱的定位轴线编号，准确查找出风管及设备的________尺寸。

A. 平面与立面　　B. 平面与侧面　　C. 标高

9. 建筑施工图绘图时，定位轴线一般以承重墙或柱的轴线为依据，以________线表示。

A. 细实　　B. 点画　　C. 粗实

10. 识读通风空调工程图时，要查找风管及设备在高度方向上的位置及尺寸，应查阅________。

A. 平面图　　B. 轴测图　　C. 剖面图

11. 如果一幅施工图有两种以上比例，除必须在图面上标注外，图中所注尺寸一律按________标注。

A. 实际尺寸　　B. 按比例缩小　　C. 按比例扩大

12. 建筑物或风管、设备的标高，是指建筑物底层________。

A. 室内地坪　　B. 室内顶高　　C. 马路水平

13. 通风空调工程施工图、平面图或剖面图上的尺寸，都必须按________绘出，并标注尺寸。

A. 实际尺寸　　B. 实际比例　　C. 两者选一

14. 通风空调工程常用到钢管，若标注 *DN*20，表明是________，公称直径是 20 mm。

A. 无缝钢管　　B. 焊接钢管　　C. 螺纹钢管

15. 识读施工图时，当发现原设计有问题后，对施工图做出修改只能由________，而不能把问题带入施工阶段。

A. 自己修整　　B. 施工方技术员修改　C. 建设方或设计院修改

四、简答题

1. 三视图的投影规律与投影关系是什么？
2. 建筑施工图按专业划分主要分为哪几类？各表示什么内容？
3. 通风空调的轴测图有何特点？表达哪些内容？
4. 识读通风空调工程施工图的步骤是什么？

五、作图题（按三视图投影关系补齐下列各图）

1. 补作图2—24矩形斜管俯视图与左视图。
2. 补作图2—25圆变径管俯视图与左视图。
3. 补作图2—26方圆变径管俯视图与左视图。
4. 补作图2—27圆等径直交三通管左视图。

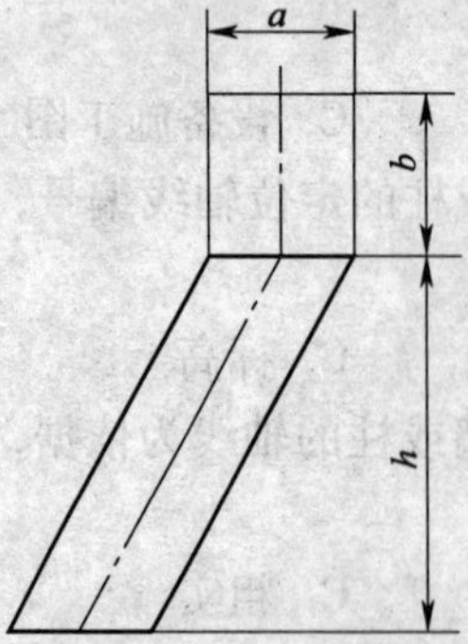

图2—24　矩形斜管

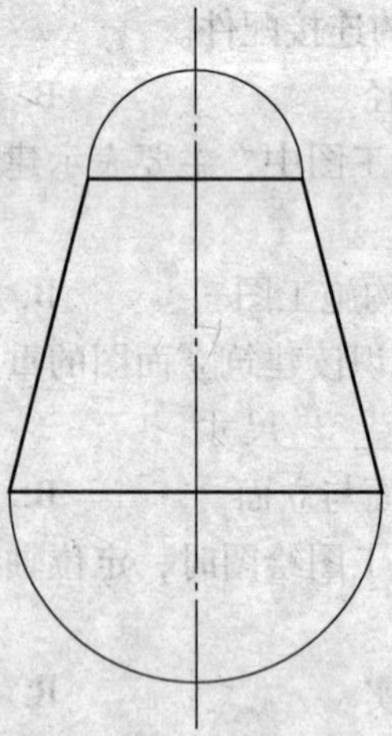

图2—25　圆变径管

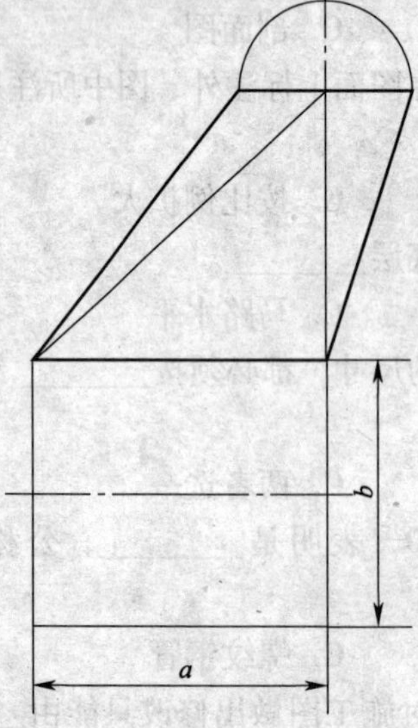

图2—26　方圆变径管

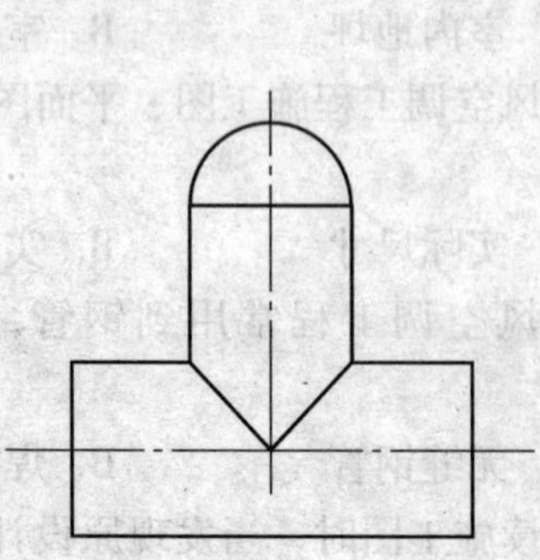

图2—27　圆等径直交三通管

单元测试题答案

一、填空题

1. 正投影　垂直　2. 直线　短　3. 一条直线　4. 长度　高度　5. 长对正　高平齐　宽相等　6. 圆　矩形　7. 曲线　作图　8. 假想　9. 斜等　双线　10. 比例　缩小　11. 设施　12. 承重墙　柱　13. m　mm　14. 基本图　详图　文字说明　15. 比例　500 mm　16. 底平面　中心的距离　17. 5　A_0　横式　18. ϕ　D　600 mm　1000 mm　19. 风管、配件及部件　冷热媒管道　20. 原图　更改

二、判断题

1. ×　2. √　3. ×　4. √　5. √　6. √　7. ×　8. ×　9. √　10. √　11. ×　12. ×　13. ×　14. ×　15. √　16. ×　17. ×　18. ×

三、单项选择题

1. B　2. A　3. C　4. B　5. C　6. C　7. A　8. C　9. B　10. C　11. A　12. A　13. B　14. B　15. C

四、简单题

1. 答：三视图投影规律：主视图反映物体的长度与高度，俯视图反映物体的长度与宽度，左视图反映物体的高度与宽度。

三视图投影关系：主视图与俯视图长对正，主视图与左视图高平齐，俯视图与左视图宽相等。

2. 答：建筑施工图按专业划分主要分为建筑施工图，简称“建施”；结构施工图，简称“结施”；设备施工图，简称“设施”三类。

建施，主要表达建筑物位置、内外部形式、平面布置、装修及施工要求等内容。

结施，主要表达建筑承重结构的布置情况，构件种类、大小以及做法等内容。

设施，主要表达建筑物的给排水、采暖通风、电气等设备的管线布置、走向与安装要求等内容。

3. 答：通风空调系统的轴测图是按照斜等轴测投影原理绘制的。系统轴测图能立体地反映出整个通风空调系统的全貌，帮助施工人员完整地了解风管、配件、部件及设备等在空间的关系。通过系统轴测图可以清晰地了解风管口径变化、走向变化以及所用部件、设备的代号等内容。

4. 答：识读通风空调工程施工图的一般步骤是：

首先，应看文字说明，包括图例、图样目录、设计与施工说明以及主要材料表，以便对整个工程的概况、图样组成情况及图面符号等内容有个大致了解。

其次，再看通风与空调系统的平面图，初步了解建筑物内共有多少个通风系统、空调系统，各系统所属的设备及通风空调工艺设备的类型与位置，风管走向及设备的连接情况等。

第三，根据平面图的剖切符号，找到对应的剖面图，并从中找出风管、设备在空间

的位置标高、连接特点等内容。

第四，对整个通风与空调系统的概貌及相互关系，可以通过系统轴测图进一步了解。特别是系统较复杂，风管上下重叠变化，对照系统图，就比较容易弄清系统的整个情况。

总之，识读通风空调工程施工图时，方法应当灵活一点，一时读不懂的地方先放一下，待整套图、几张图、几种图交叉识读后，问题可能已经解决。

五、作图题

1. 见图 2—28。

2. 见图 2—29。

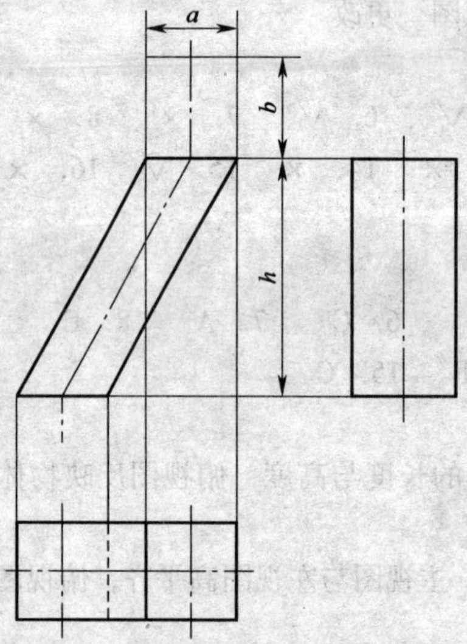

图 2—28　矩形斜管俯视图与左视图

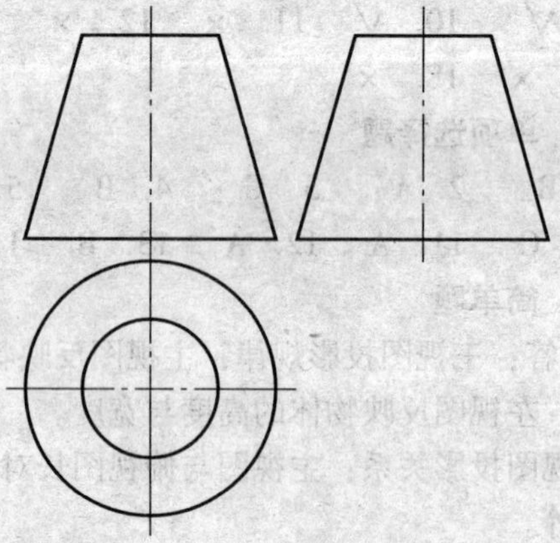

图 2—29　圆变径管俯视图与左视图

3. 见图 2—30。

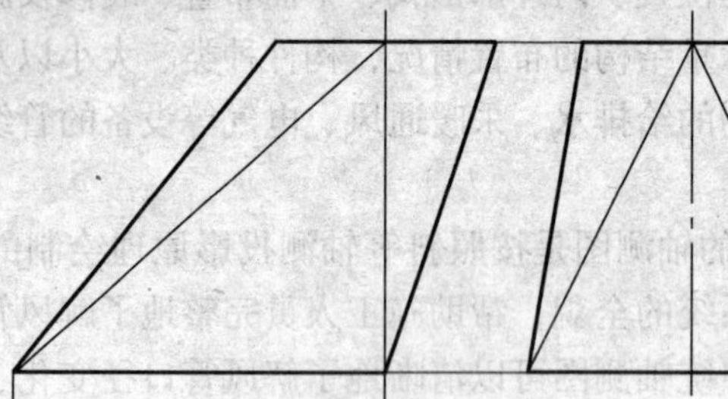

图 2—30　方圆变径管俯视图与左视图

4. 见图 2—31。

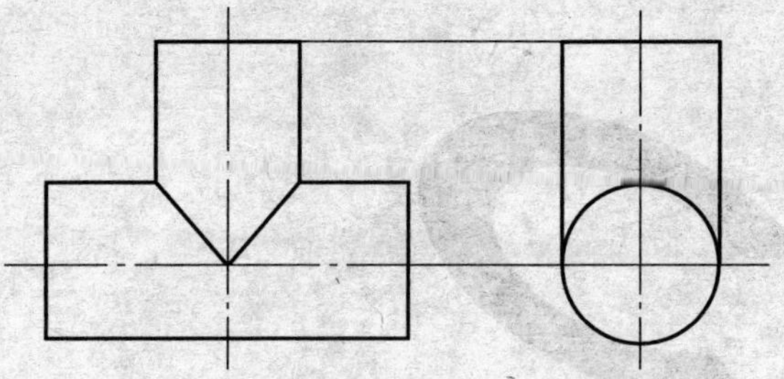

图 2—31　圆等径直交三通管左视图

第3单元

通风与空调工程常用材料

在通风与空调工程中，金属材料是制作风管、配件、部件以及设备的主要材料；其次是非金属材料及复合材料。熟悉金属、非金属材料及复合材料的性能，掌握其加工特性，是合理使用材料和提高产品制作质量的前提。也是作为从事本专业技术人员应当具备的基本素质。

第一节 金属材料

培训目标

- 熟悉常用金属材料的种类及使用性能
- 掌握各种金属材料的加工特性与方法

一、板材

金属薄钢板是制作风管、配件及部件的主要材料。其中有普通钢板、镀锌钢板、不锈钢板、铝合金板以及塑料复合钢板等。通常使用的厚度在 0.5～2.0 mm 之间，最为常用的是 0.5～1.2 mm。

金属薄板规格是以宽度、长度和厚度来表示的。目前工程上较为常用的规格有 900 mm×1 800 mm 和 1 000 mm×2 000 mm 以及卷材等。金属薄板质量要求表面应平整、光滑，厚度均匀一致，允许有紧密的氧化薄膜，但不得有结疤、划痕、裂缝等缺陷。

1. 普通薄钢板

俗称黑铁皮，其材质常为 Q195 冷轧或热轧钢板。它具有良好的机械强度与加工特性，价格便宜。但因表面易生锈，用它加工的风管、配件与部件，必须喷涂或涂刷防腐涂料才能使用。因此，目前工程上较少使用，主要用于排风系统中。

普通冷轧板较热轧板平整，但加工性能不及热轧板；热轧板平整度不及冷轧板，但加工性能优于冷轧板。

热轧板与冷轧板规格见表 3—1、表 3—2。

表 3—1 热轧薄钢板常用规格 mm

钢板厚度	钢板宽度								
	500	600	710	750	800	850	900	950	1 000
	钢板长度								
0.6	1 500	1 800	1 420	1 800	1 600	1 700	1 800	1 900	1 500
0.7，0.75	2 000	2 000	2 000	2 000	2 000	2 000	2 000	2 000	2 000
0.8，0.9				1 500	1 500	1 500	1 500	1 500	
	1 000	1 200	1 420	1 800	1 600	1 700	1 800	1 900	1 500
	1 500	1 420	2 000	2 000	2 000	2 000	2 000	2 000	2 000

续表

钢板厚度	钢板宽度								
	500	600	710	750	800	850	900	950	1 000
	钢板长度								
1.0，1.1				1 000			1 000		
1.2，1.25	1 000	1 200	1 000	1 500	1 500	1 500	1 500	1 500	
1.4，1.5	1 500	1 420	1 420	1 800	1 600	1 700	1 800	1 900	1 500
1.6，1.8	2 000	2 000	2 000	2 000	2 000	2 000	2 000	2 000	2 000
2.0							1 000		

表3—2　冷轧薄钢板常用规格　mm

钢板厚度	钢板宽度											
	500	600	710	750	800	850	900	1 000	1 100	1 250	1 400	1 500
	钢板长度											
0.6	1 000	1 800	1 800	1 800	1 800	1 800	1 500	1 500				
	1 500	2 000	2 000	2 000	2 000	2 000	1 800	2 000				
0.7，0.75		1 200	1 420	1 500	1 500	1 500						
	1 000	1 800	1 800	1 800	1 800	1 800	1 500	1 500				
	1 500	2 000	2 000	2 000	2 000	2 000	1 800	2 000				
0.8，0.9		1 200	1 420	1 500	1 500	1 500	1 500					
	1 000	1 800	1 800	1 800	1 800	1 800	1 800	1 500	2 000	2 000		
	1 500	2 000	2 000	2 000	2 000	2 000	2 000	2 000	2 200	2 500		
1.0，1.1	1 000	1 200	1 420	1 500	1 500	1 500					2 800	2 800
1.2，1.4 1.5，1.6	1 500	1 800	1 800	1 800	1 800	1 800	1 800		2 000	2 000	3 000	3 000
1.8，2.0	2 000	2 000	2 000	2 000	2 000	2 000	2 000	2 000	2 200	2 500	3 500	3 500

2. 镀锌薄钢板

俗称白铁皮，厚度一般在0.5~1.5 mm之间。镀锌薄板是在普通薄钢板的表面镀不小于0.02 mm的锌层，使其具有良好的防腐性能，一般不需要再喷刷涂料保护。镀锌板被广泛的用来制作送风、排风、空调及净化系统的风管与配件。

镀锌薄板的规格尺寸同普通薄板，此外，还有镀锌卷板。工程中使用的镀锌薄板表面应光滑洁净，有完整的热镀锌特有的结晶花纹。使用前若出现大面积的白花、锌层粉化等现象，一定不可使用。

3. 铝板

铝板质轻，表面光洁，色泽美观，具有良好的可塑性，对浓硝酸、醋酸、稀硫酸有一定的抗腐蚀能力，但易被盐酸与碱类腐蚀。

铝板在空气中和氧气接触表面会生成一层氧化铝薄膜，因此，具有较好的抗化学腐

单元 3

蚀性能。实际使用铝板制作风管配件时，应想方设法保护氧化膜。由于纯铝板质地软，通风工程中常用的铝板是经冷作硬化或退火处理的合金铝板。

铝板还具有在相互碰撞时不易产生火花的特点，常用于防爆的通风系统中。

4. 不锈钢板

它是在普通碳素钢中添加镍、铬等金属元素经冶炼轧制而成。不锈钢板具有较高的机械强度。

不锈钢板对酸、碱性气体、溶液和其他介质具有较强的抗腐蚀能力。不锈钢板的耐腐蚀性能主要取决于其中的铬元素，它在板材表面生成氧化膜（钝化膜），保护钢板不被氧化。

不锈钢是一种不易生锈的合金钢，但不是绝对意义上的不生锈。不锈钢板表面的氧化膜一旦被划伤，其耐腐蚀性能就会下降。因此，实际使用时应设法保护表面的氧化膜。

不锈钢板存放时不宜与碳素钢长期接触。因为两者接触后会产生电位差，易吸收空气中的二氧化碳、二氧化硫与水分后产生电化学反应，腐蚀不锈钢板。

不锈钢板在冷加工中易产生内应力，导致不均匀变形。因此，加工时应尽可能一次成型，避免多次弯曲、折方，否则易使板料变硬变脆，产生裂痕或断裂。

不锈钢板主要用于食品、医药、化工、电子仪表专业的工业通风与较高净化要求的送风系统。

5. 塑料复合钢板

它是在 Q125、Q235 碳素钢板表面上喷涂厚度为 0.2 ~ 0.4 mm 的软质或半硬质塑料膜，使之既具有塑料耐腐蚀特点，又具有普通钢板的切断、咬口加工、弯曲、钻孔、咬合等加工性能。

塑料复合钢板主要应用于要求较高的空气洁净系统和温度在 -10 ~ 70℃之间的耐腐蚀系统。

塑料复合钢板分单面与双面两种。常见的规格为 450 mm ×1 800 mm、500 mm × 2 000 mm及 1 000 mm ×2 000 mm 等几种规格。

塑料复合钢板表面塑料薄膜易被划伤，保管和实际使用时，要采取特殊措施加以保护。

二、型钢

如图 3—1 所示，在通风与空调工程中，常用的型钢有圆钢、扁钢、角钢及槽钢等几种，用来制作风管、设备的吊杆、法兰及设备的支托、吊架等。

1. 圆钢

圆钢主要用于通风与空调工程中的支托、吊架的吊杆、拉筋以及配件的加固圈等场合。

圆钢用“ϕ”代表直径，如直径为 8mm 写作 ϕ8 即可，余类推。工程中最为常用的圆钢规格为 ϕ5、ϕ6、ϕ8、ϕ10、ϕ12 等几种。圆钢规格尺寸见表 3—3。

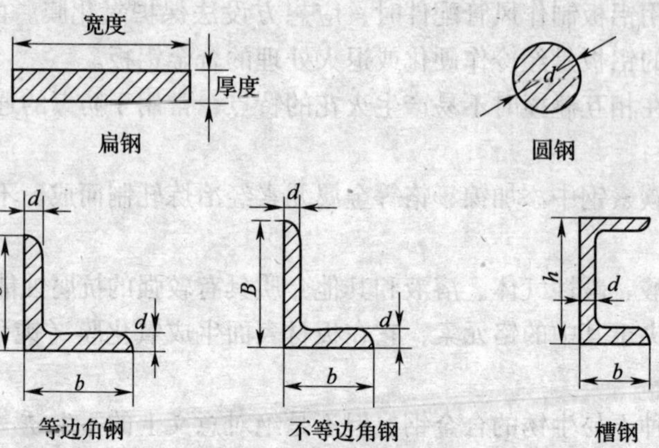

图 3—1 常用型钢

表 3—3 圆钢

圆钢直径 d/mm	截面面积 /cm²	理论质量 /（kg/m）	圆钢直径 d/mm	截面面积 /cm²	理论质量 /（kg/m）
5	0.196 3	0.154	15	1.767	1.39
5.6	0.237 5	0.193	16	2.011	1.58
6	0.282 7	0.222	17	2.270	1.78
6.5	0.331 8	0.260	18	2.545	2.00
7	0.384 8	0.302	19	2.835	2.23
8	0.502 7	0.395	20	3.142	2.47
9	0.636 2	0.499	21	3.464	2.72
10	0.785 4	0.617	22	3.801	2.98
11	0.950 3	0.746	23	4.155	3.26
12	1.131	0.888	24	4.524	3.55
13	1.327	1.04	25	4.909	3.85
14	1.539	1.21			

2．扁钢

扁钢在工程中常用来制作较小直径风管法兰、加固圈、抱箍及小型风帽的支撑等。

扁钢通常是以宽度与厚度表示的，实际中扁钢用符号“—”，如扁钢宽度是30 mm，厚度为 4 mm，就记作“—30 × 4”。通风与空调工程常用的扁钢规格有—20 × 3，—25 ×4，—30 ×4 等几种。扁钢规格尺寸见表 3—4。

3．角钢

角钢在通风与空调工程中的主要用途是制作风管法兰、支托架、吊架横担、加固筋、风机支架以及系统部件的骨架等。

表 3—4　　扁钢

宽度/mm	厚度/mm 3	4	5	6	7	8	9	10	11	12
	理论质量/（kg/m）									
10	0.24	0.31	0.39	0.47	0.55	0.63				
12	0.28	0.38	0.49	0.57	0.66	0.75				
14	0.33	0.44	0.55	0.66	0.77	0.88				
16	0.38	0.50	0.63	0.75	0.88	1.00	1.15	1.26		
18	0.42	0.57	0.71	0.85	0.99	1.13	1.27	1.41		
20	0.47	0.63	0.79	0.94	1.10	1.26	1.41	1.57	1.73	1.88
22	0.52	0.69	0.86	1.04	1.21	1.38	1.55	1.73	1.90	2.07
25	0.59	0.79	0.98	1.18	1.37	1.57	1.77	1.96	2.16	2.36
28	0.66	0.88	1.10	1.32	1.54	1.76	1.98	2.20	2.42	2.64
30	0.71	0.94	1.18	1.41	1.65	1.88	2.12	2.36	2.59	2.83
32	0.75	1.01	1.25	1.50	1.76	2.01	2.26	2.54	2.76	3.01
36	0.85	1.13	1.41	1.69	1.97	2.26	2.51	2.82	3.11	3.39

角钢分等边与不等边两种，通风与空调工程中使用最多的是等边角钢。角钢是以边宽×边宽×厚度表示的，用符号“∠”代表角钢，如等边角钢边宽均为 30 mm，厚度为 4 mm 时，可记作∠30×30×4 或简写成∠30×4，以最后一种书写形式最为简便与常用。不等边角钢因两边宽度不等，故不能简写。如两边宽分别为 32 mm 与 20 mm，厚度为 4 mm，记作∠32×20×4，余类推。等边角钢在通风与空调工程中最为常用的有∠25×3、∠30×4、∠40×4、∠50×5 等几种规格。等边角钢规格尺寸见表 3—5。

单元 3

表 3—5　　等边角钢

角钢号数	尺寸/mm b	d	截面面积/cm^2	外表面积/（m^2/m）	理论质量/（kg/m）
2	20	3	1.132	0.078	0.889
		4	1.459	0.077	1.145
2.5	25	3	1.432	0.098	1.124
		4	1.859	0.097	1.459
3	30	3	1.749	0.117	1.373
		4	2.276	0.117	1.786
3.6	36	3	2.109	0.141	1.656
		4	2.756	0.141	2.163
		5	3.382	0.141	2.654
4	40	3	2.359	0.157	1.852
		4	3.086	0.157	2.422
		5	3.791	0.156	2.976

续表

角钢号数	尺寸/mm		截面面积/cm^2	外表面积/（m^2/m）	理论质量/（kg/m）
	b	d			
4.5	45	3	2.659	0.177	2.088
		4	3.486	0.177	2.736
		5	4.292	0.176	3.369
		6	5.076	0.176	3.985
5	50	3	2.971	0.197	2.332
		4	3.897	0.197	3.059
		5	4.803	0.196	3.770
		6	5.688	0.196	4.465
5.6	56	3	3.343	0.221	2.624
		4	4.390	0.220	3.446
		5	5.415	0.220	4.251
		6	8.367	0.219	6.568
6.3	63	4	4.978	0.248	3.907
		5	6.143	0.248	4.822
		6	7.288	0.247	5.721
7	70	4	5.570	0.275	4.372
		5	6.875	0.275	5.397
		6	8.160	0.275	6.406

单元 3

4. 槽钢

槽钢主要用来制作大型风机与空调机组的支架，空调机组的框架以及空调器吊架的横梁等。

槽钢在工程中以符号“[”表示，型号的号数表示槽钢的高度，号数对应的尺寸单位是cm，如[8#，表达的内容是槽钢高度为8 cm（80 mm）。

在通风与空调工程中，常用的槽钢有4#、5#、6#、8#、10#以及12#等几种。槽钢规格尺寸见表3—6。

表3—6　　槽钢

型号	尺寸/mm			截面面积/cm^2	理论质量/（kg/m）	通常长度/m
	h	b	d			
5	50	37	4.5	6.93	5.44	5～12
6.3	63	40	4.5	8.444	6.63	
6.5	65	40	4.8	8.54	6.70	
8	80	43	5.0	10.24	8.04	

续表

型号	尺寸/mm			截面面积 /cm²	理论质量 / (kg/m)	通常长度 /m
	h	b	d			
10	100	48	5.3	12.74	10.00	5~19
12	120	53	5.5	15.36	12.06	
14a	140	58	6.0	18.51	14.53	
14	140	60	8.0	21.31	16.73	
16a	160	63	6.5	21.95	17.23	6~19
16	160	65	8.5	25.15	10.74	
18a	180	68	7.0	25.69	20.17	
18	180	70	9.0	29.29	22.99	
20a	200	73	7.0	28.83	22.63	
20	200	75	9.0	32.83	25.77	
22a	220	77	7.0	31.84	24.99	
22	220	79	9.0	36.24	28.45	

三、金属连接件

单元 3

通风与空调工程中使用的金属连接件主要是螺栓、螺母、垫圈及铆钉等。通常用于系统风管、配件与法兰的连接，支托、吊架的组合连接，风机及各种通风空调设备的安装等场合。

1. 螺栓、螺母、垫圈

（1）螺栓。螺栓为外螺纹，规格以公称直径×螺杆长度表示，其中螺杆长度是净长度，如图 3—2 中所示的 *L* 长度尺寸。

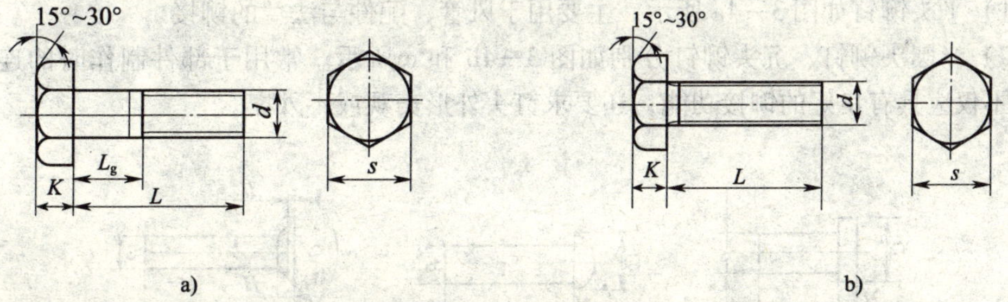

图 3—2　六角头螺栓

a）部分螺纹六角头螺栓　b）全螺纹六角头螺栓

如“M10×30”表示公称直径 10 mm，螺杆长度（*L*）30 mm。通风与空调工程中使用的螺栓和螺母一般均为粗牙普通螺纹，大多是六角头螺栓、螺母。六角头螺栓按螺纹的长短分为部分螺纹（半丝）和全螺纹（通丝），分别如图 3—2a 和 b 所示。通风与空调系统使用的螺栓大多是全螺纹。

（2）螺母。螺母为内螺纹，规格是在公称直径前加 M 表示，如公称直径为10 mm 的螺母，记作 M10，选用螺母一定要与螺栓、螺钉公称直径相匹配，如 M12×30 的螺栓，一定需配用 M12 的螺母。工程上使用最多的螺母是“1”型六角螺母，如图 3—3 所示。

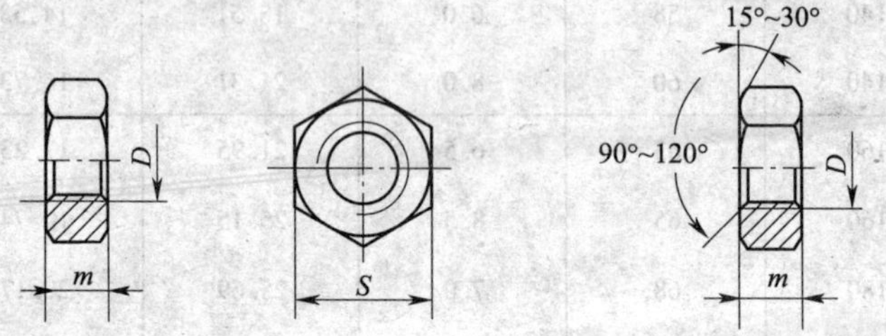

图 3—3　“1”型六角螺母

（3）垫圈。垫圈分平垫圈与弹簧垫圈两种。

平垫圈常垫在螺母与连接件之间，主要作用是增大螺母与连接件之间的接触面积，使被连接件受力更均匀，也不会因螺母的旋动划伤连接件表面。

弹簧垫圈的开口处呈高低状富有弹性，垫于螺母与连接件之间。当螺母拧紧后，弹簧垫圈受压后产生的弹力反作用于螺母，故能阻止螺母松动。弹簧垫圈常用于风机安装等有振动载荷的连接件之间。

2．铆钉

铆钉主要用于系统的风管、配件与法兰的连接，以及部件的制作、风管配件壁厚较大制作时的连接。

通风与空调工程中使用的钢制铆钉有平头铆钉、半圆头铆钉、沉头铆钉，铝制铆钉有抽芯铆钉与击芯铆钉等几种。

（1）钢制铆钉。通风工使用钢制铆钉通常是在常温状态下进行铆接，俗称“冷铆”。因此，铆钉应有良好的塑性，铆钉直径 D 一般小于 8 mm。

1）平头铆钉如图 3—4a 所示。主要用于风管、配件与法兰的铆接。

2）半圆头铆钉、沉头铆钉分别如图 3—4b 和 c 所示。常用于部件制作时的连接，铆钉不仅应具有良好的铆接功能，还要求钉头外形美观或不外露。

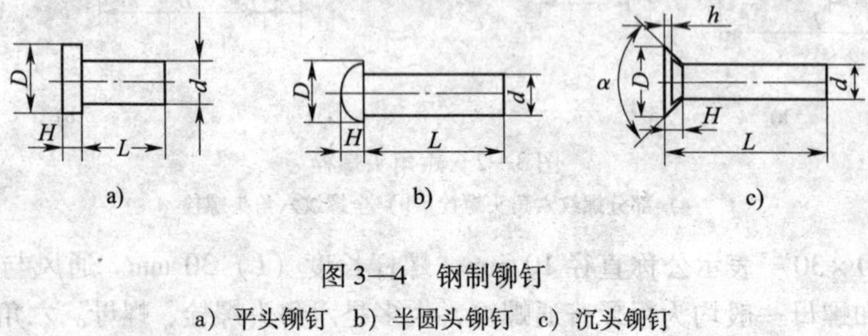

图 3—4　钢制铆钉

a）平头铆钉　b）半圆头铆钉　c）沉头铆钉

(2) 铝制铆钉

1) 抽芯铆钉。抽芯铆钉由防锈铝合金和钢丝材料制成。使用时必须用手动拉铆钳或机动拉铆枪才能进行铆接。铆接时将铆钉插入铆接件的孔内，在拉铆钳或拉铆枪的作用下，抽出钢钉，铝合金膨胀形成肩胛，将连接件牢固铆接，如图3—5所示。

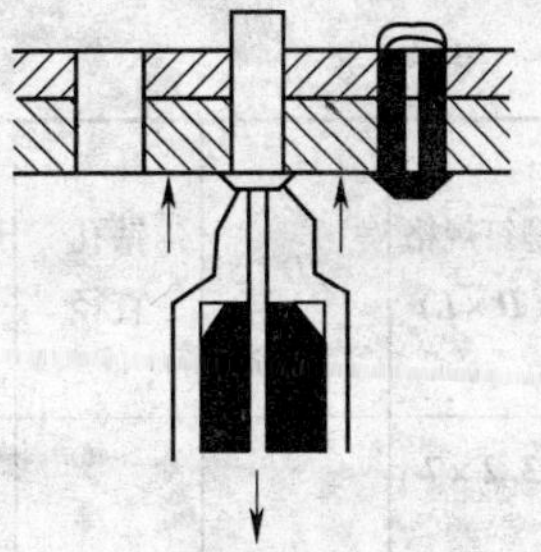

图3—5 拉铆连接

抽芯铆钉有F型与K型两种，如图3—6a和b所示，其规格及技术性能见表3—7和表3—8。

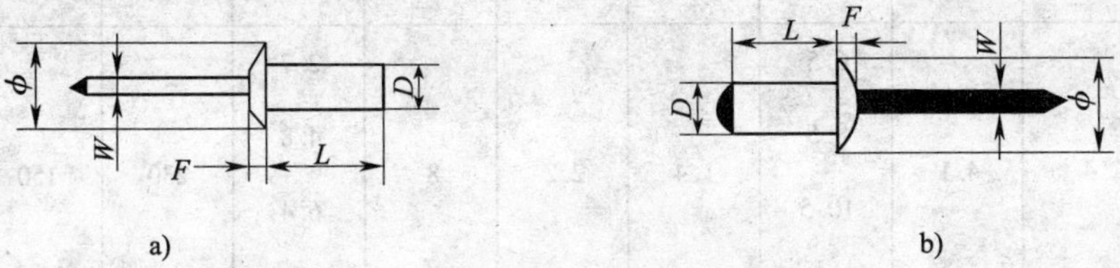

图3—6 抽芯铝铆钉

a) F型抽芯铝铆钉 b) K型抽芯铝铆钉

表3—7 **F型抽芯铝铆钉的规格及技术性能** mm

铆钉规格 ($D \times L$)	D	钻孔直径	L	F	W	ϕ	铆接最大板厚	抗拉极限 (kg/只)	抗剪极限 (kg/只)	推荐铆接间距
4×6.5			6.5				1			
4×8.5			8.5				3			
4×10.5	4	4.1	10.5	1.6	2.2	8	5	250	150	40~50
4×13.5			13.5				8			
4×16			16				10.5			
5×8			8				2.5			
5×10.5			10.5				5			
5×13			13				7.5			
5×15.5	5	5.1	15.5	1.8	2.8	9.5	10	300	200	50~60
5×18			18				12			
5×23			23				17			
5×28			28				22			

抽芯铆钉主要用于配件与部件制作时的连接。

2) 击芯铆钉。铆接时将击芯铆钉插入需要铆接的连接件孔内，用锤子击打铆钉顶部的钢芯，铆钉的另一端即刻朝外翻成四瓣的花朵状，从而将连接件紧密铆牢。此种铆接主要用于受力较小的配件与部件制作的连接。

表3—8　　K型抽芯铝铆钉的规格及技术性能（mm）

铆钉规格（$D\times L$）	D	钻孔直径	L	F	W	ϕ	铆接最大板厚	抗拉极限（kg/只）	抗剪极限（kg/只）	推荐铆接间距
3.2×7			7				4.0			
3.2×9	3.2	3.3	9	1	1.8	6	5.6	150	100	25~35
3.2×11			11				7.2			
4×6.5			6.5				2.7			
4×8.5	4	4.1	8.5	1.4	2.2	8	4.8	230	150	40~50
4×10.5			10.5				6.4			
4×13.5			13.5				8.8			
4.8×7.5			7.5				3.2			
4.8×9.5			9.5				4.8			
4.8×11			11				6.4			
4.8×13	4.8	4.9	13	1.5	2.65	9.5	7.9	280	185	
4.8×14.5			14.5				9.5			
4.8×16.5			16.5				11.1			50~60
4.8×18			18				12.7			
5×6.5			6.5				2.0			
5×8.5			8.5				4.0			
5×11	5	5.1	11	1.5	2.8	9.5	6.5	300	200	
5×13.5			13.5				9.5			
5×16			16				12			
5×18.5			18.5				14			

击芯铆钉如图3—7所示，其规格及技术性能见表3—9。

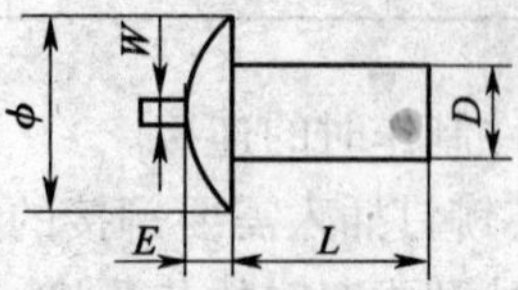

图3—7　击芯铆钉

表 3—9　　JX 型击芯铝铆钉的规格及技术性能　　mm

铆钉规格 (D×L)	D	钻孔直径	L	F	W	φ	铆接板厚	抗拉极限 (kg/只)	抗剪极限 (kg/只)	铆接间距
5×7	5	5.1	7	1.8	2.8	10	4~5	300	500	60
5×9			9				6~7			
5×11			11				8~9			
5×13			13				10~11			
5×15			15				12~13			
5×17			17				14~15			
5×19			19				16~17			
5×21			21				18~19			

第二节　非金属材料及复合材料

培训目标

→ 熟悉非金属材料、复合材料的种类及适用范围

→ 掌握非金属材料及复合材料的性能与加工特性

一、玻璃钢

玻璃钢是玻璃纤维增强塑料的总称。它是以玻璃纤维制品（玻璃布、玻璃带、玻纱）为增强材料，以合成树脂为胶黏剂，在风管配件形状制成的胚膜上，经多次包扎玻璃纤维材料，再涂敷树脂，以此往复，待成型固化达到一定强度后才可脱模，即成产品。

玻璃钢具有较好的防腐性能，强度较高，质量轻，在实际使用时，可根据设计使用性能的要求，选用不同性能的合成树脂，如耐酸、耐碱、自熄性能等。有保温要求时，还可在其夹层中充填保温材料。常用的保温材料有岩棉、聚苯乙烯、聚氨酯泡沫塑料及蜂窝纸等。玻璃钢风管系统多数应用在含有腐蚀性气体和大量水蒸气的排风系统，目前，也有在送风系统中使用。

玻璃钢按生产工艺的特点，分手糊成型、模压成型、机械缠绕成型以及层压成型等几种方法。

玻璃钢又可分为有机玻璃钢与无机玻璃钢，使用时应按设计要求选择，如图 3—8 所示为保温型无机玻璃钢风管。

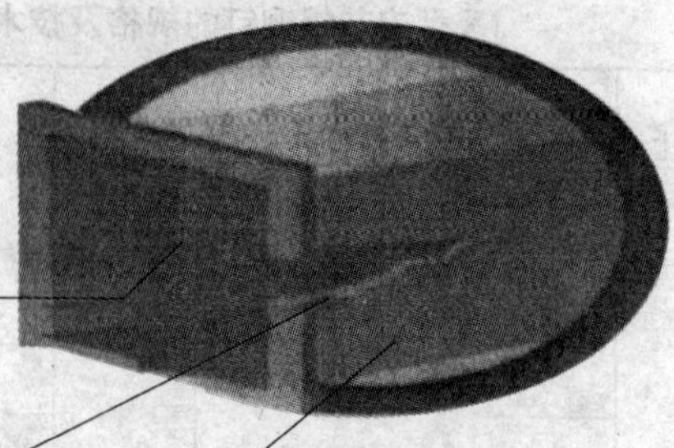

图3—8　保温型无机玻璃钢风管

二、聚氯乙烯塑料板

以天然或人造（合成）树脂为主要原料，再加入填充剂、增塑剂以及颜料等经热压成型。聚氯乙烯塑料板有软、硬之分。硬聚氯乙烯塑料板主要用来制作风管、配件与部件，软聚氯乙烯塑料板只能用来制作法兰的垫料及软接头等。

1. 板材的质量要求

表面应光滑平整，无裂纹、气泡、脱层等缺陷。允许有轻微的色差、斑点及凹凸。

2. 板料特性

（1）这种板料具有较好的耐腐蚀性，一般情况下与酸、碱、盐类均不产生化学反应。但遇浓硝酸、发烟硝酸与芳香碳氢化合物，会表现出不稳定性。

（2）板料高温时强度降低，低温时变脆易裂。当板料整体或局部加热到100～150℃时，即呈柔软状态；焊接温度控制在200℃左右即可。

（3）硬聚氯乙烯塑料板制作风管、配件时，可用塑料焊条、焊枪进行焊接，也可以用聚氯乙烯胶或聚氨酯胶粘接，工程中使用最多的是焊接。

（4）板料制作风管、配件时，均要经历先加热后冷却的过程，会产生收缩，其纵、横向收缩率是不一样的，分别为3%～4%和1.5%～2%，以此来计算板材下料收缩余量，并应经试验合格，余量合适才能批量下料。

（5）这种板料多用于输送含酸、碱、盐等腐蚀性气体的系统中。

塑料板材规格及塑料焊条规格分别见表3—10和表3—11。

表3—10　　塑料板料规格

厚度	宽度	长度	质量	
(mm)			(kg/块)	(kg/m²)
2.0	≥700	≥1 200	2.52	3.0
2.5			3.51	3.75
3.0			3.78	4.50
3.5			4.41	5.25
4.0			5.04	6.00
4.5			5.67	6.75

续表

厚度	宽度	长度	质量	
(mm)			(kg/块)	(kg/m²)
5	≥700	≥1 200	6.30	7.50
6			7.56	9.00
7			8.82	10.5
8			10.1	12.0
9			11.3	13.5
10			12.6	15.0
12			15.1	18.0
14			17.4	21.0
15			18.9	22.5
16			20.2	24.0
18			22.7	27.0
20			25.2	30.0
22			27.7	33.0
24			30.2	36.0
25			31.5	37.5
28			35.3	42.0

表 3—11　　塑料焊条规格　　mm

直径		长度不小于	焊条质量（kg/根）不小于	适用焊件厚度
单焊条	双焊条			
2.0	2.0	500	0.24	2~5
2.5	2.5	500	0.37	6~15
3.0	3.0	500	0.53	16~20
3.5	—	500	0.72	—
4.0	—	500	0.94	—

三、铝箔复合酚醛泡沫板

酚醛泡沫为新一代保温、防火、隔声材料。铝箔复合酚醛泡沫板，两侧为不燃的压纹镀膜铝箔，中间是难燃酚醛泡沫材料。该板是制作通风空调系统风管与配件的专用板材，广泛应用于商场、宾馆、工业厂房和洁净工程中。

1. 铝箔复合酚醛泡沫板特性

（1）该板料由原材料到制造出成品，对环境与人体均不会产生污染及伤害，是新型环保材料。

（2）质量轻，可降低建筑物的负荷；制作风管简便快捷，无毒、无烟，对人体无害。

（3）优良的自熄能力，能防止火焰的扩散，绝热效果优良，即使材料的一侧着火，另一侧的温度也不会升高而导致火势蔓延。

（4）优良的吸声性能，用该板制作的风管系统，不会在使用中产生共振噪声，还能消除风机运转产生的部分噪声。

（5）导热系数小，仅为0.022 W/（m·K），用此板制作的风管系统，保温性能好，节约能源，系统不会产生结露、冷凝水。

2. 铝箔复合酚醛泡沫板标准尺寸

长度×宽度×厚度为（2 000～4 000 mm）×1 200 mm×21 mm。

3. 产品实例（见图3—9）

a)

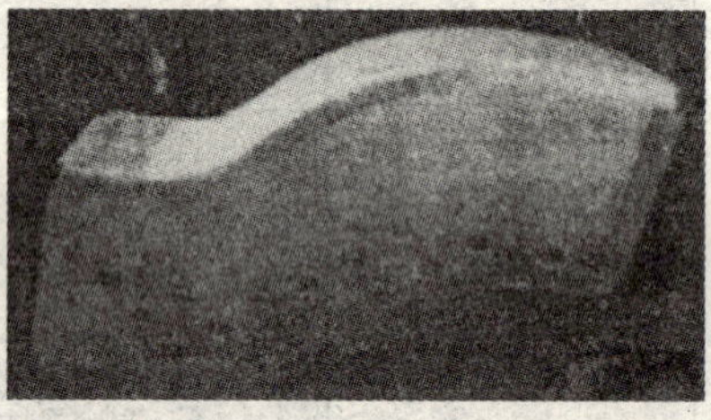

b)

图3—9　铝箔复合酚醛泡沫板产品

a）矩形变径管　b）矩形来回弯管

四、聚氨酯（BBS）复合保温板

该板料是由双面压花铝箔及夹层的自熄发泡聚氨酯组成。由该板制作的风管、配件强度高，气密性能好，因此，广泛应用于高压送风系统中。

1. 板料标准尺寸

板料标准尺寸（长度×宽度×厚度）为2 000 mm×1 200 mm×21 mm 及4 000 mm×1 200 mm×21 mm 两种。

2. 聚氨酯复合保温板特性

（1）质量轻。BBS复合保温板展开质量仅为1.2～1.7 kg/m^2，由于质量轻，减轻了结构的负荷，也减轻了风管支吊架用料，节省了造价。

（2）气密性能好。在1 000 Pa的风压作用下，风管漏风量不大于1.57 $m^3/h\cdot m^2$。

（3）BBS复合保温板风管的安全性能达到国家标准。

（4）隔热性能优秀，其板材的热传导率小，仅为0.013～0.03 W/（m·K），大大降低了空调系统冷热能量损失。

（5）板料组装件全部采用的硬质阻燃PVC及铝合金连接件，胶黏剂全部采用难燃胶水，使组装的风管、配件更牢固、密闭。

五、复合玻璃棉板

复合玻璃棉板外层为玻璃纤维布复合铝箔，夹层为玻璃棉板，内表面为玻璃纤维布。由该板制作的风管具有保温、消声效果优良、防火、防潮、无毒、外形美观、使用寿命长、质轻、施工周期短、造价低等特点。

复合玻纤风管的主要技术性能

（1）良好的消声性能。风管板料的夹层为相互贯通的多孔玻璃棉板，用此板制作的风管系统可以少装或不装消声器。

（2）漏风量极小。当风管边长小于等于800 mm时，采用阴阳插接，管内1 200 Pa空气压力下漏风量为0.000 72$m^3/m^2\cdot h$。

当风管边长大于800 mm时，管段采用封闭式法兰构件连接，管内1 200 Pa空气压力下漏风量为1.13 $m^3/m^2\cdot h$，大大低于规范允许的3.53 $m^3/m^2\cdot h$的漏风量要求。

（3）风管所用板料具有不燃性能，故能防火。

（4）板料外层为玻璃纤维布复合铝箔，透水率为零，因此，特别适用于潮湿环境下风管内相对湿度小于90%的空气，具有不腐烂、无霉菌特点。

（5）较好的屏蔽纤维能力。风管板料夹层虽为玻璃棉，经喷胶、热压成形，因此，玻璃纤维相互黏结牢固，且风管内表面复合一层玻璃纤维布贴面，能有效防止纤维脱落。

此外，风管板料还具有内表面摩擦阻力小，抗静压强度高与绝热性能好等特点。

六、垫料及密封胶带

垫料主要用于风管、配件、部件的法兰连接处，设备段位之间以及系统接口处的连接，控制接口处的漏风量到最小。垫料应具有较好的弹性、不吸水、不透气，厚度通常在3～5 mm之间，洁净系统厚度可达8 mm。常用垫料包括以下几种。

1．橡胶板

它是一种应用最为广泛的垫料。除具有较好的弹性与严密性外，还有较好的抗疲劳、扯断能力。除普通橡胶板外，还有耐酸碱、耐热及耐油橡胶板，可以根据系统要求选用。

2．石棉橡胶板

分普通石棉橡胶板和耐油石棉橡胶板。

（1）普通石棉橡胶板是以石棉、橡胶为主制成的，主要用于密封介质为水、饱和蒸汽、空气、煤气、氨、碱液及其他惰性气体处。

（2）耐油石棉橡胶板是以石棉、丁腈橡胶为主制成的，主要用于密封含油管道和机械设备接口处。

3．乳胶海绵板

由乳胶经发泡成型，构成闭孔泡沫的海绵体，弹力高、压缩率为65%，适用于密封要求严格的场合。

4．闭孔海绵橡胶板

由氯丁橡胶经发泡成型，构成闭孔直径小而稠密的海绵体，具有弹性高、气密性好、永久变形小等特点。常用于密封性能要求更高的场合中，如空气洁净系统。

5. 软聚氯乙烯塑料板

经聚氯乙烯树脂添加多种剂料塑化加工而成，由于该板质地柔软，常用作含腐蚀性气体系统中的法兰垫料，也用来制作腐蚀性系统的风机出入口的软管。

6. 石棉绳

由石棉纤维编制加工而成。按形状和编制方法可分为石棉扭绳、石棉编绳、石棉方绳及石棉松绳等。石棉绳最大特点是耐高温，常用于气体温度大于70℃的系统以及用作空调加热器的垫料等场合。

石棉绳弹性和严密性较差。

7. 新型密封垫料

以橡胶为基料并添加补强剂、增黏剂等填料，经配制成白色或淡黄色黏性胶带。

该胶带因与金属、非金属均具有良好的黏附能力，密封性能好，使用方便，无毒无味，在工程中日益得到应用。

8. 密封胶带

该密封胶带因一面带胶，使用时可直接将其贴附在需要密封连接处的表面上。

常用的有牛皮纸胶带、塑料膜胶带、铝箔纸胶带以及玻璃布胶带。

七、涂料

以普通钢板、型钢制成的风管、配件、部件以及通风空调设备等，为减少金属腐蚀，必须用涂料对其表面进行防腐处理，以保证通风与空调系统具有较好的防腐功能。

防腐的方法目前较为常用有金属镀锌（如镀锌钢板）、金属钝化（不锈钢）、阴极保护与涂料防腐等几种。通风与空调工程中常采用涂料防腐，俗称油漆防腐。

1. 防腐涂料的构成

防腐涂料，人们习惯称作油漆，因为过去的油漆制作多采用天然植物油为主要原料，现在的防腐涂料已很少用油。它是一种有机高分子胶体混合物的混合溶液，属于有机涂料，由成膜物质、溶剂（或稀释剂）、颜料（或填料）三部分组成。

（1）成膜物质是一种黏结剂，是涂料的基础材料，其作用是将颜料或填料粘接融合在一起，以形成牢固地附着在被涂钢材表面的漆膜。

（2）溶剂（或稀释剂）是一种挥发性液体，其作用是溶解和稀释成膜物质。

（3）颜料（或填料）是粉状物质，其作用是增加漆膜厚度，并提高漆膜的耐磨、耐热与耐化学腐蚀性能。

2. 涂料防腐原理

涂料防腐主要依靠漆膜（涂料层）将空气、水分（水蒸气）、腐蚀性介质与钢材隔离开来，以保护金属表面不受侵蚀。常用的防腐涂料层（漆膜）一般是由底层（底漆）和面层（面漆）构成，底漆打底，面漆刷面。底漆的作用以附着性和防锈蚀性能为主，面漆以保护底漆、增加抗老化性能和调节表面色泽为主。

3. 常用的涂料

目前，通风与空调工程中较为常用的涂料种类、性能及主要用途见表3—12。

表 3—12　常用涂料种类性能及用途

序号	涂料名称	主要性能	耐温（℃）	主要用途
1	红丹防锈漆	与钢铁表面附着力强，隔潮防水，防锈力强	150	钢铁表面打底，不应暴露于大气中，必须以适当面漆覆盖
2	铁红防锈漆	覆盖性强，漆膜坚硬，涂漆方便，防锈力较红丹防锈漆稍差	150	钢铁表面打底或盖面
3	铁红醇酸底漆	附着力强，防锈性和耐气候性较好	200	高温条件下，黑色金属打底
4	磷化底漆	取代钢铁磷化处理，增加涂料附着力，能延长涂层的使用寿命	60	有色及黑色金属底漆
5	油性调和漆（磁性调和漆）	附着力及耐气候性均好，室外使用优于磁性调和漆	60	做室内、外金属、木材、砖墙面漆
6	厚漆（铅油）	附着力强，不耐热和潮湿，耐大气	60	用清油稀释后用于室内钢、木面漆
7	醇酸树脂磁漆	漆膜保光性、耐气候性和耐汽油性好	150	适用于金属、木材及玻璃布的涂刷
8	过氯乙烯漆（底漆、面漆）	抗酸性强，耐浓度不大的碱性，不易燃烧、防水绝缘性好	60	用于钢、木表面底漆或面漆

八、消声材料

消声材料贴附在不同构造形式的消声器内，其功用是使通风与空调系统的噪声气流在通过其中时被部分吸收，从而降低整个系统的噪声声量值，达到设计标准与使用功能。

消声材料性能的好坏是以材料的吸声性能及吸声系数来表示的，是衡量消声材料性能的主要指标。

消声材料的性能不仅与材料品种有关，还与材料的密度、厚度有关。各种消声材料应当具有防火、防潮、防腐蚀以及经济耐用与方便施工等特点。

消声材料的种类很多，还不断有新的材料问世。目前工程上较为常用的有以下几种。

1. 超细玻璃棉

具有密度小、吸声、抗振性能好、富有弹性、不燃、不霉、不蛀、不腐蚀等特点。以无碱超细玻璃棉性能最优，纤维直径小于4 mm，质软，密度小于1.5 kg/m^3，吸湿率为0.2%，对人体有刺激。

2. 玻璃纤维板

吸声性能比超细玻璃棉差一些，但防潮性能好，因操作时有刺手感，因此，使用受到限制。

3. 聚氨酯泡沫塑料

具有耐冲击性能好、质轻、柔软、导热系数小、吸声、防振性能好等特点。当选它作消声材料时，应选具有自熄性能的硬聚氨酯泡沫塑料。

4. 矿棉

矿棉包括以矿渣为主要原料的矿渣棉和以岩石为主要原料的岩棉，两者分别是以矿渣或岩石为主要原料制成的一种棉状短纤维。

矿棉具有质轻、不燃、不腐、吸声性能优良等优点，但整体性差、易沉积，且对人体皮肤有刺激。

九、绝热材料

在空调系统中，为了严格控制空气温度，减少系统在输送过程中的能量（冷、热量）损失，必须对输送气体的风管、配件及设备采取绝热措施。

1. 绝热材料特性

（1）导热系数小，一般不大于0.14 $W/m^2 \cdot K$，最大不超过0.23 $W/m^2 \cdot K$。

（2）密度小于450 kg/m^3。

（3）有一定的机械强度，能承受0.2～0.3 MPa的压力。

此外，还应当具有吸湿率低，抗水蒸气渗透性强，不燃、无毒、无臭味、不腐蚀金属，能避免鼠咬虫蛀，不易霉烂，化学稳定性好，经久耐用，易于成型，方便施工以及价廉等特点。

2. 常用绝热材料

工程中常用的绝热材料有玻璃棉及其制品、超细玻璃棉及其制品、岩棉及其制品；此外，还有矿渣棉、泡沫塑料、沥青玻璃棉毡等。

单元测试题

一、填空题（请将正确答案填在横线空白处）

1. 通风工制作风管、配件主要材料是________，其次是________。

2. 普通薄钢板易生锈，使用时一定要对表面进行________处理。

3. 圆钢主要用于通风与空调系统制作吊杆、拉筋、加固筋等场合。如直径为 8 mm 的圆钢,可记作________。

4. 角钢分等边与不等边两种，工程中常用边宽均为 30 mm、厚度为 4 mm 的角钢，可简记作________。

5. 若图样标明六角头螺栓为 M8 ×25，那么，实际表示的螺栓直径为 ________，螺杆长度为________。

6. 弹簧垫圈能阻止螺母松动，故常用于有________的连接件之间。

7. 平头钢制铆钉大量用于风管配件与________的铆接，而铝质铆钉只能用于受力________的场合。

8. 使用玻璃钢制作的风管配件表面不允许有________、________现象，且树脂固化率要达________。

9. 铝箔复合酚醛泡沫板，两侧为________压纹镀膜铝箔，中间是________的酚醛泡沫材料，为新一代保温、防火、隔声材料。

10. 聚氨酯复合保温板制作的风管配件，由于强度高、气密性好等特点，因此，广泛应用于________系统中。

11. 由复合玻璃棉板制成的风管配件具有较好的消声性能，该板料的夹层使用的是________的多孔玻璃棉板。

12. 聚氯乙烯板具有较好的耐腐蚀性，硬聚氯乙烯板常用来制作________，而软聚氯乙烯板则用作________。

13. 通风与空调系统使用的垫料厚度通常为________。

14. 选择垫料品种要根据其使用性能，若为空气洁净系统，应当选用________较为合适。

15. 防腐涂料层的底漆的功能主要是以________为主，而面漆则以保护底漆和调节表面色泽为主。

16. 消声材料的功用是使噪声气流与其接触后，噪声被其吸收，达到降低系统________的目的。

17. 使用绝热材料对系统风管配件及设备保温，目的是减少系统气体在输送途中的________损失。

二、判断题（下列判断正确的请打“√”，错误的打“×”）

1. 普通薄钢板因具有较好的加工性能，价格也便宜，被大量用于通风与空调系统中。（　）

2. 铝合金板具有相互碰撞不易产生火花的特点，常用于防爆的通风系统中。（　）

3. 型钢“ —25 ×3”表示：扁钢，边宽为 25 mm，厚度为 3 mm。（　）

4. 槽钢以号数表示其高度，对应单位是 mm，如“［5#”表示槽钢高度为 5 mm。（　）

5. 通风与空调系统使用的六角头螺栓大多是部分螺纹。（　）

6. 风机等有振动载荷设备安装时，必须使用弹簧垫圈，目的是防止螺母松动。（ ）

7. 钢制半圆头铆钉常用于风管、配件与法兰的铆接。（ ）

8. 玻璃钢风管因具有较好的使用功能，故大多在施工现场制作，较少在工厂化生产。（ ）

9. 铝箔复合酚醛泡沫板，两侧为易燃压纹镀膜铝箔，中间是难燃酚醛泡沫材料，广泛应用在空调系统中。（ ）

10. 聚氨酯复合保温板质量轻（1.2 ~ 1.7 kg/m^2），既减轻风管支吊架的质量，也节省了工程造价。（ ）

11. 硬聚氯乙烯塑料板热敏感性强，故用其制作风管配件及焊接时，应当严格控制好温度，才能保证加工质量。（ ）

12. 聚氯乙烯板具有较好的耐腐蚀性，被应用于排除浓硝酸或发烟硝酸等腐蚀性气体的系统中。（ ）

13. 通风与空调工程上使用的垫料，应当具有较好的弹性、不吸水、不透气等性能。（ ）

14. 用普通钢板、型钢制成的风管配件及部件等，因其表面均有一层氧化膜，可不做防腐处理。（ ）

15. 涂料防腐是依靠涂料层把空气、水分及腐蚀性介质等与钢材隔离开来，保护金属表面不受侵蚀。（ ）

16. 消声材料性能不仅与材料品种有关，还与同一材料的密度、厚度有关。（ ）

单元 3

三、单项选择题（下列各题的选项中，只有1个是正确的，请将其代号填在横线空白处）

1. 通风与空调工程中最为常用的金属薄板的厚度是________ mm。

A. 0.2 ~ 0.5　　B. 0.5 ~ 0.75　　C. 0.75 ~ 1.0　　D. 0.5 ~ 1.2

2. 目前通风空调工程上最为常用的金属薄板是________。

A. 不锈钢板　　B. 塑料复合钢板　　C. 镀锌板　　D. 铝板

3. 等边角钢广泛用作法兰，若需要边宽为25 mm，厚度为3 mm的角钢，工程上可记作________。

A. —25 × 25 × 3　　B. ∠25 × 3　　C. ∠25 × 25 × 3　　D. ∠25^2 × 3

4. 槽钢在工程上常用号数来表示高度，号数对应的尺寸单位应是________。

A. m　　B. dm　　C. cm　　D. mm

5. 法兰与风管、配件的铆接，常使用的是钢制________铆钉。

A. 沉头铆钉　　B. 半圆头铆钉　　C. 平头铆钉

6. 通风工制作配件或部件时，常将________插入连接件孔内，使用手动拉铆钳或机动拉铆枪抽出钢钉，即可将连接件铆接。

A. 击芯铆钉　　B. 抽芯铆钉　　C. 铝质铆钉

7. 玻璃钢风管配件若在施工现场制作，大多是________。

A. 手糊成型　　　B. 模压成型　　　C. 机械缠绕成型

8. 由________制作的风管、配件强度高，气密性能好，因此，在高压送风系统经常选用它。

A. 铝箔复合酚醛泡沫板　　　　　　B. 聚氨酯复合保温板

C. 复合玻璃棉板

9. 聚氯乙烯板具有较好的耐腐蚀性能，主要用于输送________腐蚀性气体的系统中。

A. 浓硝酸　　　B. 发烟硝酸　　　C. 酸、碱、盐等

10. 乳胶海绵板具有高弹力，压缩率达________，因此，空气洁净系统必须选用它。

A. 200%　　　B. 100%　　　C. 65%

11. 不锈钢板的防腐方法属于________防腐。

A. 金属钝化　　　B. 金属镀锌　　　C. 阴极保护

12. 下列配件中，必须采用涂料防腐的是________。

A. 铝板变径管　　　B. 角钢法兰　　　C. 镀锌板三通管

13. 防腐涂料中的________易挥发，能溶解和稀释成膜物质，但易燃，使用时应当谨慎。

A. 颜料　　　B. 溶剂　　　C. 成膜物质

14. 目前，空调工程选用对人体无刺激的消声材料比较多的是________。

A. 超细玻璃棉

B. 硬质聚氨酯泡沫塑料

C. 玻璃纤维板

15. 为减少空调系统的能量损失，选择绝热材料时其导热系数最大不得超过________ $W/m^2 \cdot K$。

A. 0.23　　　B. 0.63　　　C. 1.0

四、简答题

1. 通风空调工程中使用的金属薄板有哪几种？各适用何场合？
2. 常用的金属型材有几种？如何标记？有何作用？
3. 常用铆钉有几种？适用何场合？
4. 铝箔复合酚醛泡沫板有何特性？
5. 常用垫料有何功用？应具有何性质？
6. 防腐涂料有何作用？

单元测试题答案

一、判断题

1. 金属材料　非金属材料　2. 防腐　3. $\phi 8$　4. $\angle 30 \times 4$　5. 8 mm　25 mm　6. 振动载荷　7. 法兰　不大　8. 气泡、分层　90%以上　9. 不燃　难燃　10. 高压送

风 11. 相互贯通 12. 风管配件 垫料 13. 3 ~5 mm 14. 闭孔海绵橡胶板 15. 附着和防锈蚀 16. 噪声声量值 17. 能量

二、判断题

1. × 2. √ 3. √ 4. × 5. × 6. √ 7. × 8. × 9. ×
10. √ 11. √ 12. × 13. √ 14. × 15. √ 16. √

三、单项选择题

1. D 2. C 3. B 4. C 5. C 6. B 7. A 8. B 9. C
10. C 11. A 12. B 13. B 14. B 15. A

四、简答题

1. 答：金属薄板有普通钢板、镀锌板、不锈钢板、铝合金板以及塑料复合钢板等。

（1）普通钢板因需防腐处理，只用于排风系统中。

（2）镀锌板因表面镀有锌层防腐，广泛应用于通风与空调系统中。

（3）不锈钢板表面生成氧化膜（钝化膜）保护钢板不被氧化，主要用于食品、医疗、化工及电子仪表等净化要求较高的系统中。

（4）铝合金板表面也有一层氧化膜，常用于浓硝酸、醋酸、稀硫酸的排风系统及防爆系统中。

（5）塑料复合钢板表面有一层塑料膜保护，主要用于洁净度要求较高的空气洁净系统中。

2. 答：通风与空调工程中常用的金属型材有圆钢、扁钢、角钢及槽钢等。

（1）圆钢以“ϕ”代表直径，如10 mm圆钢记作“$\phi10$”，主要用来制作支吊架的吊杆、拉筋及加固圈等。

（2）扁钢以“—”表示扁钢，如扁钢宽度为25 mm，厚度是3 mm，就记作“—25 ×3”。

（3）角钢以“∠”表示角钢，如等边角钢边宽为40 mm，厚度是4 mm，就记作“∠40 ×4”。

角钢主要用来制作法兰、支托架、吊架横担、加固圈、通风空调设备支架等。

（4）槽钢以“［”表示槽钢，以号数表示其高度尺寸，如［8#表示槽钢高度为8 cm。

槽钢主要用于制作大型风机、空调的机组支架，空调机组的框架以及空调器吊装的横梁等。

3. 答：钢制铆钉有平头铆钉、半圆头铆钉与沉头铆钉，铝制铆钉有抽芯铆钉与击芯铆钉。

平头铆钉主要用在法兰与风管、配件连接等场合的铆接。

半圆头铆钉与沉头铆钉主要用于部件制作时的铆接。

抽芯铆钉与击芯铆钉用于受力较小的配件与部件制作的连接。

4. 答：铝箔复合酚醛泡沫板两侧为不燃压纹镀膜铝箔，中间是难燃酚醛泡沫材料，该板具有以下特性：

（1）板料由原材料到制造出成品，对环境与人体均不会产生污染及伤害，是新型环保材料。

（2）质量轻，可降低建筑物的负荷，工艺简便快捷。

（3）优良的自熄能力，能防止火焰的扩散，绝热效果好。

（4）优良的吸声性能，用该板制作的风管系统不会产生共振噪声，还能消除风机运转产生的部分噪声。

（5）板材导热系数仅为0.022 W/m·K，用该板制作的风管系统保温性能好，节省能源。

因此，该板广泛应用在商场、宾馆、工业厂房与洁净工程上。

5. 答：垫料主要用于风管、配件、部件的法兰互相连接处，设备段位之间以及系统其他接口处的连接。垫料的功能就是在上述连接处把漏风量降低到最小，保证系统具有较好的密封性。

垫料应当具有较好的弹性、不吸水、不透气等性能，其厚度一般系统通常在3～5 mm，洁净系统厚度可达8 mm。

6. 答：为减少金属腐蚀，通风空调系统凡使用普通钢板、型材制成的风管、配件、部件以及通风空调设备等，都必须用涂料对其表面进行防腐处理，以保证通风空调系统具有较长的使用寿命。

涂料防腐主要是依靠涂料层（漆膜）将空气、水分、腐蚀性介质与钢材隔离开，以保护金属表面不受侵蚀。涂料层一般是由底层（底漆）和面层（面漆）构成。底漆以附着和防锈蚀性能为主，面漆以保护底漆，增加抗老化性能与调节表面色泽为主。

第4单元

常用工具、量具、机具及机械

通风与空调系统都是由若干风管、配件、部件及诸多设备组成的。通风工制作与安装这些风管、配件、部件以及设备时，必须使用许多相关的工具、量具、机具及机械。只有熟悉它们的特性，掌握使用与维护保养方法，才能提高制作与安装质量和工作效率。俗话说“三分手艺，七分工具”说的就是这个道理。只要工具得心应手，加之娴熟的技艺，工作起来就能事半功倍。

第一节 工具、量具及机具

培训目标

- 熟悉工具、量具及机具的种类及性能
- 掌握正确使用的方法
- 能熟练应用工具、量具、机具从事制作与安装

一、展开划线使用的工具与量具

展开划线是一项精确而重要的工作，它对保证制作与安装质量，节约原材料及提高劳动效率都有重要意义。划线使用的工具、量具如图4—1所示，主要有钢直尺、直角尺、划规、地规及长径规、量角器、不锈钢板尺、划针及石笔、色笔、样冲、粉线及粉线盘、自制划线板等。

1. 钢直尺（见图4—1a）

主要用来划直线或辅助校验工件的平面度等。

该直尺一般取现场的镀锌钢板在剪板机上剪切而成，厚度以0.75～1.2 mm，长度在1 000～2 000 mm较为合适。

2. 90°角尺（见图4—1b）

用来划直角线及测量工件的垂直度。

不锈钢90°角尺可以外购，其上带有刻度。

也可以取现场的镀锌钢板自制，以厚度为1.0～1.2 mm，高度为600～1 000 mm较为合适。

3. 划规、地规及长径规（见图4—1c和图4—1h）

划规用来划圆、圆弧、圆周等分以及截取线段长度等。常用规格有200 mm、250 mm及300 mm等几种。地规及长径规的作用同划规，多用于划半径较大、划规无法划出的圆及圆弧。地规可以用圆管自制；长径规可以直接外购。外购长径规有一种杆上带有刻度，使用时直接将所需尺寸调整到位，将顶丝拧紧后即可使用。使用长径规一般需两人配合，一人在一端定心，另一人移动划圆。

4. 量角器（见图4—1d）

用于划角度线，外购。

5. 不锈钢板尺（见图4—1e）

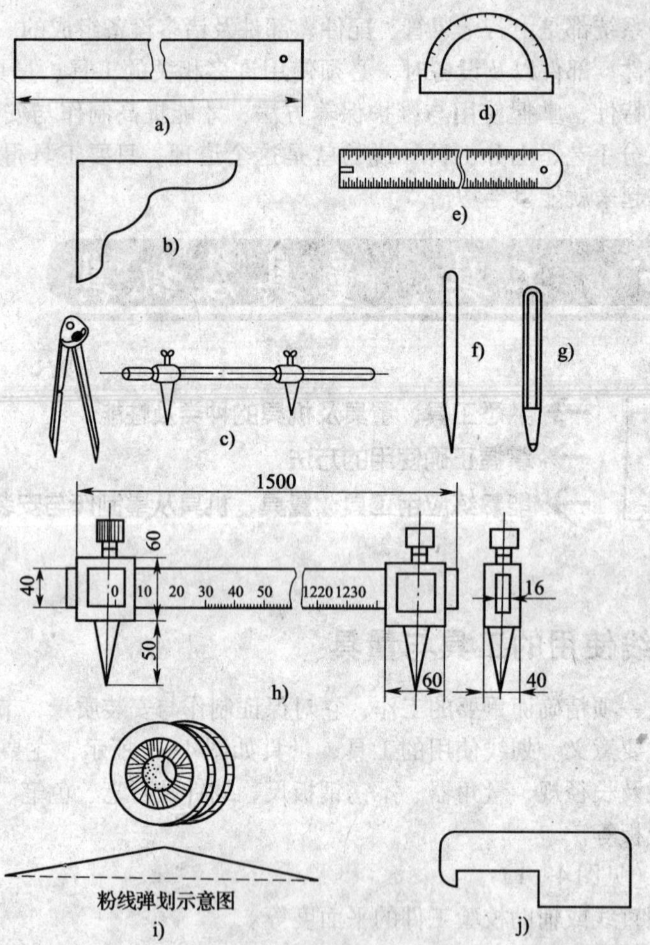

图4—1　划线工具、量具

a）钢直尺　b）90°角尺　c）划规与地规　d）量角器　e）不锈钢板尺
f）划针　g）样冲　h）长径规　i）粉线及粉线盘　j）自制划线板

用来测量线条长度、划直线以及辅助校验工件的平面度等。常用规格有1 000 mm与2 000 mm两种，分度值有0.5 mm与1.0 mm。

6. 划针及石笔、色笔（见图4—1f）

划针一般是用ϕ1.5～2.0 mm圆工具钢，将柄部煨制成圆环，而另一端磨尖，并经淬火即可。也可将圆工具钢的柄部锉削或锻造成四方后，夹持在台虎钳上拧成麻花状便于握持，另一端磨尖、淬火后使用。划针主要用于普通薄钢板及型材上划线，或在其他板料上划剪切线。

石笔在砂布上磨削成扁平状后即可使用，多用于普通钢板与型材上划线。

色笔主要用于避免表面划伤的不锈钢板、铝合金板、塑料复合钢板、软、硬聚氯乙烯板、玻璃钢等场合。

7. 样冲（见图4—1g）

用于划线时冲打定心孔标记的工具。可用圆或六棱工具钢制成，将定心端部锥角磨削成60°～90°，经淬火后使用，长度约80～120 mm。

8. 粉线及粉线盘（见图 4—1i）

多用于较长直线的弹划。操作时需两人配合，一人将粉线缠绕在食指上，另一人左手握持粉线盘，右手以彩色粉笔在粉线上涂抹后，两人分别将粉线绷紧按在需弹划线条的两端，一人将粉线拎起垂直放下弹划出线条。若线条过长，还可以三人配合完成。

粉线还可用于校验若干节风管组配后的平直度。

9. 自制划线板（见图 4—1j）

可用厚度 1.5 ~ 2.0 mm 的钢板自制，开度按实际尺寸，可用于在型材或钢板边缘划线。

二、剪切与咬口用工具与机具

剪切与制作咬口使用的工具、机具主要有：手剪、电动（风动）剪、木方尺、木榔头、方锤、工作台及型钢、钢管等。

1. 手剪（见图 4—2）

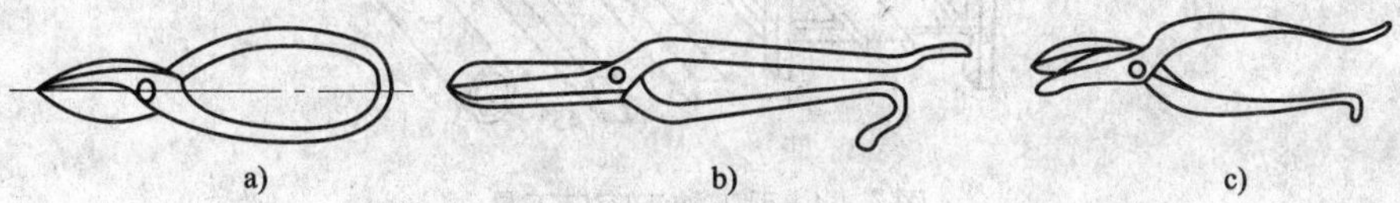

图 4—2　手剪

a）小手剪　b）大手剪　c）弯头手剪

手剪分直线剪与弯剪两种。

直线剪适用于剪切板材的直线和外圆弧曲线，弯剪用于剪切内圆弧曲线。

常用的规格有 250 mm、300 mm 及 350 mm 等几种。

使用手剪剪切板料，厚度一般不超过 1.2mm。

2. 电动剪及风动剪（见图 4—3）

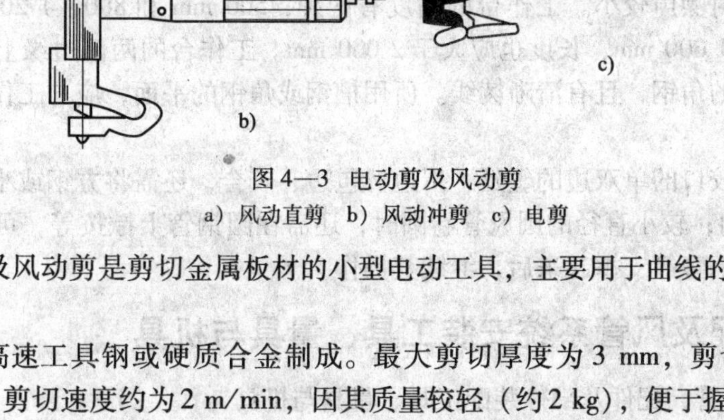

图 4—3　电动剪及风动剪

a）风动直剪　b）风动冲剪　c）电剪

电动剪及风动剪是剪切金属板材的小型电动工具，主要用于曲线的剪切，也可进行直线剪切。

剪刃用高速工具钢或硬质合金制成。最大剪切厚度为 3 mm，剪切最小曲率半径 30 ~ 35 mm，剪切速度约为 2 m/min，因其质量较轻（约 2 kg），便于握持与携带，工程中较为常用。

工程上在硬聚氯乙烯板或玻璃钢板上锯切较小直径的圆或圆弧时，使用电动曲线锯较为便捷。锯条分粗、中、细3种，可根据实际需要选用。

3. 木方尺（见图4—4a）

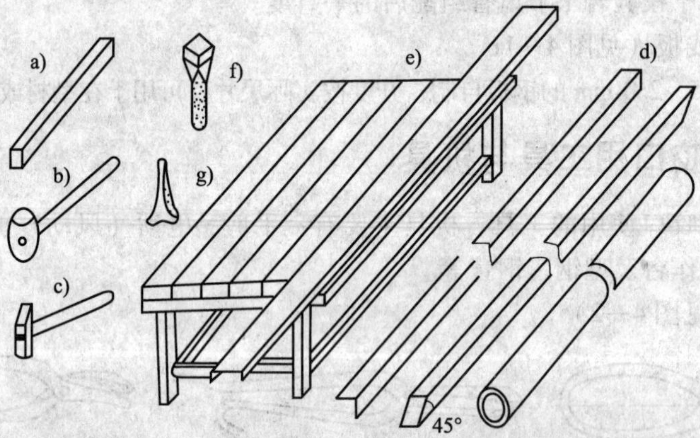

图4—4 手工加工咬口工具
a）木方尺 b）木榔头 c）方锤 d）角钢、方钢及钢管
e）工作台 f）手持垫铁 g）咬口套

木方尺也称拍板、打板，以硬木制成，规格为45 mm×35 mm×450 mm。用于手工制作咬口折边的拍制、单平咬口的咬合及联合角咬口、按扣式咬口包边咬合等场合。

4. 木榔头（见图4—4b）

用硬木制成，主要用于板材纵向拼接缝及单平咬口咬合、拍实等场合。

5. 方锤（见图4—4c）

也称鸭舌锤、錾口锤。主要用于制作圆管、圆弯管环缝单立咬口的单、双边的錾延、包边咬合以及修整矩形风管的角咬口等场合。常用规格有0.25 kg、0.5 kg、0.75 kg等几种。

6. 工作台（见图4—4e）

工作台主要用来制作咬口的折边拍制、合缝咬实。

工作台可以用型钢搭设焊制，但此种工作台作业时噪声较大；另一种则用硬木搭设钉制而成，作业时噪声较小。工作台的高度有两种，500 mm和800～1 200 mm，工作台面宽度应大于1 000 mm，长度也应大于2 000 mm。工作台的两侧边缘上镶嵌平直的槽钢或较大型号的角钢，且有清晰棱线。所用槽钢或角钢的平面，应与工作面在一个平面上。

另外，单立咬口的单双边的錾延、折边、包边、咬合，还需将方钢或小型导轨的一端加工成45°斜角；较小直径的圆风管卷圆时，还需在圆钢管上揻按等，可临时搭设支架，将方钢、圆钢管等支撑起来后，继续其操作。

三、法兰装配及风管系统安装工具、量具与机具

1. 法兰与风管、配件及部件装配工具、量具与机具

常用的工具、量具与机具有：手电钻、电动液压铆接钳、角度尺、拉铆钳、不锈钢板尺或钢直尺、90°角尺、方锤、衬铁、扁铲、旋具等。

（1）手电钻。手电钻是一种用手直接握持使用的钻孔工具。由于它不受加工场地、加工部位的影响，加之质量轻，使用灵活，在工程上被广泛用来钻削法兰的铆钉孔。

手电钻分手枪式与手提式两种，如图4—5所示。主要由微电动机、减速装置、钻夹头、手柄和开关等部分组成。

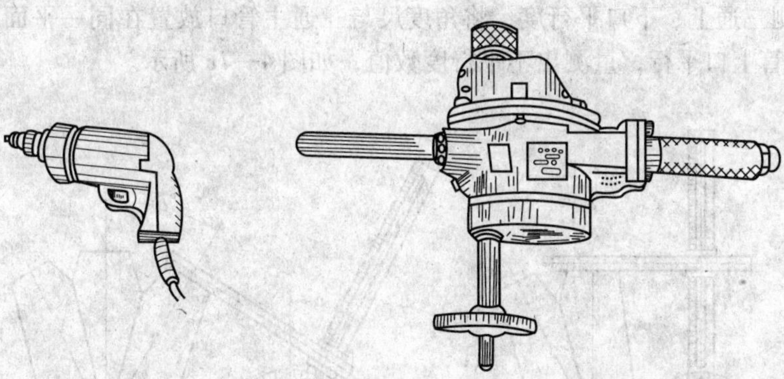

a）　　b）

图4—5　手电钻

a）手枪式　b）手提式

图4—5a为手枪式电钻，最大钻孔直径为6 mm，法兰与风管、配件的铆接，主要用它钻削铆钉孔。该电钻采用双重绝缘结构，操作时不必另加复合防护措施。

图4—5b为手提式电钻，最大钻孔直径为13 mm，采用双侧手柄结构并带有托架（板），便于钻孔时加力。由于自重较大，只有当法兰需要借孔钻削或钻削螺栓孔时才使用它。

（2）电动液压铆接钳。电动液压铆接钳由电动泵箱组、手提式铆接钳体、电气箱与输油软管等组成，如图4—6所示。

使用手提式电动液压铆接钳的方法与工作原理是：

1）将铆接钳导向冲头插入角钢法兰铆钉孔内。

2）把铆钉放入磁性座中。

3）按动按钮开关，使压力油通过软管进入工作油罐，罐内活塞上的铆克与冲头将铆接板材与法兰角钢压紧冲孔，在铆钉尾部与板材表面紧密贴合后，铆钉在法兰孔内膨胀变形挤紧的同时，铆钉外露角钢部分产生塑性变形形成大于法兰孔径的鼓头。

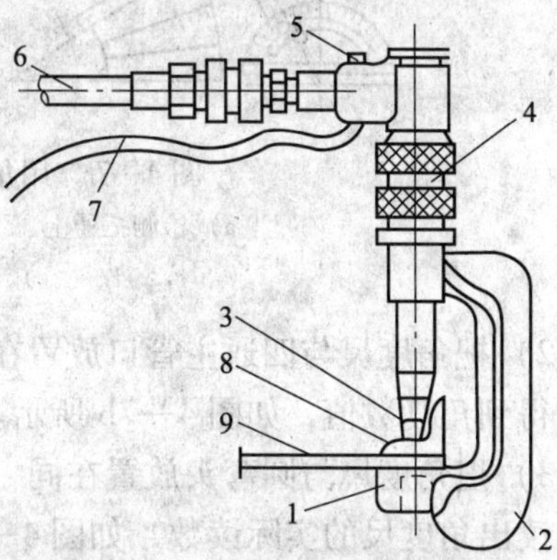

图4—6　手提式电动液压铆接钳

1—磁性铆钉座　2—弓钳体　3—铆克及冲头　4—油缸　5—按钮开关　6—油管　7—电线　8—角钢法兰　9—风管管壁

4）松开按钮开关，活塞杆复位，铆接耗时仅需2.2 s。

使用电动液压铆接钳冲孔与铆接一次完成，噪声小、省力、劳动强度低、工作效率高，因此，在工程中得到广泛应用。

（3）角度尺。通风与空调系统中使用的圆三通、四通及弯头，因制作工艺相对复杂，很难在制作过程中保证其准确度数与平行度，因此，制作成品后，应测量其真实角度与平行度，在与法兰装配铆接时再采取相应措施，使铆接后达到规定的角度。

1）检测三通上、下口平行度，将角度尺与三通主管口放置在同一平面上，提升横杆使之与主管上口平行，量测出不平行度数值，如图4—7a所示。

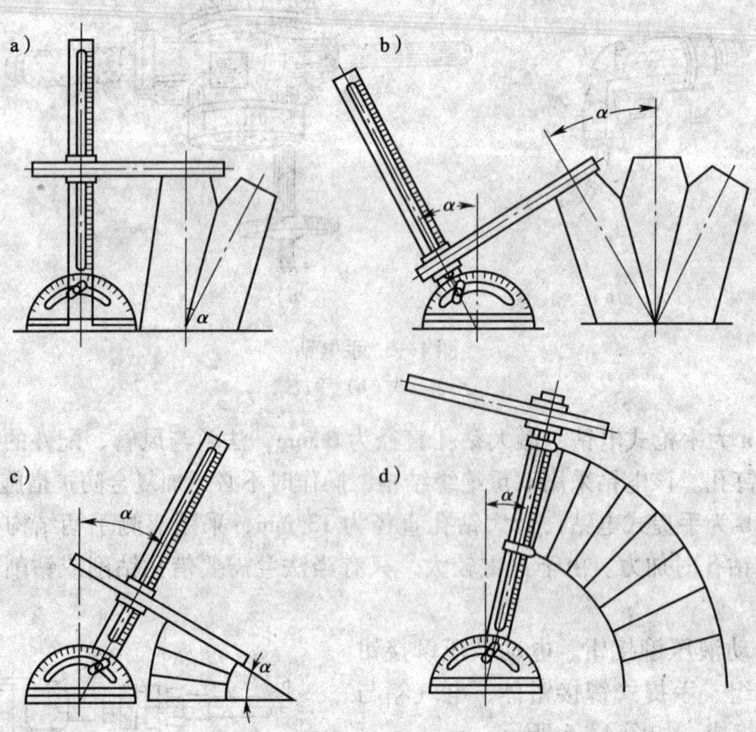

图4—7　用角度尺检查配件平行度与角度

a）检测三通上、下口平行度　b）检测四通支管角度

c）、d）检测弯头角度值

2）把角度尺与四通主管口放置在同一平面上，松开角度尺旋钮，使横杆校测支管上口得到角度数值，如图4—7b所示。

3）把角度尺与圆弯头放置在同一平面上，松开角度尺旋钮，使横杆与弯头上口平直，读出角度尺的实际读数，如图4—7c、d所示。

（4）拉铆钳。如图4—8所示为双把手动拉铆钳，它依靠人的双手扳动双柄拉杆增力，使钳芯做往复运动。

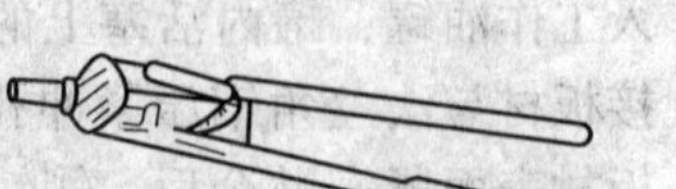

图4—8　拉铆钳

通风工在制作风管、配件及部件时，常需运用拉铆技术进行连接。如矩形风管分叉与变径管连接、较大尺

寸矩形弯头内设置导流叶片的连接以及送、吸风口制作时的连接等。

现仅就手动拉铆钳作如下介绍：

手动拉铆钳具有结构简单，不需用外接能源，操作简便，铆接不受封闭构件难以铆接的限制，铆接速度较快，外形美观，应用较为广泛。

1）结构原理与主要技术数据。手动抽芯拉铆钳由移动导杆机构和头部工作机构组成。

①移动导杆机构。张或合两拉杆，通过连杆带动滑芯进行往复运动。

②头部工作机构。由较为锋利的夹爪、钳头、夹紧套筒及夹爪复位弹簧组成。

当滑芯向上运动时，夹爪自动夹紧并铆接，而当滑芯向下运动时，夹爪松开，弃去钉芯。

拉铆钳适用于 $\phi3\sim5$ mm 抽芯铆钉的拉铆，工作行程为 12 mm。

2）使用与调节

①按铆接件板厚与受力情况选择铆钉直径，并确定铆钳钳头，钳头内孔径有 $\phi2$ mm、$\phi2.5$ mm、$\phi3$ mm 供选择，以钉芯能在钳头孔内略能转动为宜。再将钳头拧紧在调节螺套上。

②在铆接件上钻孔，钻削孔径略比拉铆钉直径大 0.1 ~ 0.2 mm。

③将拉铆钉插入铆接件孔内，以铆钳钳头全部套进铆钉芯并顶紧连接件板面，压合（向内）两拉杆，使铆钉膨胀，连接件被拉铆紧固，钉芯断裂，拉铆钳口向下，即可把断裂在钳头内的钉芯脱去。

若遇压合后钉芯未被拉断，可重复压合动作，直至钉芯断裂。

④拉铆钳使用时，若出现调节螺母与拉铆钳头松动，应及时拧紧；移动导杆机构与头部工作机构应勤擦拭并加注少许油润滑，夹爪若出现磨钝或断裂，应及时更换，以保持其较好的夹持能力。

2. 风管系统组对工具与量具

主要有扳手、锤子、布剪刀、自制别棍、不锈钢板尺、钢卷尺与钢盘尺、粉线及粉线盘等。

（1）扳手。扳手是用来拧紧或松开六角头、方头螺栓、螺母的工具。通风工程上使用的主要有活扳手、呆扳手及套筒扳手 3 种。

1）活扳手也称通用扳手（见图 4—9），由固定的扳手体、活动的钳口与可调节范围的开口蜗杆组成。通风工常用的活扳手规格为 8″、10″及 12″等几种，选用扳手规格时应与被旋动的螺栓或螺母的规格相匹配，以保证扳手有足够的扳紧力。使用扳手方向要正确，如图 4—9c 所示，施力适当。严禁在扳手手柄部套上套管，用加大力矩的方法增加扳紧力。

使用活扳手不当，易造成扳手钳口滑脱，高空作业时会因此造成事故。正确的方法是扳动手柄前旋动开口蜗杆，使钳口与螺母的六方紧贴后再施力；当紧定几个

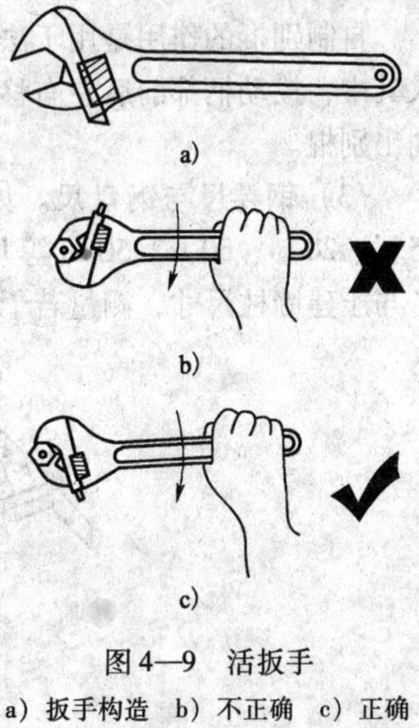

图 4—9　活扳手

a）扳手构造　b）不正确　c）正确

同一规格螺母后，将钳口套在六角螺母上再次旋动开口蜗杆，以保证钳口的开口与螺母紧贴。

2）套筒扳手也称整体扳手（见图4—10a）。按其开口形状有正方形扳手、六角形扳手、十二角形梅花扳手等。

套筒扳手当把螺母拧动30°角时，即可改变方向，该扳手的主要优点之一是其他扳手不能使用的狭窄部位，用它即可完成螺栓紧定的任务。

3）呆扳手也称开口扳手，分单头与双头两种，其开口尺寸是固定的。选用时要根据被紧定螺母的规格，选择开口匹配的呆扳手。高空作业时应当优先选用呆扳手，因为它不会像活扳手因开口的松动而发生滑脱现象。如图4—10b所示。

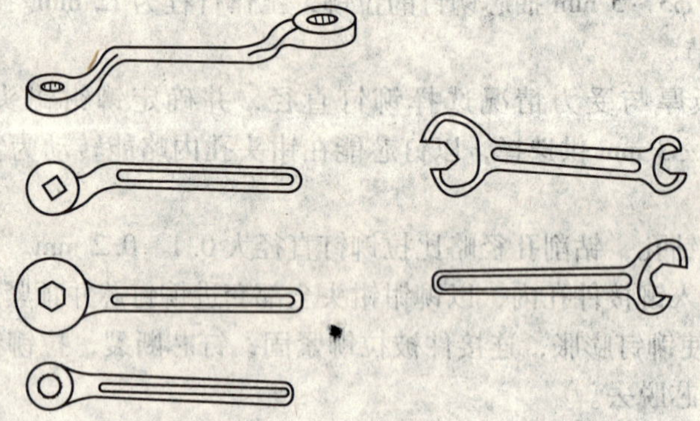

a)　　b)

4—10　扳手示意图

a）套筒扳手　b）呆扳手

（2）自制别棍。可用 $\phi 8\sim12$ mm 的 $45^{\#}$ 圆钢或A3圆钢自制，长度 $150\sim250$ mm。别棍工作部分加工成圆锥状，顶端直径约3 mm，锥度长约80 mm。圆锥体通过锻造或磨削获得。

自制别棍的作用是用于法兰连接时的借孔，若两连接的法兰孔部分错位，将别棍插入其中，拨动柄部前后左右移动，使相邻错位的孔对正后，将螺栓穿入相邻的螺孔后再抽出别棍。

（3）钢卷尺与钢盘尺。如图4—11所示，钢卷尺常用的有2 m、5 m；钢盘尺有15 m、20 m、30 m、50 m等几种。其用途是复测风管、配件口径、长度及通风空调设备与土建墙柱尺寸，测量若干节风管、配件组装成某一区段的长度等。

a)　　b)

图4—11　钢卷尺与钢盘尺

a）钢卷尺　b）钢盘尺

(4) 粉线及粉线盘。其使用方法是由两人各持粉线一头绷紧成直线状，来校验数节风管连接后的平直度。测量时，让绷紧呈直线状的粉线靠在法兰两侧的最外端，检测数节风管法兰是否位于一条直线上。一般检测时，在圆周方向选择 3 ~ 5 个点即可。

3. 风管支、吊、托架敷设工具、量具与机具

常用的有锤子、钢丝钳、花篮螺栓、水平尺（仪）、线锤、钢卷尺与钢盘尺以及冲击钻、锤钻、射钉枪等。

(1) 花篮螺栓。可以外购或自制，其调节长度应在 150 ~ 300 mm 之间。同一标高段的支架可先分别在两端各敷设一个支架后，将花篮螺栓在两端支架的外侧选择两个固定点并固定，把细钢丝置于两个支架角钢的平面上，两头分别与花篮螺栓缠牢后，再旋动花篮螺栓，使其拉紧绷直，中间其余支架的上表面以细钢丝为基准进行敷设即可。

(2) 水平尺、水平仪。水平尺用于支架水平度校验以及风机等设备安装水平度及垂直度的校验。水平仪则用于较大型设备安装水平度与垂直度精度要求较高的场合。如图 4—12 所示。

(3) 线锤。如图 4—13 所示，线锤用黄铜或普通碳素钢经车削加工成锥体状，质量一般在 0.5 ~ 1.0 kg 之间。

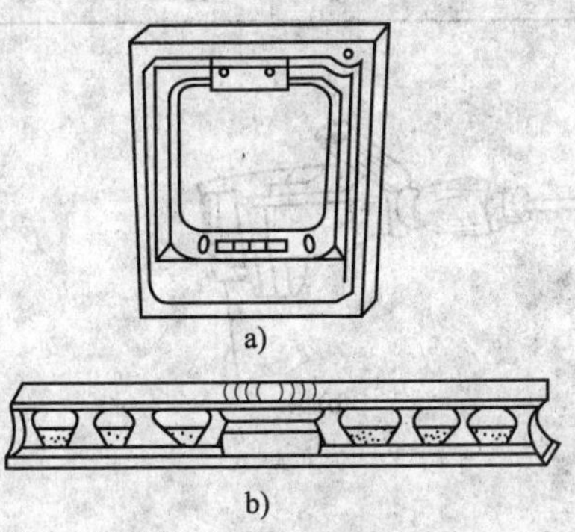

图 4—12　金属水平仪（尺）
a）方形水平仪　b）长形水平尺

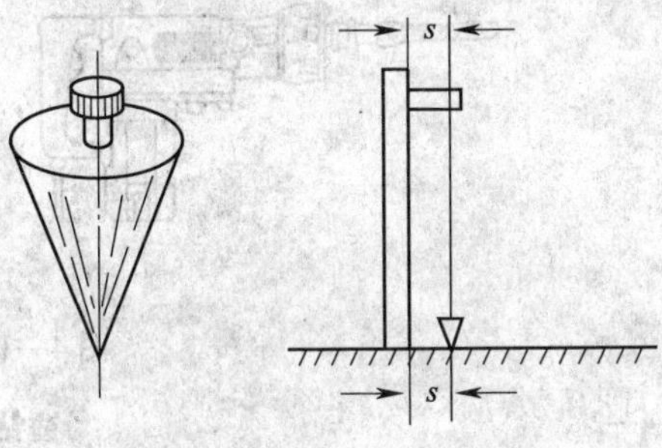

图 4—13　线锤及应用示意图

线锤是安装立管支架、立管、吊装设备时校验垂直度及找中心的测量工具，线锤质量越大，控制线绳、钢丝风摆晃动的效果越好。

(4) 冲击钻及充电式冲击钻。如图 4—14 所示，两种冲击钻均可在混凝土、砖墙等脆性材料或结构上钻孔。通风工在埋设风管与设备支、吊架时，常用冲击钻钻削膨胀螺栓底孔。两种冲击钻规格见表 4—1。

(5) 锤钻（俗称电锤）。如图 4—15 所示，锤钻除具有在混凝土或砖墙上钻孔的功能外，还具有对预留孔洞出现的偏差进行修整或开凿的功能，且效率较高。规格见表 4—2。

(6) 射钉枪。通风工有时也用射钉来固定一些小型支、吊架，方法是将钉弹装入射钉枪内，如图 4—16 所示，勾动扳机后钉弹内火药爆发，将射钉从枪内迅速射出，将

图4—14　冲击钻及充电式冲击钻

a）冲击钻　b）充电式冲击钻

表4—1　　**冲击钻规格**

国产冲击钻	钻孔直径（mm）	钢	6	10	13	13	进口产品	10	13	13	16
		混凝土	10	16	16	18		10	11	20	20
	额定电压（V）		220			380		220			

进口充电式冲击钻	钻孔直径（mm）	钢	10	10	10
		混凝土	10	10	10
	额定电压（V）		9.6	12	12

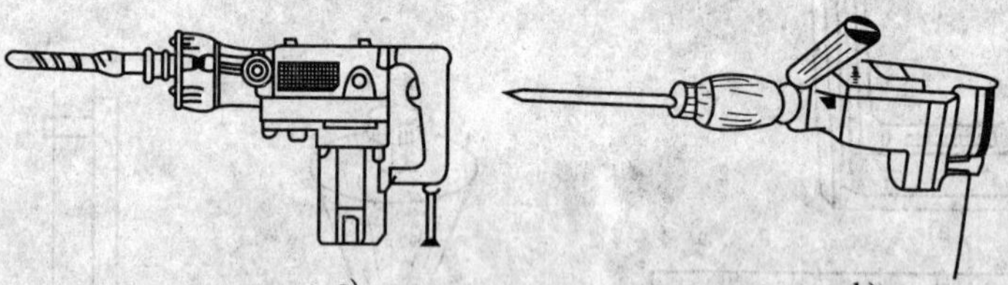

图4—15　锤钻

表4—2　　**锤钻规格**

锤钻	钻孔直径（mm）	钢	10	10	13		进口产品	13	13	13
		混凝土	16	18	22	22		16	20	24
	额定电压（V）		220					220		
	输入功率（W）		480	470	500	520		420	420	620

需要固定的角钢、钢板直接固定在混凝土或砖石墙、柱或天花板上。

使用射钉枪固定物件，重要的是选择钉弹，钉弹端部涂以不同颜色，以区别其含药量。对砖墙施射，钉弹药量应少些，而对混凝土施射，其药量应大些。

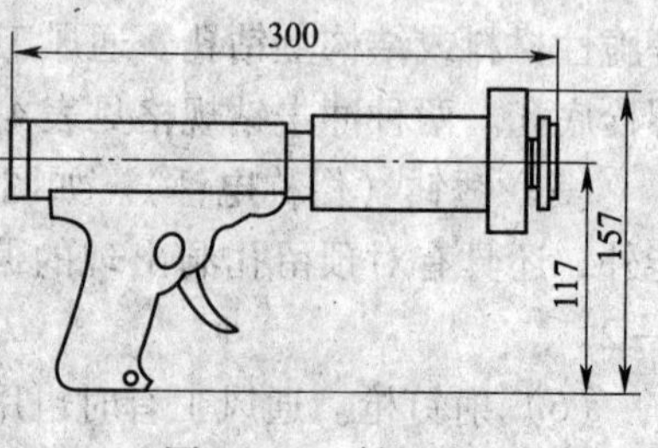

图4—16　射钉枪

使用射钉枪，一是应严格按产品说明书的规定操作，注意安全，尤其是在砌体上施射，对面的人一定要避让，以防意外发生。二是施射者应戴上耳塞，以保护耳膜不受噪声侵害。

射钉枪主要技术参数见表4—3。

表4—3　　射钉枪主要技术参数

项目 型号	枪管口径（mm）	射钉螺纹规格	弹壳直径（mm）	钉体直径（mm）	枪体外形尺寸（mm）	质量（kg）
SDQ－77	8	M8	3.65	3.9	305×80×150	3
SDQ－A	8	M6	3.65	3.9	300×85×160	3
SDQ－B	8	M4	3.65	3.9	300×85×160	2.4

4．风管系统及设备起重吊装工具

常用的工具有锤子、扳手、钢丝钳、水平尺、线锤、麻绳、尼龙绳、钢丝绳、撬棍以及滑轮、倒链等。

（1）麻绳。麻绳具有轻而柔软、便于捆绑物件、易打结等优点，但机械强度较低，易磨损，一般只适用于绑扎和起吊质量较轻的场合。如几节风管组对吊装，5#以下风机等质量较轻的设备的吊装等。

麻绳按材料的不同分为白棕绳、混合麻绳与线麻绳等几种，以白棕绳质量最好，应用广泛。

（2）尼龙绳。用尼龙纤维捻制而成。其耐湿性能、耐用性能较好，强度比麻绳高；但易燃，打结时易脱扣。尼龙绳适用于起吊质量较大的场合。

（3）钢丝绳。由高强度钢丝捻制而成。钢丝绳使用时要与绳夹、吊索、吊具等附件配合使用。钢丝绳具有挠性好、耐磨损、能承受冲击载荷。因此，通风工常用它起重吊装较大型的通风与空调设备。

常用的钢丝绳一般是由6股等径钢丝与1根含油绳芯捻制而成。使用时钢丝绳切忌出现硬弯或直接与物体的锐边接触。

（4）撬棍。也称撬杠。一般由10#六棱钢或热轧优质碳素圆钢制成。其形状一端为直尖，常用来完成物件“拨”的操作，使设备前移或转动一个较小的方向角度。另一端则加工成扁平而尖，翘起呈45°铲形状，用来完成“撬”的操作，使设备升高后垫放平垫或斜垫。

（5）滑轮。滑轮是一种减少起吊设备所需的力或改变受力方向的轻便起重工具，要与绳索配合使用。

滑轮按使用情况，可分为定滑轮与动滑轮两种，起吊大吨位设备时要采用滑轮组形式，如图4—17所示。

1）定滑轮。其特点是起吊物件时仅轮子在转动，而滑轮轴的位置不变，故只改变力的方向，并不省力。

2）动滑轮。特点是轮子转动的同时，滑轮同时上升或下降，使用它可以省一半的力。

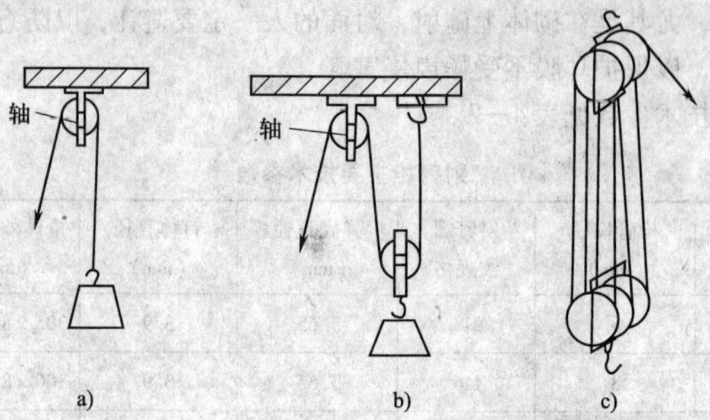

图 4—17　滑轮的应用

a）定滑轮　b）动滑轮　c）滑轮组

（6）倒链。又称手拉葫芦，是一种操作简单、携带方便的手动起重吊装机具。具有结构紧凑、体积小、起吊平稳、起吊速度较快的特点。

倒链起吊质量为 0.5 ~ 20 t，起重高度在 2.5 ~ 5.0 m 之间，通风工起吊的设备质量较轻，故常使用它。

工程上常用的是 SH 型对称排列二级正齿轮传动式倒链，它由链轮、手拉链条、制动器长短齿轴、花键孔齿轮以及固定成一体的起重链轮、起重链条等组成，如图 4—18 所示。

使用倒链时应注意：一是不要超载起吊，起吊质量应小于倒链允许的起吊质量；二是拉动链条施力应均匀，不得硬拉猛拽，以防小链条跳出轮槽。

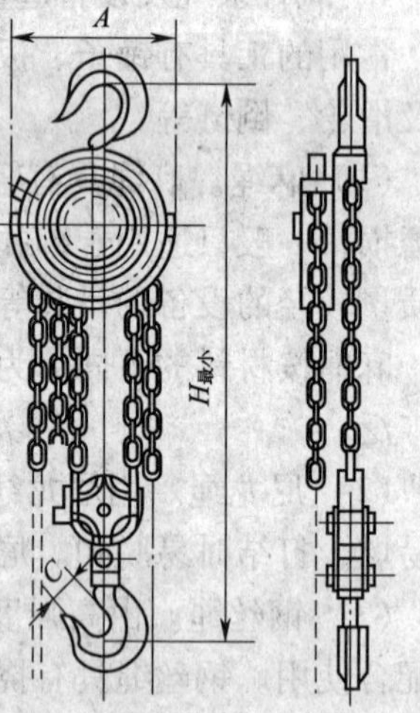

图 4—18　倒链

单元 4

第二节　常用机械

培训目标

- 了解常用机械的构造与传动原理
- 熟悉常用机械使用性能
- 掌握正确使用方法与安全操作规程

一、剪板机

如图 4—19 所示为通风工程常用的 Q11—4 ×2 000 型剪板机。该机最大剪切厚度为

4 mm，最大剪切宽度为 2 000 mm。

1. 结构及工作原理

（1）结构。如图 4—19 所示，该机主要是由床身、电动机、带轮、离合器、制动器、压料装置、挡料器、上下刀片及脚踏管组成。

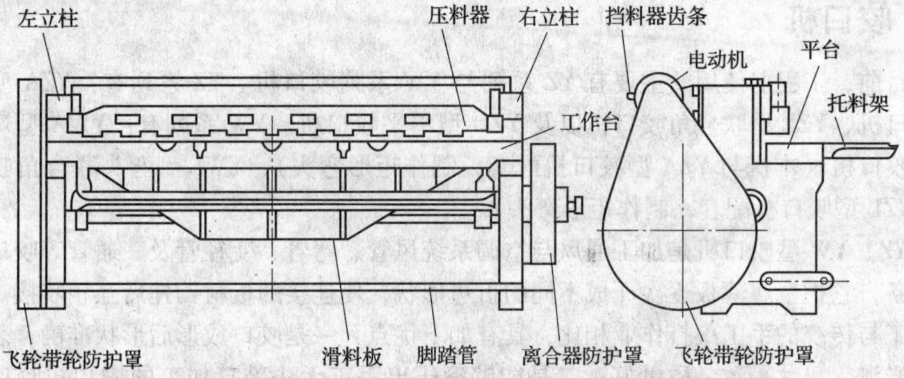

图 4—19　Q11—4×2 000 型剪板机

（2）工作原理。通过电动机带动带轮传动，而由 V 带带动飞轮转动，飞轮力矩传给飞轮轴，再经过一对齿轮使主轴带动偏心轮旋转，从而实现固定在刀架梁上的上刀片向下移动，与固定在工作台上的下刀片完全闭合，共同实施剪切动作。

压料装置安装在刀架梁的前方，它同刀架梁一起上下纵向移动。当踩踏离合器横管后，刀架梁向下移动，因压料装置比上刀片稍有些提前量，在上下刀片尚未接触的时候，压料装置已先于上刀片把被剪切板材压紧，然后上下刀片完成全闭合进行剪切。

2. 剪板机的剪切工艺

（1）剪切板材前，先将工作台面上的杂物清理干净。

（2）把被剪切板材抬放到工作台面上，并使较宽的一侧放置于台面的外侧，窄端伸入剪刀内。

（3）移动板材，目测使所划剪切线与下剪刃口重合后，用脚踩踏离合器横管完成一次剪切。

（4）若剪切板材尺寸较大，需两人配合时，两人分别站立板料两侧，当两人同时目测剪切线与下剪刃口重合后，由其中一人踩踏离合器横管即可，配合时两人动作要协调。

（5）当剪切同一尺寸板材且批量较大时，可调整挡料器至合适尺寸后，前移板材与挡料器紧靠，即可踩踏离合器横管，这样，不仅省去划线和目测对线时间，还可提高板材剪切尺寸的精度，提高剪切效率。

3. 剪板机安全技术及维护保养

（1）严禁超厚剪切或将数层板材重叠剪切。

（2）剪板机实施剪切动作后，操作者不得再用手拖拽板材，以防手被压料装置挤伤或被剪伤。

（3）剪板机使用过程中若出现异响或连切时，应立刻停机，待检查维修后再使用。

（4）上下刀片刃口应保持锋利，若发现被剪板材出现飞边、毛刺现象，应及时修磨或调换刀片。

（5）剪板机应有良好的接地。

（6）对剪板机传动部件应定期加注润滑油、脂，以保证传动部件在较好的润滑条件下工作。

二、咬口机

目前，工程上使用的主要有YZ系列与YW系列咬口机。YZ系列有：YZA型按扣式咬口机、YZL型联合角咬口机以及YZD型单平咬口机。YW系列有：YWA型弯头按扣式咬口机（本机与YZA型咬口机配套，制作矩形弯头）、YWL型弯头联合角咬口机（与YZL型咬口机配套，制作矩形弯头）。

YZ、YW型咬口机是加工通风与空调系统风管、弯管、变径管及三通管等咬口的专用设备，它把金属薄板逐次压成不同的折边形状，使连接的板材钩挂后互相咬接。咬口机加工与传统的手工敲打作业相比，具有如下优点：一是咬口成形后形状准确，表面平整、光滑、尺寸一致，质量好；二是能够滚压出手工无法敲打加工的按扣式咬口的形状；三是降低了劳动强度与噪声，提高了工效。据测算两者相比，提高工效10多倍，因此，凡有条件的应优先装备之。

1．咬口机的组成（见图4—20）

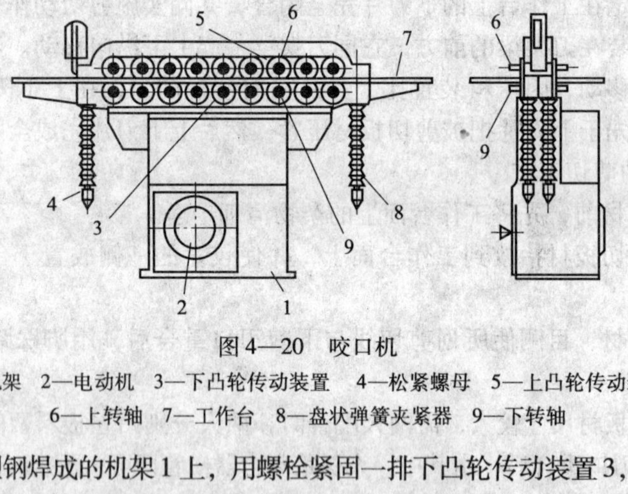

图4—20　咬口机

1—机架　2—电动机　3—下凸轮传动装置　4—松紧螺母　5—上凸轮传动装置　6—上转轴　7—工作台　8—盘状弹簧夹紧器　9—下转轴

在由板料与型钢焊成的机架1上，用螺栓紧固一排下凸轮传动装置3，上凸轮传动装置5依靠松紧螺母4与盘状弹簧夹紧器8及下凸轮传动装置3相接触。在机壳内装有齿轮，以驱动上转轴6与下转轴9，其上套装锥状滚针轴承，在轴颈处镶有咬口成型的凸轮。

咬口机依靠电动机2驱动，电动机安装在机架内的调节底板上。电动机通过带轮及减速器齿轮带动上、下转轴转动。

轧制咬口时，上、下凸轮传动装置形成所需要的压力，主要依靠盘状弹簧提供，所需力的大小由松紧螺母4进行调节。

在下凸轮传动装置3上紧固有工作台7，用以摊放进行咬口加工的板材。

工作台进料一侧装有两列导轨，使被加工板材紧靠导轨送入凸轮内；出料的一端也有两列导轨，必须使加工过的板料也紧靠导轨，以防止咬口轧制过程中板材跑偏。

2. 咬口机的主要技术参数（见表 4—4）

表 4—4　　　　咬口枪的主要技术参数

序号	项目名称及型号		按扣式咬口机 YZA－10 型	弯头按扣式咬口机 YWA－10 型	联合角咬口机 YZL－12 型	弯头联合角咬口机 YWL－12 型	单平咬口机 YZD－12 型	单平咬口机 YZD－15 型
1	加工板材厚度（mm）		0.5～1.0	0.5～1.0	0.5～1.2	0.5～1.2	0.5～1.2	1～1.5
2	预留咬口尺寸（mm）	中辊	31	10	30	8	24	14
		外辊	11		8		10	9.5
3	加工最小外弯曲半径（mm）		—	200	—	200	—	—
4	加工最小内弯曲半径（mm）		—	150	—	150	—	—
5	咬品形状	中辊	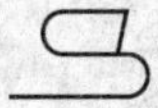	下辊 				
		外辊		上辊 			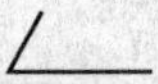	
6	成型尺寸（mm）	A	14		17～20		8.5～9.5	11
		B	11		8～9		7.5～8.5	9.5
7	加工咬口风管形状		方矩形	方矩形弯头	方矩形	方矩形弯头	方、矩、圆形	
8	辊轮组数	中辊	9	下辊 1	6	1	6	
		外辊	9	上辊 1	6		6	
9	滚压成型工序		1	2	1	1	1	

3. 咬口机的构造

（1）YZ 型咬口机包括 YZA—10、YZL—12、YZD—12、YZD—15 咬口机，除咬口折边形状不同外，其他结构基本相同，主要是由机架部分、上横梁部件、下横梁部件及传动机构四部分组成。

1）机架部分是由角钢与钢板焊接而成。

2）上、下横梁部件分别由两块上、下横梁板，9 根辊轮轴（YZL 型、YZD 型为 6 根辊轮轴）组成。每根辊轮轴上装配有内外辊轮各一个，以及齿轮、横梁连杆等部件。减速齿轮及齿轮轴均装在下横梁板上，下横梁部件则用螺钉紧固在机架上，上、下横梁部件用定位销及横梁调节螺杆连接，其间隙大小由调节螺栓来调整。

3）电动机安装在机架底部，经 V 带传至减速齿轮机构，再经传动齿轮带动 9 根（或 6 根）辊轮轴转动，所有齿轮均为开式传动。

（2）YW 型咬口机包括 YWA—10 型弯头按扣式咬口机和 YWL—12 型弯头联合角咬口机。YWA 型比 YWL 型多了一套加工按扣式咬口的主、副辊轮，其他结构基本相同，主要由机架、机头与传动机构三部分组成。如图 4—21 所示。

1）机架。机架是由角钢与钢板组焊而成，机架上装有台板法兰与机头。台板的一端边缘有一道槽口，用来折弯板材的边角。

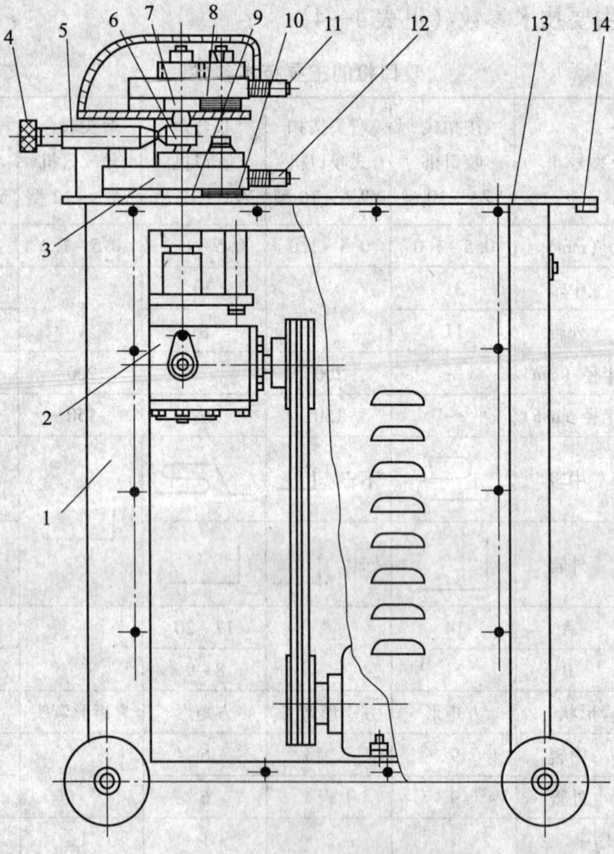

图4—21　YWA—10型咬口机

1—机架　2—蜗轮减速箱　3—机头　4—自动导向调整螺栓　5—套筒　6—自动导向架　7—上主辊轮　8—上副辊轮　9—下主辊轮　10—下副辊轮　11—上辊轮调整螺栓　12—下辊轮调整螺栓　13—台板　14—槽口

2）机头。分上、下两部分：

①下机头用来制作矩形弯头扇形面的联合角咬口的“插口”。下机头除装有折边用的主、副辊轮外，还安装有自动导向架，通过调整架上的自动导向螺栓，来控制弯头弯曲半径的大小。通过调整辊轮的调节螺栓，达到改变主、副辊轮的间隙，以满足加工不同板厚的需求。

②上机头是在下机头完成折边工序后，再进行下道工序的穿孔，制作完成矩形弯头按扣式咬口的“插口”。

上机头与下机头的主辊轮装在同一根转轴上。轧制不同板厚的咬口，需调整辊轮上的调整螺栓。

3）传动机构。电动机安装在机架底部，经V带传至蜗轮减速箱，经蜗轮轴、联轴器等传至主轴，主轴上装有主辊轮和传动齿轮，再由主轴上的传动齿轮传至副辊轮。

使用咬口机时，常因板料厚度、曲率半径的不同，需要对相关部件进行调整。如YZ型系列咬口机的成型辊轮间隙的调整，进料靠尺的调整以及咬口成型宽度的调整等。而YW型咬口机也要根据加工弯头的板厚及扇形的曲率半径的大小来进行调整。

有关 YZ 与 YW 型咬口机相关尺寸的调整，对于初级工来讲，只需知道为什么要调整，根据什么调整就可以了，而怎样调整以及调整后的试轧则应由高级工师傅或专业钳工师傅来完成。

4. 咬口机保养及安全注意事项

（1）操作时应严格按照操作程序与技术要求进行，不得违章操作。

（2）咬口机传动部件，尤其是每个辊轮表面，必须定期加注润滑油、脂，以防表面磨损加剧而影响咬口加工质量。

（3）咬口机齿轮均为开式传动，必须盖好安全防护罩后再开机工作。

（4）当咬口机出现故障时，应由较高等级技术工人在阅读有关技术文件后，再动手维护与保养，操作者一般不得随意打开机器。

（5）咬口机应有良好的接地装置，以保证操作者的安全。

三、折边机

目前，通风与空调工程用于折边的机械有两种类型，一种是使用动力的电动折边机，另一种是半机械化的手动折边机。

1. 电动折边机

具有功率大、机械化程度高、适用范围广的特点。折边时，只要将板材折边线对正折边机下模中心线，踩踏离合器，上下模重合后，即完成一次折边任务。此种折边机生产效率高，省力，折出的边规范、质量好，但投资成本与设备自重大，且必须安装在混凝土基础上，故只适用于工厂化生产的场合。

2. 手动折边机

具有半机械化的特点，折边质量基本满足矩形风管折方的要求，由于不用动力，质量较轻，易于挪动，特别适用于施工现场经常挪动变换的场合，因此，在工程上最为常用。

手动折边机型号较多，这里以 SHF—9 型折边机为例，介绍其特点及使用方法。

（1）SHF—9 型折边机的特点。适用范围为厚 0.3 ~ 1.2 mm、宽 2 000 mm 的薄板折边。通过调整下模可以将钢板折成 45°、90°、120°及 150°的角，如图 4—22 所示。

（2）SHF—9 型折边机调整

1）根据板材厚度与折角形状，调整下模，如图 4—23 所示。

①*A* 面朝上，适合加工板厚 $\delta < 0.5$ mm 的矩形风管。

②*B* 面朝上，适合加工板材折角 45°形状。

③*C* 面朝上，适合加工板厚 $\delta \geq 0.5$ mm 的矩形风管。

2）调整上刀架。用随机的专用扳手，旋转上刀架两端的调整拉杆，使上刀片与下模的间距适当，并应使两端的距离误差小于等于 0.5 mm。再逆时针旋转调整拉杆上的紧固螺母，使它与下轴瓦靠紧。

3）调整下刀架。调整下刀架与机架间的连接螺杆，使上刀片的中心线与下模的中心线重合。

4）靠尺的调整。当进行批量折方时，将靠尺调整到需要的尺寸位置，使靠尺的正面与上刀片平行，再将螺母紧固定位。

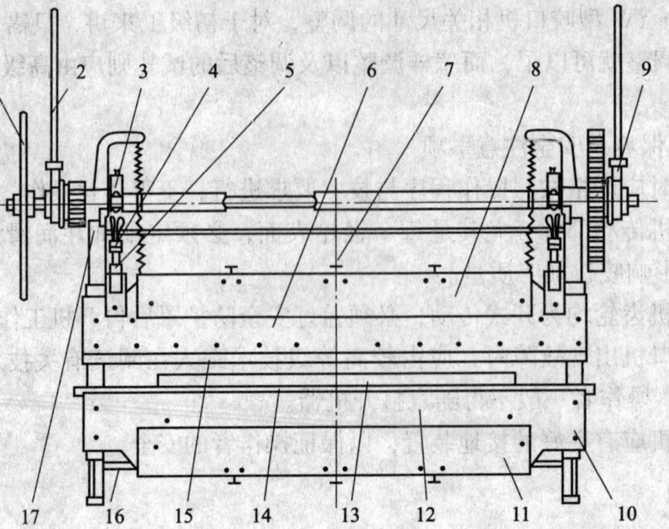

图4—22　SHF—9型折边机

1—手轮　2—加力杠杆　3—上下轴瓦　4—紧固螺母　5—调整拉杆　6—上刀架　7—预紧螺栓
8—上夹板　9—棘轮组件　10—连接螺杆　11—下夹板　12—下刀架
13—靠尺组件　14—下模　15—上刀片　16—连接杆　17—机架

（3）SHF—9型折边机的使用

1）根据折边角度的需要（大于60°），将折边机右侧控制折边角度半圆板的调节螺钉调至同一角度后再把螺母拧紧。

2）反转左侧手轮，使上刀片整体抬起后，把需要折边的板材插入上、下刀片间，并使折线与下模中心线重合，再顺时针盘动手轮，将板材压紧。

3）用手抬起U形横管至限位挡块时止，即完成一次折边。

4）逆时针旋转手轮，抽出折边板材。

5）当加工同一尺寸的批量折方时，可不用划线，调整靠尺至合适尺寸定位后，即能控制折边的宽度，这样可以大大提高折边效率。

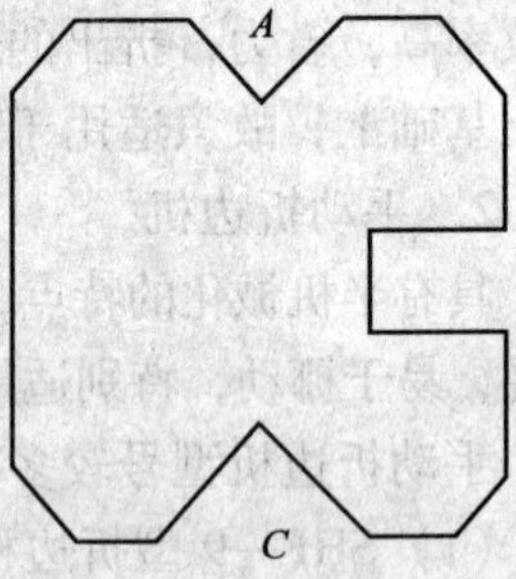

图4—23　折方机下模

四、压筋机

压筋机是通风工加工制作较大尺寸风管及其他容器滚槽加固的专用设备。

1．构造

如图4—24所示，为SAF—8型压筋机，主要由机架、机头及传动部分组成。

（1）机架。机架是用14号槽钢与厚8 mm的钢板焊接而成。机架上部左右两侧装有限位开关，以限制机头的行程，下模则安装在机架的下部。

（2）机头。机头装有4个导轮沿机架在槽钢上做往返移动，机头的墙板上装有2个偏心轮，当下压手柄后，偏心轮带动滑块与两根顶杆把安装在顶杆下端的辊轮往下施压，将被加工的板材压入下模。

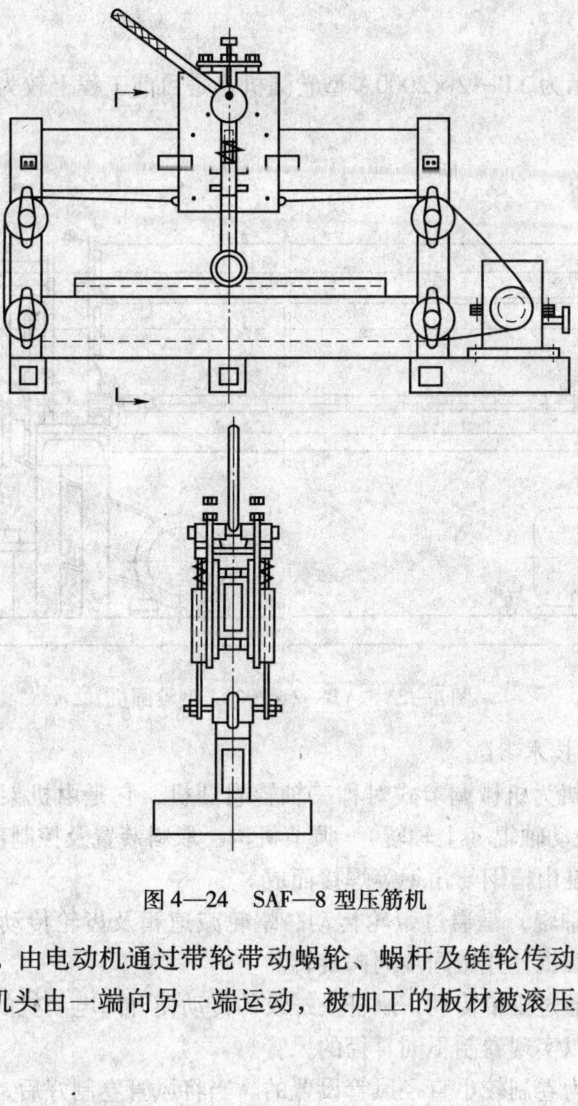

图 4—24　SAF—8 型压筋机

（3）传动部分。由电动机通过带轮带动蜗轮、蜗杆及链轮传动，链轮再带动链条做直线运动，牵引机头由一端向另一端运动，被加工的板材被滚压成“Ω”型加强筋条。

2. 主要性能

加工板厚为 0.3 ~ 1.2 mm。

压筋形状为“Ω”，呈半圆形，圆弧直径 5 ~ 6.5 mm，槽深 3 mm。

加工速度约为 4.5 m/min。

3. 使用及注意事项

（1）开机前，先把板材上的压筋线与下模对正，把手柄下压至辊轮将板材压入下模后再启动电动机。

（2）电动机带动蜗轮、蜗杆及链轮带动工作链条做直线运动，迫使辊轮与下模共同挤压板材成型。

（3）根据板材的厚度和槽的深浅的需要，可以通过调节螺栓来调整。

（4）为减少压筋机传动零部件的磨损，对其中的导轮、辊轮、链条等部位定期加注润滑油、脂。

五、卷圆机

如图4 25所示为YB—2×2000A型卷圆机，是目前工程上较为常用的设备。

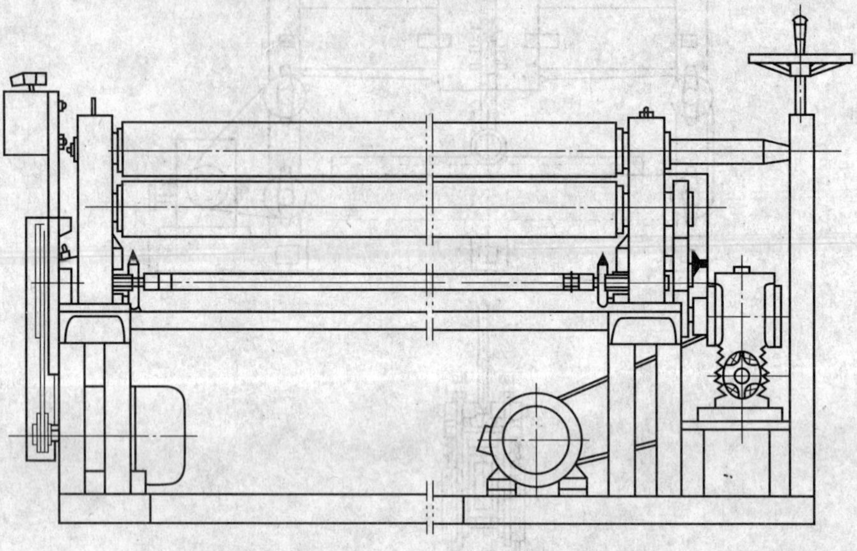

图4—25 YB—2×2000A型卷圆机

1. 结构及主要技术参数

(1) 结构。本机为机械调节式对称三轴辊卷圆机，它是由机架、主动轴辊（下轴辊）、回转机构、被动轴辊（上轴辊）、调节机构、取料装置及控制部分组成。

机架部分主要是由槽钢与角钢等焊接而成。

主动轴辊（下轴辊）是通过带轮传动，蜗轮减速箱及齿轮传动将回转电动机的运动与动力传给两侧轴辊，并做同步同向旋转。

被动轴辊则是通过皮带传动，蜗杆及螺纹的传动使升降电动机的回转运动转换为上轴辊的上下移动，以实现卷制不同直径的风管。

取料装置是专为卷制较小直径风管设置的。当将风管卷制好后，先松开左侧轴辊的轴套，再将手轮顺时针方向旋转，此时，蜗杆对右侧轴头的球形端施加压力，使上轴辊绕右支架的铰接点向上翘起，在上轴辊的左端抽取出卷制好的风管。

控制部分是用来控制回转电动机和升降电动机的正转、反转、停止及限制上轴辊的行程。

(2) 主要技术参数（见表4—5）

表4—5 YB—2×2000A型卷圆机主要技术参数

最大卷板厚度（mm）	2
最大卷板宽度（mm）	2 000
最小卷圆直径（mm）	200
卷圆速度（m/min）	8
外形尺寸（mm）	（长×宽×高）2 560×520×830

2．卷圆机工作原理

如图 4—26 所示，在两个下轴辊 2 的对称中心位置上有上轴辊 1，上轴辊可根据卷制圆管直径的大小，做上下垂直方向的调节，以使位于上下轴辊间的板料得到不同的弯曲半径。

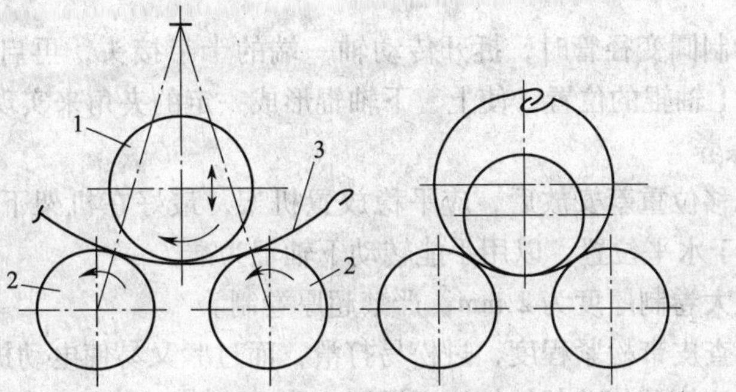

图 4—26　卷圆机卷圆示意图

1—上轴辊　2—下轴辊　3—板料

卷圆时将板料置放于上、下轴辊间，并使卷制板料边线与右侧下轴辊中心重合，调节上轴辊下压板料至一定弯曲度，再启动工作电动机，两下轴辊做同步同向转动。板料依靠上、下轴辊的摩擦力发生均匀的转动而被弯曲。

对称三轴辊卷板机卷圆时，只有当板料与上轴辊接触才会发生弯曲，而板料边缘两端总有一段直边与上轴辊接触不上，故不能得到弯曲，理论上把这一现象称作“剩余直边”。

由于通风与空调工程上使用的板料厚度通常在 2 mm 以下，剩余直边问题不突出，卷制前稍作处理即可。

3．卷圆机的使用

（1）将加工好咬口的板料两侧在钢管上用力揿按出圆弧，圆弧曲率依管径的大小来定，基本同圆管曲率。

（2）把板料置放于上、下轴辊间，并使边线与右侧下轴辊中心重合，启动升降电动机，使上轴辊下压板料至一定弧度。

（3）点动工作电动机试卷制板料一段后，停机用样板检验卷制好板料的弧度，会有两种情况：

1）圆弧过大，即校验样板与卷制好板料的弧度两端接触，中间接触不上，此时应点动升降电动机，使上轴辊上抬少许量，再试卷。

2）圆弧过小，即校验样板与卷制好板料的弧度中间接触，两端接触不上，此时应点动升降电动机，使上轴辊下移少许量，再试卷。

不论圆弧过大或过小，在调整完上轴辊上抬或下移量后，一定要开倒车，将卷制板料退回起始位置，再开车试卷，直至卷制出合格的弧度。

（4）若卷制同样直径的圆管数量较大，在经过几次调整上轴辊到合适的位置后，应做好记录，每次卷制都使上轴辊的下压量在此位置，便可卷制出合格的弧度，这样可以大大提高卷制效率。

（5）若卷制好的管径较大，加工后可用手从圆管两端将其牵拉出来。

（6）当卷制的管径较小时，卷制好后将上轴辊左端的活套滑块卸去，再转动取料装置的手轮，使上轴辊翘起，抽出卷好的圆管后，再反向旋转手轮，使上轴辊复位，装上活套滑块。

（7）当需卷制圆变径管时，拆开传动轴一端的十字接头，再启动升降电动机，通过升或降一端的上轴辊的位置，使上、下轴辊形成一定的夹角来实现。

4. 维护与保养

（1）卷圆机移位重新安放后，应平稳放置机架，最好在机架下边放置方木，并应使上、下轴辊处于水平位置，以用手能转动下轴辊为准。

（2）本机最大卷制厚度为2 mm，严禁超厚卷制。

（3）定期检查皮带松紧程度，过松易打滑，而过紧又易使电动机发热。

（4）定期给油杯及传动部件加注润滑油、脂。

实训　常用工量机具及机械技能训练实例

实训1　用电动液压铆接钳进行法兰与风管铆接

【操作步骤】

步骤1　将法兰套在风管外表面，并使风管伸出法兰端面，伸出量应等于法兰翻边量，并找正法兰。

步骤2　把铆接钳导向冲头插入角钢法兰铆钉孔内。

步骤3　把铆钉放入铆接钳的磁性座中。

步骤4　按动开关按钮，完成铆接。

步骤5　松开开关按钮，取出铆接钳。

实训2　应用角度尺检测三通、四通及弯头的平行度、倾斜角与角度

【操作步骤】

步骤1　检测三通管上下口平行度。

（1）把三通与角度尺放置在同一平面上。

（2）提升横杆放置主管上口使之呈自由状态。

（3）检查角度尺横杆与上口接触情况。

（4）确定三通上下口不平行度数值。

步骤2　测量四通管支管角度。

（1）将四通管与角度尺放置在同一平面上。

（2）松开角度尺紧定旋钮。

（3）使角度尺横杆紧贴在支管上平面。

（4）读出角度尺数值即为四通管支管实际角度。

步骤 3　测量圆弯头角度值。

（1）分别将角度尺与圆弯头放置在同一平面上。

（2）松开角度尺紧定旋钮，使之呈自由状态。

（3）以角度尺横杆或立杆紧靠圆弯头端面。

（4）读出角度尺数值即为圆弯头的实际角度。

实训 3　运用 Q11—4 ×2000 型剪板机剪切板材

【操作步骤】

步骤 1　清理剪板机工作台面上的杂物。

步骤 2　启动剪板机。

步骤 3　将已划剪切线的板材抬放工作台面上，并应使较窄面伸入上下剪刃间。

步骤 4　调整板料，目测使剪切线与下剪刃口重合（调整板料的进出时，严禁将手伸入剪刃内拉动）。

步骤 5　用脚踩踏离合器横管，上剪刃下移与下剪刃完全闭合，完成板料剪切。

实训 4　使用 SHF—9 型手动折边机进行矩形风管折边

【操作步骤】

步骤 1　将控制折边角度半圆板调整至 90°。

（1）松开半圆板上的调节螺钉。

（2）将刻度调至 90°位置上。

（3）旋动螺母紧定。

步骤 2　反转右侧手轮，使上刀片抬起。

步骤 3　把板材推入上下刀片间。

步骤 4　目测折方线与下模中心线重合。

步骤 5　顺时针盘动手轮，把板料压紧。

步骤 6　用手抬起 U 形横管至限位挡块时止。

步骤 7　逆时针旋转手轮，取出已折方板材。

单元测试题

一、填空题（请将正确的答案填在横线空白处）

1. 划线使用的长径规多用于半径较大、划规无法划出的__________及__________。

2. 在塑料复合钢板、铝合金板、不锈钢板上划线，应选用__________，目的是避免上述材料表面被__________。

3. 手工直线剪主要用于剪切板材的直线与__________，弯剪用于剪切__________。

4. 手枪式电钻最大钻孔孔径为__________，手提式电钻则为__________，手枪式电钻主要用于法兰与风管、配件铆接时__________的钻削。

5. 通风空调系统与设备的安装必须使用扳手，常用的有__________及__________

两种，高空作业时应尽可能选用后者，因为它不易发生__________现象。

6. 水平尺或水平仪，不仅可以校验风管与设备的__________，还可以校验其__________。

7. 通风工起吊风管常用滑轮，使用定滑轮只改变__________，并不省力，而动滑轮可以省__________力

8. Q11—4 × 2000 型剪板机，最大剪切厚度为__________，剪切宽度为__________。

9. 制作矩形弯头的背板与里板的联合角咬口的双边加工应选用__________型咬口机，而两侧板的单边要选__________型咬口机轧制。

10. __________多用于施工现场制作矩形风管，若使用 SHF—9 型机械加工板厚为 1 mm的矩形风管，其下模应当是__________朝上。

11. SAF—8 型压筋机主要用于风管尺寸较大或容器__________加固的场合，加固筋为半圆形，加工速度为__________/min。

12. 利用对称三轴辊卷圆机卷制圆管，总有一段边得不到弯曲，理论上称作__________，通风工解决此问题的方法是在圆钢管用手工__________圆弧来解决。

二、判断题（下列判断正确的请打“√”，错误的打“×”）

1. 展开划线是制作风管、配件的第一道工序，与制作质量及节约原材料没有什么关系。（ ）

2. 不锈钢板尺只能用来划直线及测量线条长度。（ ）

3. 石笔多用于在普通钢板与型材上划线。（ ）

4. 手工直线剪不仅适用于板材的直线剪切，尤其适合于内圆弧曲线的剪切。（ ）

5. 木方尺以硬木制成，是完成手工加工咬口的主要工具。（ ）

6. 使用电动液压铆接钳冲孔和铆接必须两次完成，工程中被广泛采用。（ ）

7. 自制别棍是利用杠杆原理，用于法兰连接时的借孔。（ ）

8. 通风工到施工现场复测整个通风系统的长度尺寸、设备与墙、柱的距离等，必须使用钢盘尺。（ ）

9. 麻绳虽机械强度较低，但易于捆绑、打结，通风工常用它起吊风管与小型设备。（ ）

10. 利用剪板机剪切板材，不论剪板长度多少，必须由两人分别看线，才能保证剪切尺寸的准确。（ ）

11. 使用 YZD 型单平咬口机轧制出来咬口成型不足，应当由较高级别师傅来调整滚轮间隙。（ ）

12. 电动折边机在施工现场使用较少的原因，主要是因为折边质量一般，生产效率也不高。（ ）

三、单项选择题（下列选项中，只有1个是正确的，请将其代号填在横线空白处）

1. 通风工使用的90°角尺可以外购或自制，其功用主要是划直角线和测量工件的__________。

A．垂直度　　B．水平度　　C．尺寸

2．在硬聚氯乙烯板上划线应避免使用的划线工具是________。

A．石笔　　B．划针　　C．色笔

3．法兰与风管配件铆接钻孔常用手枪式电钻，它最大钻削孔径是________。

A．13 mm　　B．10 mm　　C．6 mm

4．通风工制作较大尺寸的矩形弯头，设置导流叶片时，应选择________铆接较为合理。

A．液压铆接钳　　B．拉铆钳　　C．手工铆接钳

5．数节同一尺寸的风管组对连接为一体时，校验其平直度的工具应当是________。

A．粉线及粉线盘　　B．钢直尺　　C．不锈钢板尺

6．现有一台设备质量近 1.0 t，需提升 3 m 垂直距离至支架上，应选用的提升机具是________。

A．滑轮　　B．滑轮组　　C．倒链

7．剪板机剪切板材时，应使________伸出上下剪刃间，这样，板材在工作台面上比较平稳，利于剪切。

A．较窄面　　B．较宽面　　C．两者均可

8．使用咬口机轧制镀锌板材的咬口时，咬口锌层严重脱落，其原因是咬口机轴辊________所致。

A．间隙过小　　B．间隙过大　　C．间隙不合适

9．咬口机工作台面上进料与出料两端均设有两列导轨，其主要功用是防止板材________。

A．上下起伏　　B．歪扭　　C．跑偏

10．利用 YZA 型咬口机加工弯头背、里板的双边，与之配套加工侧板单边的咬口机型号是________。

A．YZD　　B．YWL　　C．YWA

11．制作较大尺寸风管时，可用压筋机压槽加固，半圆弧状直径约为________，槽深 3 mm。

A．20 ~ 30 mm　　B．10 ~ 15 mm　　C．5 ~ 6.5 mm

12．影响卷制圆管曲率半径的主要因素是________。

A．手工揿按直边的弧度　　B．上轴辊下压量　　C．两下轴辊开度

四、简答题

1．用粉线及粉线盘弹划一条长为 5 m 直线段的操作要领是什么？

2．Q11—4 × 2000 型剪板机由哪几部分组成？其工作原理是什么？

3．YB—2 × 2000A 型卷圆机结构有何特点？简述其卷圆工艺过程。

4．简述手动拉铆钳的铆接工艺过程。

单元 4

单元测试题答案

一、填空题

1. 圆　圆弧　2. 色笔　划伤　3. 外圆弧曲线　内圆弧曲线　4. 6 mm　13 mm　铆钉孔　5. 活扳手　呆扳手　滑脱　6. 水平度　垂直度　7. 力的方向　一半　8. 4 mm　2 000 mm　9. YZL　YWL　10. 手动折边机　*C* 面　11. 滚槽　4. 5 m　12. 剩余直边　揿按出

二、判断题

1. ×　2. ×　3. √　4. ×　5. √　6. ×　7. √　8. √　9. √　10. ×　11. √　12. ×

三、单项选择题

1. A　2. B　3. C　4. B　5. A　6. C　7. A　8. A　9. C　10. C　11. C　12. C

四、简答题

1. 答：应用粉线及粉线盘弹划5 m直线，必须两人配合才能进行。

①先用5 m钢卷尺或钢盘尺在需弹划的两端确定距离为5 m的两个点。

②一人左手牵出粉线并缠绕在食指上，另一人左手握持粉线盘并放线，右手则以彩色粉笔在粉线上涂抹着色。

③两人分别将着色的粉线绷紧揿压在5 m直线的两个端点上。

④其中一人将粉线拎起，垂直于需弹划的平面或侧面时放开即可。

2. 答：Q11—4×2000型剪板机主要是由床身、电动机、带轮、离合器、制动器、压料装置、挡料器、上下刀片及脚踏管组成。

剪板机经一级带轮减速，再经一对齿轮减速，电动机带动带轮飞轮转动，当踩踏离合器横管后，离合器闭合而制动器松开，主轴便带动偏心轮旋转；从而使固定在刀架梁上的上刀片向下移动，与固定在工作台上的下刀片完全闭合，即完成一次剪切动作。

3. 答：YB—2×2000A型卷圆机为对称三轴辊卷圆机，它主要由机架、主动轴辊（下轴辊）、被动轴辊（上轴辊）、回转机构、调节机构、取料装置及控制部分组成。

其卷圆工艺是：

①将加工好的咬口的两侧经圆弧处理过的板料置放于上下轴辊间，并使板边与下轴辊中心轴线平齐。

②点动升降电动机，使上轴辊下压卷制板料至一定弧度。

③启动工作电动机开始试卷制板料至一定宽度后，停止卷制；以板样校验已卷制的弧度，一般需经两、三次调整，卷制出合格弧度后再完成卷圆过程。

④取出卷制好的圆管。

当风管直径较大时，可用手从圆管两端直接将圆管牵拉出来。

当风管直径较小时，先卸去左端上轴辊的活套滑块，再转动取料装置的手轮，使上轴辊翘起，抽出圆管后再将活套滑块复位。

4. 答：手动拉铆钳的铆接工艺：

①用手枪式电钻在铆接件上钻孔，孔径应比拉铆钉直径大0.1~0.2 mm。

②把拉铆钉插入铆接件孔内，将铆钳头全部套进铆钉芯，并顶紧连接件板面后，向内压合两拉杆至钉芯断裂。

③若遇压合拉杆钉芯未被拉断，重复上述动作，直至钉芯断裂。

④将拉铆钳口向下，脱去钉芯。

第5单元

风管、配件展开放样

展开放样是通风与空调系统风管及配件制作中的重要环节，其主要内容是完成不同断面、不同角度、不同形状风管及配件的展开。要系统掌握展开技术，首先，必须掌握各种线段实长的鉴别，求一般位置直线实长的方法；其次，应当掌握基本几何作图方法；最后，掌握展开放样的方法。

第一节　展开放样基础知识

培训目标

- 了解各种配件的基本样式
- 熟悉直线段与曲线的特点及实长的鉴别方法
- 掌握求线段实长的方法

一、展开放样概念

通风空调系统都是由诸多风管、配件、部件以及相关空气处理设备组配连接而成的。其中风管的断面形状主要有圆形与矩形两种，此外还有少量的椭圆形风管，而配件则由弯管、变径管与分叉（汇合）的三通、四通管等几部分组成。

通风配件的基本形式，如图 5—1 所示。

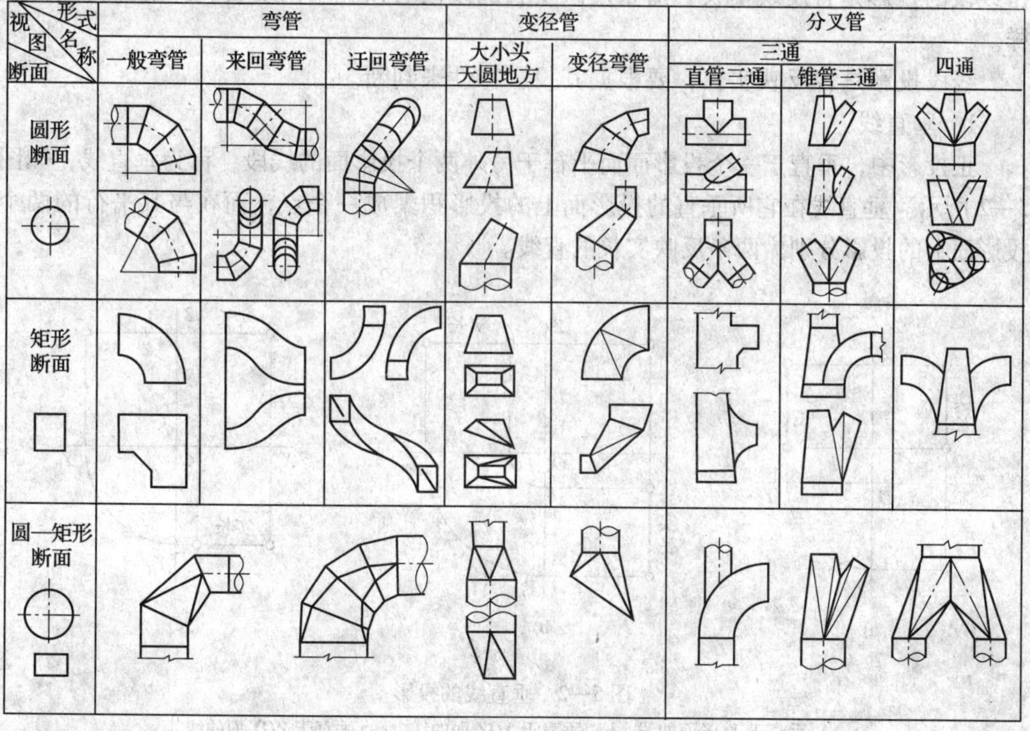

图 5—1　通风配件基本形式

单元 5

1．弯管

可分为不同断面、不同角度的弯头，跨越障碍的来回弯管以及其他一些特殊形式的弯管。

2．变径管（俗称大小头）

可分不同断面，正心与偏心变径管，方圆过渡变径管（俗称天圆地方）及一些特殊形式的变径管。

3．分叉管

分不同断面、方圆过渡的三通管、四通管等形式。

对于通风工来讲，展开放样的主要任务是将上述配件的立体几何实际尺寸，选择合适的展开方法，通过作图，将其摊开在一个平面上，这个作用过程叫展开放样，而实际得到的图样就是展开图。

作展开图的方法通常有展开放样法与计算法两种，目前工程上较多地采用展开放样法。但随着计算技术的发展与计算机的广泛应用，以计算法进行配件展开在工程中会日益增多。

二、线段实长的鉴别

在配件或其他一些板壳构件的展开图上，所有图线都必须是配件或构件表面上对应线段的实长线，唯有此，才能正确地作出展开图，才能制作出合格成品。然而，并非配件或构件上所有线段在图样上都反映实长，因此，在作展开图前必须正确地判断出线段的投影是否反映实长，对未反映实长的线段必须先求出实长，才能进行展开放样。

线段投影是否反映实长，要根据其投影特性来判断。

1．垂直线

正投影中，垂直于一个投影面而平行于另外两个投影面的线段，称为垂直线，如图5—2所示。垂直线在它所垂直的投影面上的投影积聚成一个点，而在与其平行的两个投影面上的投影分别为两条反映实长的直线。

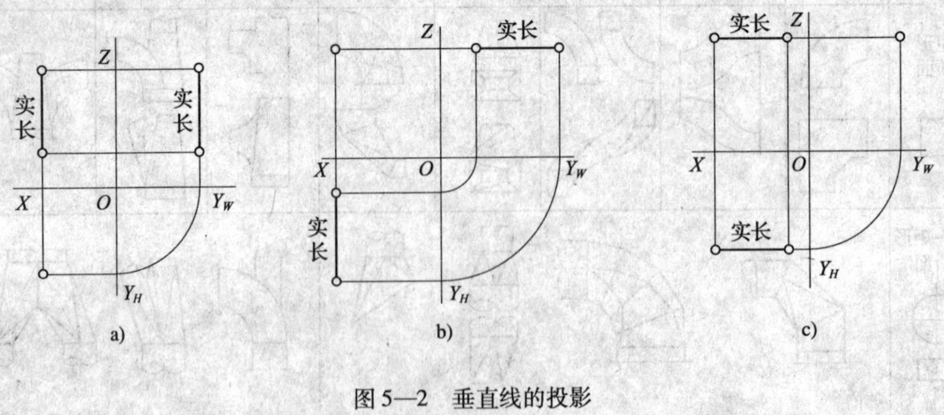

图5—2　垂直线的投影

a）垂直于 XOY 面的线　b）垂直于 XOZ 面的线　c）垂直于 ZOY 面的线

2. 平行线

正投影中，平行于一个投影面，而倾斜于另两个投影面的线段，称为平行线，如图 5—3 所示。平行线在其平行的投影面上的投影反映实长，而在另外两个投影面上的投影则为缩短了的直线段。

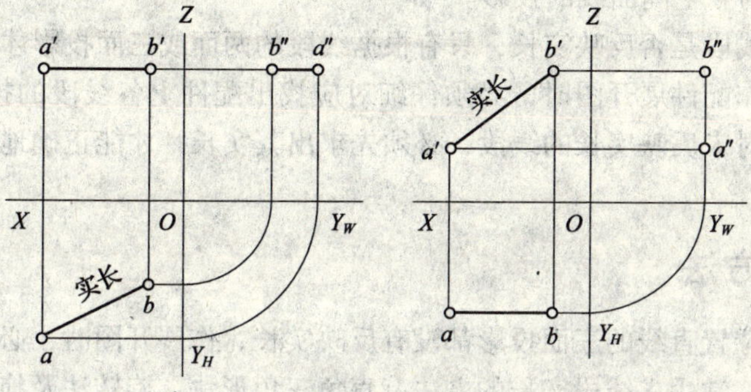

图 5—3　平行线的投影

a）平行于 XOY 面的线　b）平行于 XOZ 面的线　c）平行于 ZOY 面的线

3. 一般位置直线

正投影中，与三个投影面都没有平行可言，均倾斜于三个投影面的线段，称为一般位置直线，如图 5—4 所示。一般位置直线在三个投影面上的投影均不反映实长。

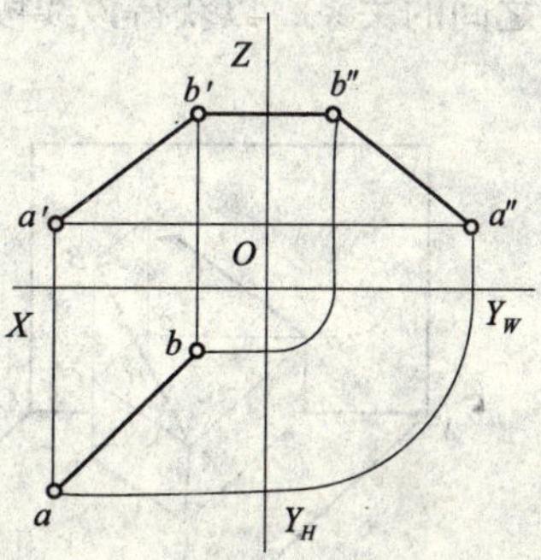

图 5—4　一般位置直线的投影

4. 曲线

可分为平面曲线与空间曲线（翘曲线）。

（1）平面曲线。平面曲线的投影是否反映实长，由该曲线所在平面的位置决定：

1）位于平行面上的曲线，在与它平行的投影面上的投影，反映实形与实长，而在另两个投影面上的投影则为平行于投影轴的直线，如图 5—5a 所示。

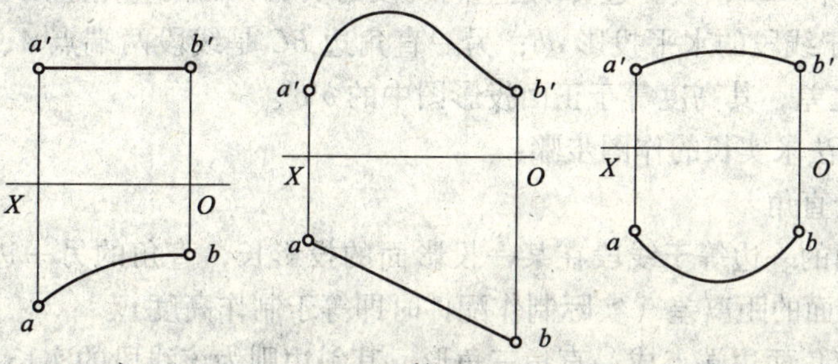

图 5—5　曲线的投影

a）、b）平面曲线　c）空间曲线

2）位于垂直面上的曲线，在其所垂直的投影面上的投影积聚成直线，而在另外两个投影面上的投影则仍为曲线，但没有反映实形与实长，如图5—5b所示。

3）曲线若位于一般位置平面上，其在三个投影面上都不反映实长。

（2）空间曲线。该曲线上所有点均不在同一平面上，故它在三个投影面上都没有反映实长，如图5—5c所示为一空间曲线的投影。

由上述线段分析可见，线段是否反映实长，只有根据线段的两面或三面投影才能做出正确判断。由此，我们在作配件展开图时，必须仔细对应找出配件上各线段的投影，再确定线段是否反映实长。对未反映实长的线段，必须先求出其实长，才能正确地作出配件的展开图。

三、求直线段实长的方法

由前述可知，空间一般位置直线的三面投影都没有反映实长，作展开图时，必须先求出其实长，然后才能作图。常用求线段实长的方法有直角三角形法、旋转法及换面法（也称直角梯形法）3种。

1. 直角三角形法

如图5—6所示为一般位置线段 *AB* 求实长的直观图。现在来分析该线段与它的投影之间的关系，以获得该线段求实长的作图方法。

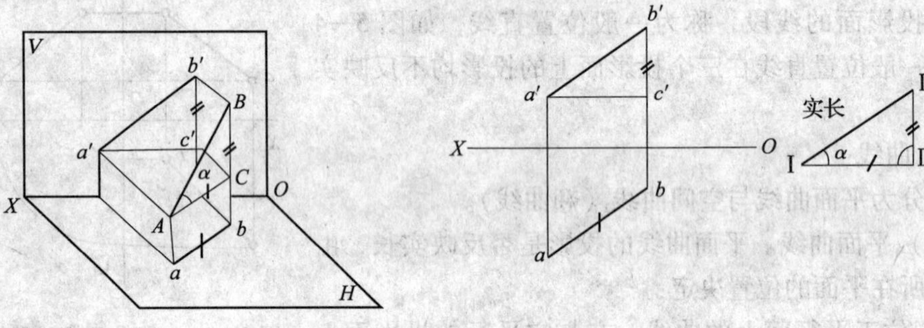

图5—6 直角三角形法求实长

过点 *B* 作 *H*（水平投影）面的垂线，再过 *A* 点作 *H* 面平行线并与垂直线交于点 *C*，构成直角角三角形 *ABC*，其斜边 *AB* 是空间线段的实长，而两直角边则分别是：一直角边 *AC* 的长度等于线段的水平投影 *ab*；另一直角边 *BC* 是线段两端点 *A*、*B* 距水平投影（*H*）面的距离之差，其高度等于正面投影图中的 *b′c′*。

直角三角形法求实长的作图步骤：

（1）画一个直角。

（2）令直角的一边等于线段在某一投影面的投影长，直角的另一边等于线段两端点相对于该投影面的距离差（实际制作配件时即等于制作高度）。

（3）连接直角两边端点成一直角三角形，其斜边则为该线段的实长。

2. 旋转法

旋转法求实长，就是设法将空间一般位置直线，绕一垂直于投影面的固定旋转轴旋转成与该投影面的平行线，该直线在与它平行的投影面上反映了实长。

如图 5—7a 所示，以 AO 为轴，将一般位置直线 AB 旋转成与正面平行的 AB_1 位置。这时线段 AB 已由一般位置变为正平行线位置，在新的正面中投影 $a'b'_1$ 就是 AB 的实长。

图 5—7b 为上述旋转法求实长的投影作图。

图 5—7c 所示是将 AB 线旋转成水平位置求实长的作图过程。

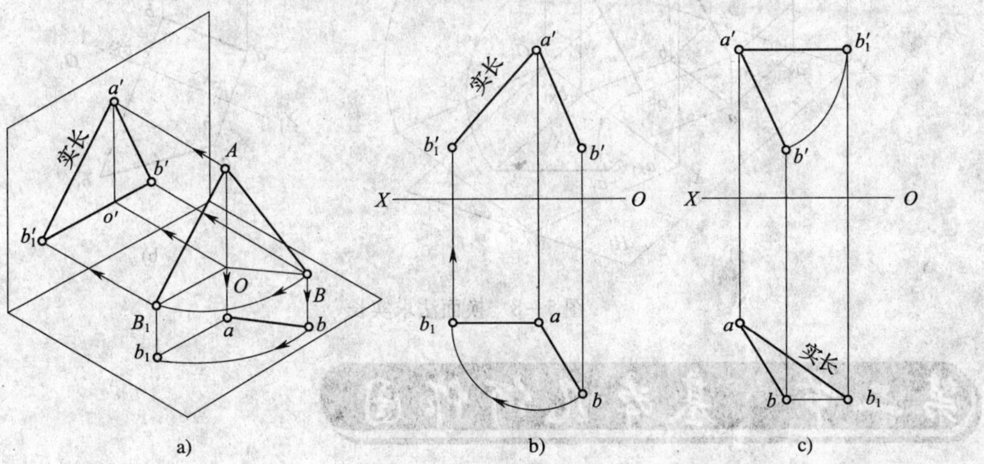

图 5—7　旋转法求实长

a）空间投影　b）旋转法求实长的投影作图　c）水平旋转作图过程

旋转法求实长的作图方法：

（1）过线段一端点设与投影面垂直的旋转轴。

（2）在与旋转轴垂直的投影面上，把线段的投影绕该轴旋转成与投影面平行。

（3）那么，该线段旋转后在与之平行的投影面上的投影，就是它的实际长度。

3．换面法

如前所述，当线段与某一投影面平行时，它在该投影面上的投影反映实长。换面法求实长就是根据线段投影的这一规律，当空间线段与投影面不平行时，就设法用一新的与空间线段平行的投影面，替换原来的投影面，则该线段在新投影面上的投影就能反映实长。

图 5—8a 显示空间直线在直立面上投影为 $a'b'$，在水平面上投影为 ab，$a'b'$ 和 ab 都不反映实长，另立一个投影面 V_1 与水平面 H 垂直，与直线 AB 平行，即 X_1O_1 与 ab 平行，则 AB 在 V_1 面上的投影 $a'_1b'_1$ 反映实长；将 V_1 面按弧线方向翻转 90°成水平，实长 a_1b_1 就显示在水平面上。

图 5—8b 表示换面法求实长的具体做法。直线 AB 的立面投影 $a'b'$，两端离 XO 轴分别为 h_1 和 h_2，水平投影 ab 也倾斜；另立一直立投影面，轴 X_1O_1 与 ab 平行（距离不限），自 ab 两端引 X_1O_1 的垂线并延长，取 $a_1a_{X1}=h_1$，$b_1b_{X1}=h_2$，连 a_1b_1 即为实长。

换面法移出作图也叫直角梯形法，工程上较为常用的是直角梯形法，将在以后的展开作图时讲述。

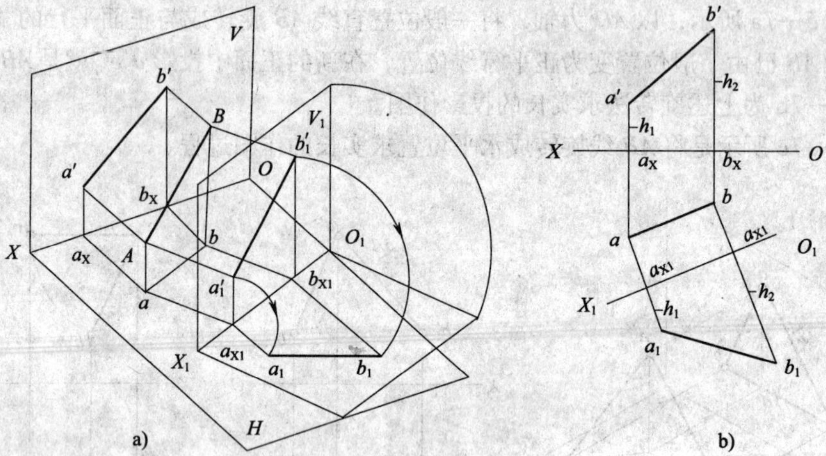

图5—8　换面法求实长

第二节　基本几何作图

培训目标

- 了解几何作图的种类及作用
- 熟悉几何作图步骤
- 掌握几何作图的方法

基本几何作图方法，是通风工在学习展开放样时必须首先掌握的基本作图技能。

一、线段作法

1. 垂直线的作法

（1）过线段端点作垂线。如图5—9所示，已知线段 AB，过端 A 点作 AB 的垂直线。作图方法是：

1）以 AB 线外适当处的一点 O 为圆心、OA 为半径画圆，交 AB 于 D 点。

2）连接 DO 并延长，交圆周线于 C 点。

3）连接 CA，则 CA 垂直于 AB。

（2）画靠边直角三角形。通风工常需自制90°角尺，用来校验钢板四个角是否垂直（俗称角方）或用来画垂线。常采用半圆法、斜边长二等分、勾股弦定理等方法画直角线。

利用斜边长二等分画直角线，如图5—10所示。

1）作等腰三角形 ABC，使 AC 等于 BC。

2）延长 BC，并取 CD 等于 BC。

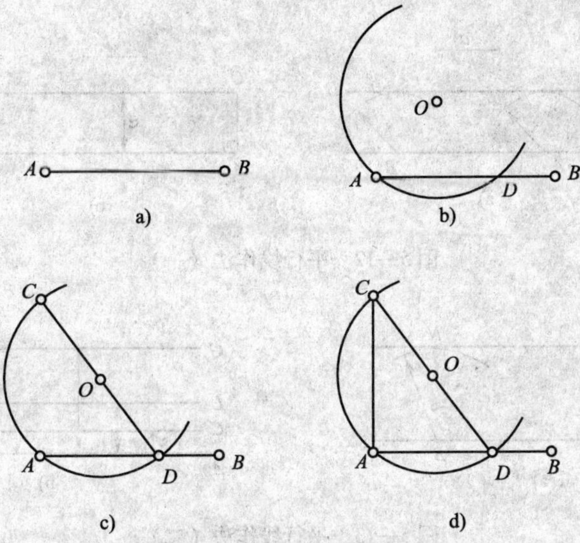

图 5—9　作过线段端点的垂线

3）连接 *AD*，则∠*DAB* 即为直角。

2. 作线段的垂直平分线

如图 5—11 所示，已知直线段 *AB*，作 *AB* 线段的垂直平分线：

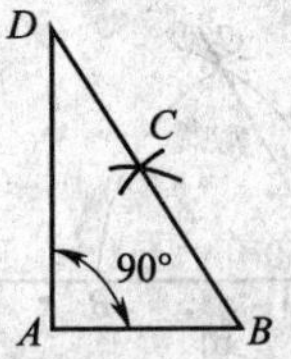

图 5—10　用三角形斜边长二等分作直角

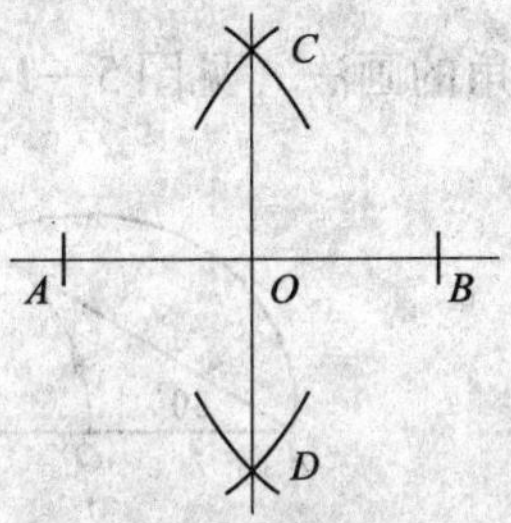

图 5—11　作线段的垂直平分线

（1）分别以 *A*、*B* 为圆心，适当长（必须大于 1/2*AB*）为半径画弧。

（2）两弧分别交于 *C* 和 *D* 点。

（3）连接 *CD*，则 *CD*⊥*AB* 且通过 *O* 点，*CD* 线段将 *AB* 线段垂直平分。

3. 平行线的作法

平行线的性质是：平行线间垂直距离处处相等。

（1）作一直线与已知直线平行且相距 *a*

方法一：在已知直线上适当取点 *A* 和 *B*，分别以 *A* 和 *B* 为圆心，已知距离 *a* 为半径画两个弧；作此两弧的公切线 *CD*，则 *CD* 为所求之平行线，如图 5—12a 所示。

方法二：过已知直线的两端点 *A* 和 *B* 分别作直角线，取两线长均为已知距离 *a*，得 *C* 和 *D* 点；连 *C* 和 *D* 即得平行线，如图 5—12b 所示。

（2）过线外定点作已知直线的平行线。如图 5—13 所示，先过定点 *M* 作已知直线的垂直线，得到 *M* 点到直线的距离 *b*，然后在已知直线上另取点 *B* 作圆心，以 *b* 为半径画弧；过 *M* 点作弧的切线 *MN* 即为所求之平行线，如 5—13a 所示。

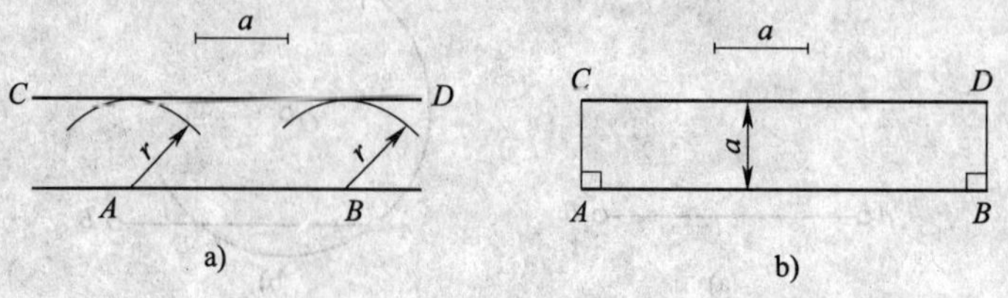

图5—12　平行线作法（一）

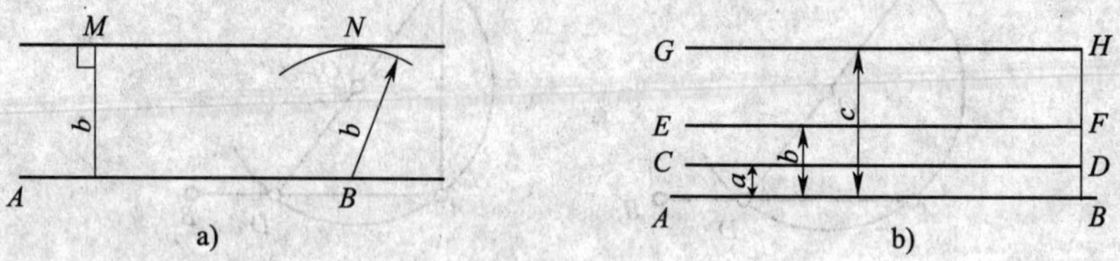

图5—13　平行线作法（二）

过线外三点作已知直线的平行线（见图5—13b），较好的方法是，在直线的另一点作垂直线，用等距定点连线的方法来作所求的平行线。

二、角的作法

1. 30°角的画法（见图5—14a）

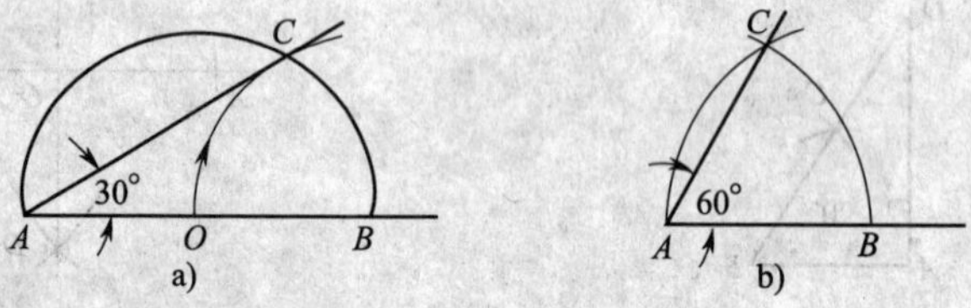

图5—14　作30°、60°角

（1）直线上取点 *A* 和 *O*，以 *O* 点为圆心、*OA* 为半径画半圆弧。

（2）与直线相交得 *B* 点，以 *B* 为圆心、*OA* 为半径画弧，交圆弧于 *C* 点。

（3）连接 *AC*，∠*BAC* 即为30°角。

2. 60°角的画法（见图5—14b）

（1）直线上取点 *A* 和 *B*，分别以 *A* 和 *B* 为圆心、*AB* 为半径画弧。

（2）两弧交于 *C* 点。

（3）连接 *AC*，∠*BAC* 即为60°角。

3. 作任意角

作任意角可采用如图5—15a所示的近似法。如作一角等于20°，作图方法是：

（1）画直线 *AB* 等于57.3 mm（或cm）。

（2）以 *A* 为圆心、*AB* 为半径画圆弧。

（3）在圆弧上每截取1 mm（或cm）的弧长所对应的圆心角为1°，截取 *BC* 等于20 mm（或cm），∠*BAC* 即为20°角。

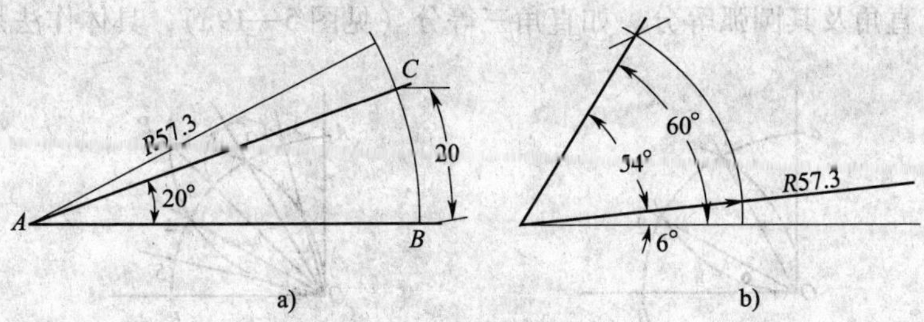

图 5—15　作任意角

当要画角度接近 30°、60°、90°等特殊角时，可先将特殊角画出，再补作一小角。如作 54°角，先作出 60°角，再作减去 6°角，即得 54°角，如图 5—15b 所示。

4．作三角形（见图 5—16）

（1）已知三角形边长 a、b、c，画三角形（见图 5—16）。其作图方法是：

1）画线段 AB，使其长度为 a。

2）分别以 A、B 为圆心，以 c、b 边长为半径，画圆弧交于 C 点。

3）连接 AC 和 BC，则 $\triangle ABC$ 就是所求的三角形。

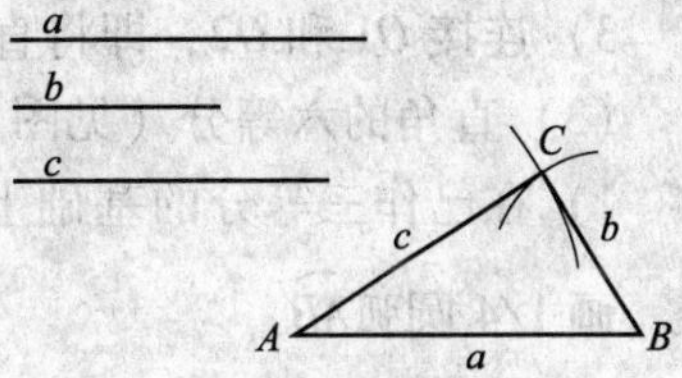

图 5—16　作三角形

此种作图简单，但却是三角形法展开的作图基础。

（2）作一角等于已知角（见图 5—17）。其作图方法是：

1）以已知角顶点 A 为圆心、适当长为半径画弧，得弦 BC。

2）作直线 $A'B'$，以 A'为圆心，以前述相同的半径画弧，交直线得 B'点。

3）以 B'为圆心，BC 弦长为半径画弧，交于 C'点。

4）连接 $A'C'$，即得 $\angle B'A'C' = \angle BAC$。

5．角的等分法

作图时一般将角的等分均转换成角对弧的等分。

（1）任意角的二、四等分（见图 5—18）。其作图方法是：

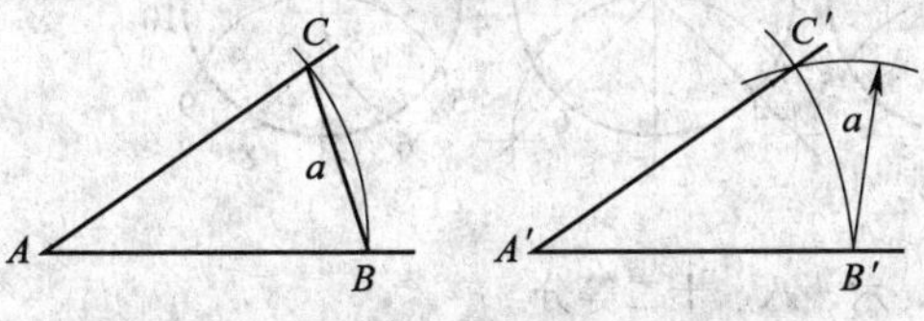

图 5—17　作一角等于已知角

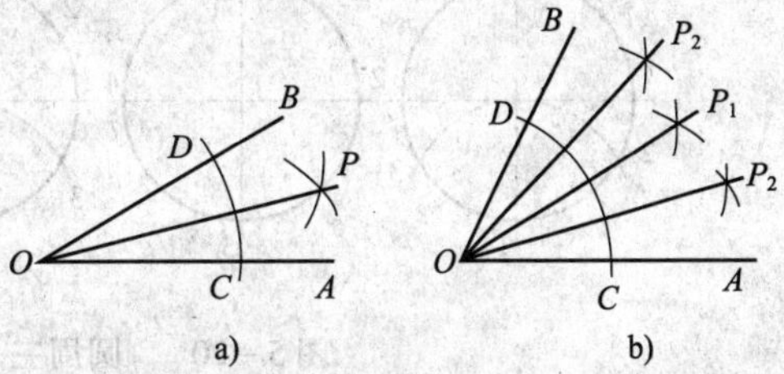

图 5—18　任意角二、四等分

1）以已知角的顶点 O 为圆心、适当长为半径画弧，交已知角的两边于 C 和 D 点。

2）分别以 C、D 点为圆心、适当长为半径画弧，交于 P 点。

3）连接 OP，即为角的二等分线，如图 5—18a 所示。

4）用二等分法再将二等分线再次等分，即为四等分画法，如图 5—18b 所示。

（2）90°直角及其圆弧等分。如直角三等分（见图 5—19a），具体作法是：

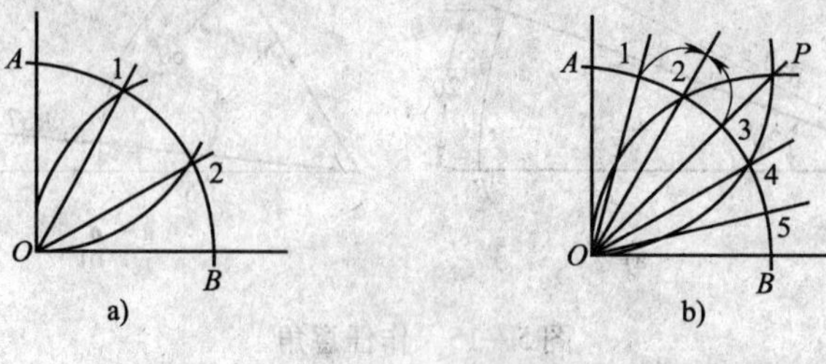

图 5—19　直角及其圆弧三、六等分

1）以直角顶点 O 为圆心、适当长为半径画弧，交直角边分别得 A 和 B 点。

2）分别以 A 和 B 点为圆心画弧，交 $\overset{\frown}{AB}$ 得 1 和 2 点。

3）连接 $O1$ 和 $O2$，即将直角 BOA 三等分。

（3）直角的六等分（见图 5—19b）。其具体作法是：

1）在已作三等分的基础上，再将每等分一分为二。以 O 点为圆心、适当长为半径，画 1/4 圆弧 $\overset{\frown}{AB}$。

2）分别以 A 和 B 点为圆心、$\overset{\frown}{OB}$ 为半径画弧，交 $\overset{\frown}{AB}$ 上得 2 和 4 点，两弧交于 P 点。

3）连接 $O2$、$O4$，再连 OP 交 AB，得交点 3。

4）$\overset{\frown}{23}$ 即为 $\frac{1}{6}\overset{\frown}{AB}$，以 $\overset{\frown}{23}$ 为截距，在 $\overset{\frown}{AB}$ 弧上得 1 和 5 点。

5）连接 $O1$、$O5$，即将直角六等分。

单元 5

三、圆周等分法

1．将已知圆周进行三、四、六、八、十二等分（见图 5—20）

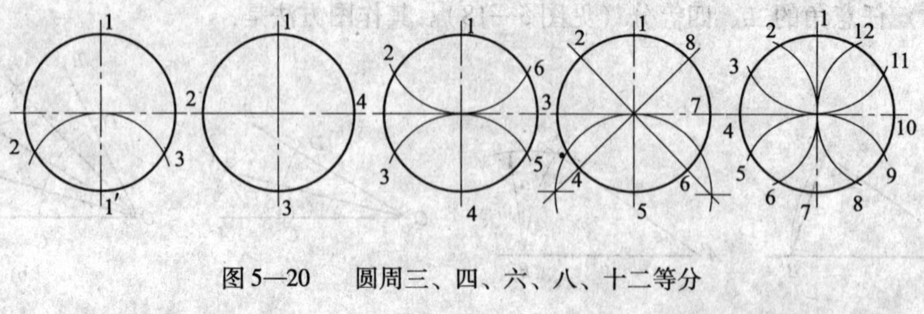

图 5—20　圆周三、四、六、八、十二等分

（1）三等分。如图所示，利用已知圆的十字线与圆弧交汇于任意一点，图中以 1′点为圆心、已知圆半径画弧，交圆得 2、3 点，则 $\overset{\frown}{12}$、$\overset{\frown}{23}$ 与 $\overset{\frown}{31}$ 即为已知圆的 1/3 弧长。

（2）四等分。如图所示十字线已将圆四等分。

（3）六等分。如图所示，在已进行三等分的基础上，再以对应点 1 为圆心、已知圆的半径画弧，即得$\overset{\frown}{12}$、$\overset{\frown}{23}$、$\overset{\frown}{34}$、$\overset{\frown}{45}$、$\overset{\frown}{56}$、$\overset{\frown}{61}$，则已将已知圆进行了六等分。

（4）八等分。在四等分的基础上，再进行一次等分，如图所示，分别以 3、5、7 点为圆心，以任意长（必须大于$\overset{\frown}{35}$或$\overset{\frown}{57}$的 1/2），否则得不到交点为半径，过圆心连接交点并延长，分别得 4、6、8、2 点，即完成圆的八等分。

（5）十二等分。在六等分的基础上，再以十字线与圆的另两个交点为圆心、已知圆的半径画弧，即将已知圆进行了十二等分，如图所示。

2. 将已知圆周五等分并作内接正五边形（见图 5—21）

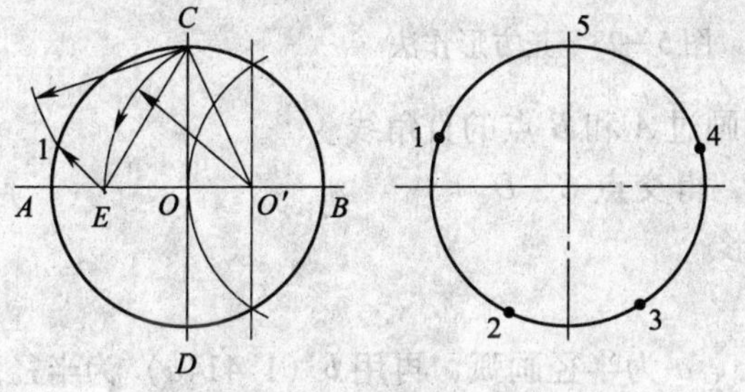

图 5—21　圆周五等分

作图方法是：

（1）过圆心 O 作互相垂直线，交圆得 B、C、A、D 点，连接 AB 与 CD。

（2）以 B 点为圆心、OB 为半径画弧，连接交点得 OB 中点 O'。

（3）以 O'点为圆心、$O'C$ 为半径画弧，交 OA 于 E 点。

（4）以 C 点为圆心、CE 为半径画弧，得圆周上 1 点，$C1$ 即为 1/5 弧长，量取 $C1$，在圆周上截取，得 2、3、4 点。

（5）用直线连接上述各点，即得正五边形。

四、几何图形作法

1. 已知两直角边为 a、b，画直角三角形（见图 5—22a）

（1）用 90°角尺，画一直角。

（2）分别在两直角边上量取 a 与 b。

（3）连接斜边即得该直角三角形。

2. 已知一直角边为 a，斜边为 c，画直角三角形（见图 5—22b）

（1）画一线段 AB 等于斜边 c，并找出中点 O。

（2）以 O 点为圆心、OA（OB）为半径画半圆。

（3）以 A 为圆心，用已知直角边 a 为半径画弧，得交点 C。

（4）连接 AC、CB、$\triangle ACB$ 即为要作的直角三角形。

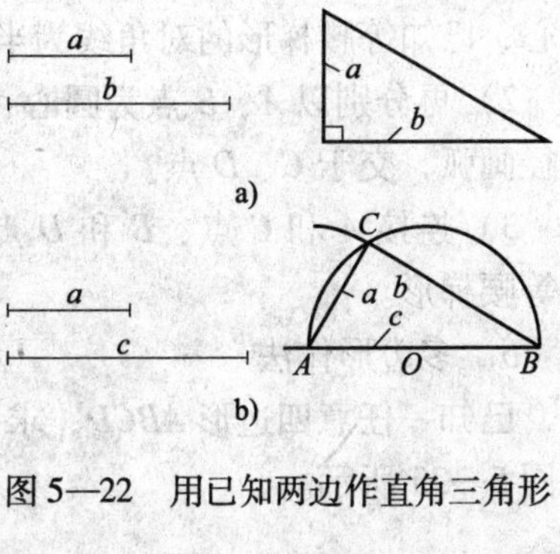

图 5—22　用已知两边作直角三角形

3．正方形的作法

方法一：已知边长 a，画正方形（见图5—23a）。

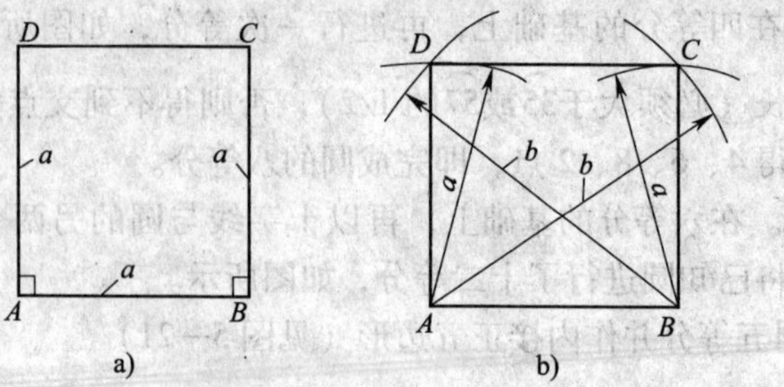

图5—23　正方形作法

（1）画线段 $AB=a$，并分别画过 A 和 B 点的直角线。

（2）在直角线上截取长度 a，得交点 C、D。

（3）连接 C、D，即得正方形。

方法二：

（1）分别以 A 和 B 点为圆心、a 为半径画弧，再用 b（$1.414a$）为半径画弧，得交点 C、D。

（2）分别连接 A 和 D 点、B 和 C 点、C 和 D 点，即得正方形，如图5—23b所示。

4．等腰梯形的作法

等腰梯形的性质是：上、下底平行，两腰相等，两对角线相等，中心线两边对称。

（1）已知上底为 a，下底为 b，高为 h，画等腰梯形，如图5—24所示。

1）画一竖直线作为对称中心线，并取其长为 h。

2）作 h 线的垂直线并在上、下底分别量取 $\frac{a}{2}$ 和 $\frac{b}{2}$。

3）将两腰连线，即得该等腰梯形。

（2）已知一等腰梯形，在其一侧再画一全等的等腰梯形，见图5—24。

1）在已知等腰梯形一侧的两端，分别以 A、B 点为圆心、已知等腰梯形的对角线为半径画弧。

2）再分别以 A、B 点为圆心，以上底 a 和下底 b 为半径画弧，交于 C、D 点。

3）连接 A 和 C 点、B 和 D 点、D 和 C 点，即为全等等腰梯形。

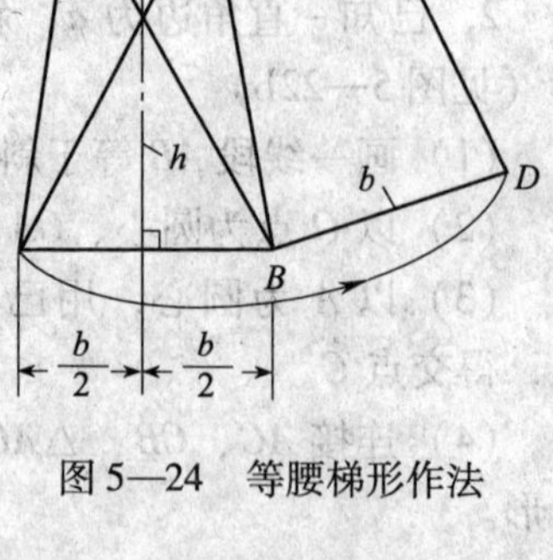

图5—24　等腰梯形作法

5．多边形作法

已知一任意四边形 $ABCD$，求作一四边形与其全等，如图5—25所示。

（1）连接对角线 AC，即将四边形 $ABCD$ 分割成 $\triangle ACD$ 与 $\triangle ACB$。

（2）作 $\triangle A'C'D'$ 全等于 $\triangle ACD$。

1）画一直线，取 $D'C'$ 等于 DC，再分别以 D'、C' 点为圆心，取 DA 与 CA 为半径画弧，得交点 A 点。

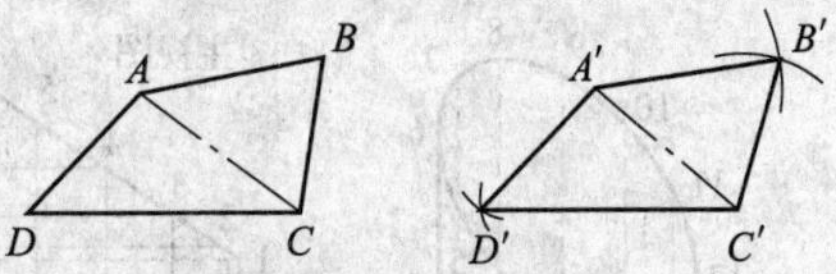

图 5—25　多边形作法

2）连接 D' 和 A' 点、C' 和 A' 点。

（3）作 $\triangle A'C'B'$ 全等于 $\triangle ACB$。

1）分别以 C'、A' 点为圆心、CB 与 AB 为半径画弧，得交点 B。

2）连接 C' 和 B' 点、A' 和 B' 点。

第三节　常用的展开放样方法

培训目标

- 熟悉常用展开放样方法的种类、特点及适用范围
- 掌握平行线法作图步骤，能够对正圆柱、正棱柱管件与配件展开放样
- 掌握放射线法作图步骤，能够对正圆锥体、正棱锥体管件与配件展开放样
- 掌握直角三角形法作图步骤，能够运用此法对较简单的管件与配件展开放样

一、平行线法展开

1. 平行线法的特点及应用范围

（1）平行线展开法的特点。如图 5—26 所示，是一斜口圆管的展开，图 5—26a 表示该斜口圆管是由一块板材弯曲卷制而成的。再将其俯视图断面进行 12 等分，并通过等分点在圆管表面作一组与其轴线平行的平行线 1—1、2—2、…、12—12（见图 5—26b）。由此可见，平行线法的特点是利用相当数量的平行素线，将需要展开的管件或配件表面进行分割，这些线段不仅相互平行，且长短也反映了各自的实际长度，然后将其平摊开来，风管或配件的表面则被展开了。

（2）平行线展开法的应用范围。在通风管网中，凡管件、配件表面具有相互平行的素线或棱线的，均可采用平行线法展开。也就是说，平行线法常用来展开正圆柱和正棱线体管件与配件。

2. 平行线展开法的一般步骤

仍以图 5—26 斜口圆管为例，其展开步骤是：

（1）作出斜口圆管的主视图与俯视图，如图 5—26b 所示。

（2）将俯视图圆周 12 等分，得等分点 1、2、3、…、12。

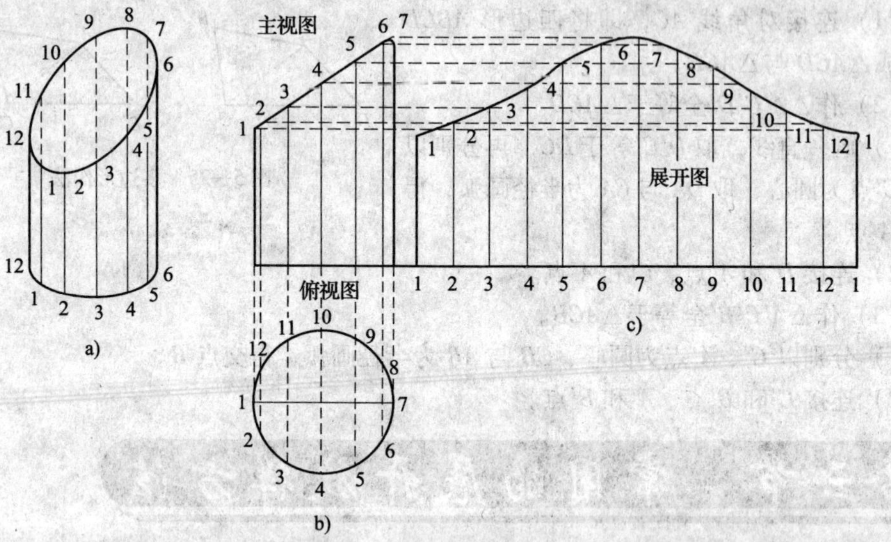

图5—26 斜口圆管展开

（3）通过等分点向上引主视图的中心线或棱线的平行线，在斜口线上与1、2、…、7各点（对应面上的8、9、…、12各点）重合。

（4）画展开图，如图5—26c所示。

1）作主视图底部边线的延长直线，并量取计算的$\pi D/n$的长度，图中圆周为12等分，故取计算的$\pi D/12$长度在直线上画12等分，使之等于πD。

2）通过12等分点，13根线作底边线的垂线，并分别截取各线段的对应实长，得1、2、…、12、1各点，用圆滑曲线连接上述各点，即得该斜口圆管的展开图。

3. 平行线法展开实例

（1）三节90°圆弯头展开。圆弯头的展开，首先应根据已知弯头直径d、弯头的曲率半径R和节数n，画出正侧投影图，如图5—27所示。

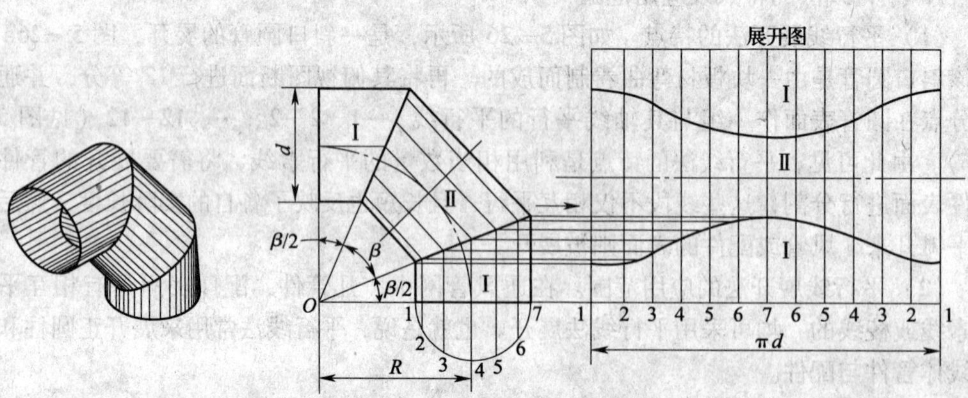

图5—27 三节90°圆弯头展开

1）分节。弯头的中节分节角$\beta=90°/(N-1)=90°/(3-1)=45°$，端节分节角$\beta/2=22.5°$。如用作图法作分节角，可以$R$为半径画1/4圆周，并作四等分，过等

分点向中心 O 连接（端节各点一等份，中节占二等份），为各节分节线，则各分节角就自然得出。

2）画各节圆管轴线，注意端节轴线应与弯头端面垂直，且各节轴线应与回转圆弧相切。

3）以圆管直径 d 画出各节圆管轮廓线，完成弯头的主视图。

4）用平行线法作出弯头各节的展开图。在制造工艺允许的情况下，为节约用料，可将各节的接缝错开 180°布置，则三节的展开图拼画在一起为一个矩形。

（2）两节 90°矩形弯头展开。如图 5—28a 所示，是一矩形两节直角弯头，其棱线互相平行，展开步骤：

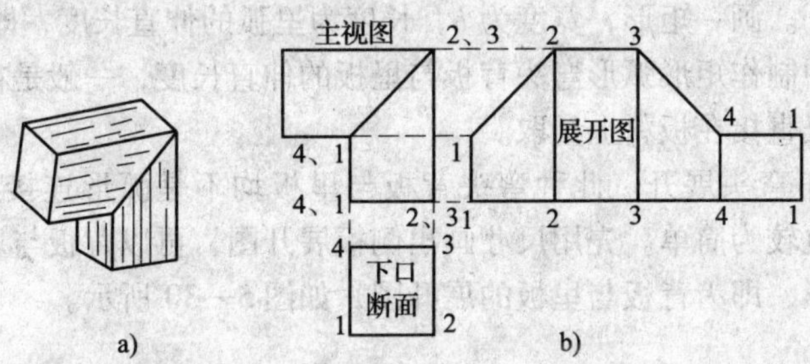

图 5—28　两节 90°矩形弯头展开

1）按已知尺寸，画出主视图。

2）画一直线分别截取矩形口径的边长，并作各点的垂线，得到图中的 1、2、3、4、1 各点。

3）在上述线上截取对应线段的实际长度，并将各点连接，即得到该弯头的 1/2 展开图。

（3）矩形弧形 90°弯头的展开。如图 5—29 所示，为一矩形弧形弯头的三视图与展开图。

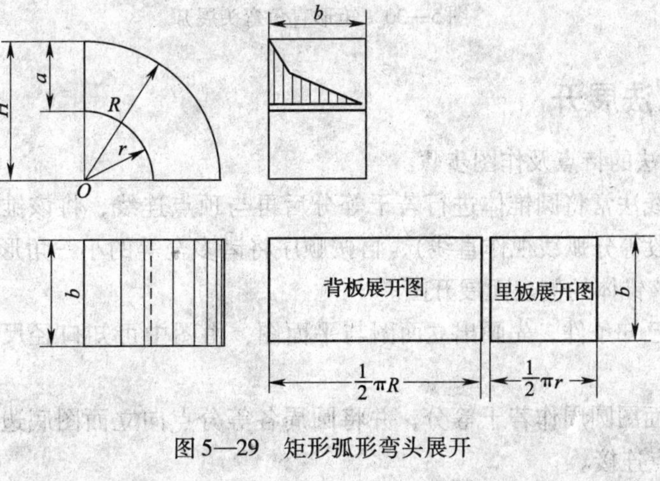

图 5—29　矩形弧形弯头展开

由图 5—29 中可知：矩形弯头的口径尺寸为 $a \times b$；立面由两条弧线构成，里侧称里弧，外侧称背弧；背弧半径为 R，里弧半径为 r；图中 $r = a$，$R = r + a$；俯视图与侧视图显示弯头背与里的宽度为 b。

（工程中制作矩形的弧度的缓急应按设计要求制作，不得过急。）

1）立面图的画法：

①作直角线交点为 O。

②以 O 点为圆心、r 为半径画 1/4 里弧。

③以 O 点为圆心、R 为半径画 1/4 背弧。

④完成的立面图，也是该弯头的侧板展开图。

2）背、里板的展开图画法

①背板的展开。画一矩形，宽度为 b，长度为背弧的伸直长度，即为 $\pi R/2$；

②里板的展开。画一矩形，宽度为 b，长度为里弧的伸直长度，即 $\pi r/2$。

在实际工程中制作矩形弧形弯头背板与里板的伸直长度，一般是在侧板咬口单边加工好后，用钢卷尺直接在板料上量取。

（4）矩形直角弯头展开。此种弯头背板与里板均不是弧形连接，而是直线连接，其展开图的画法也较为简单。先用尺寸画出侧板展开图，再以背板与里板伸直长度和弯头的宽度画出矩形，即为背板与里板的展开图，如图 5—30 所示。

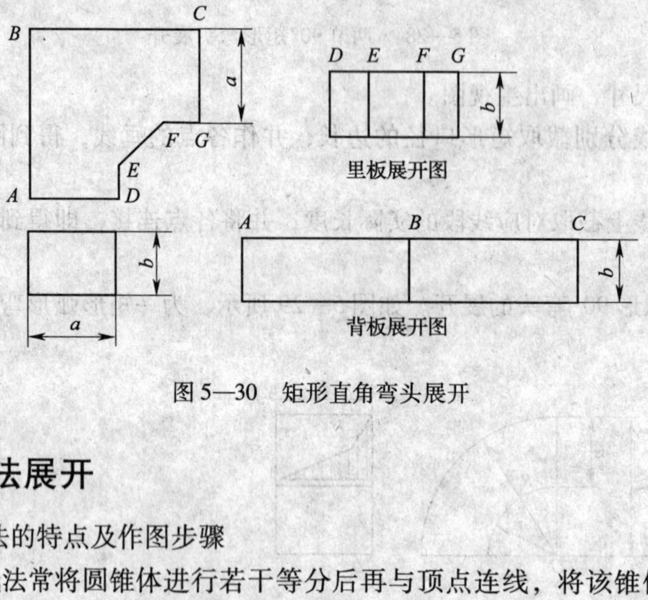

图 5—30　矩形直角弯头展开

二、放射线法展开

1. 放射线法的特点及作图步骤

（1）放射线法常将圆锥体进行若干等分后再与顶点连线，将该锥体分为若干小三角形（即把每段等分弧线视作直线），再按顺序将诸多全等的小三角形依次平摊在一个平面上，即得该锥体的侧表面展开图。

（2）根据已知条件，先画出立面图与平面图，由图中可知口径尺寸、高度与斜边长。

（3）把平面图圆周作若干等分，并将圆周各等分点向立面图底边引垂线，得到诸交点，再与顶点连接。

（4）以顶点为圆心、斜边长为半径画弧，以计算 πD 圆周长分割与辅助圆相同等分的长度，在弧线上截取相同等分，各点与顶点连接，再在各线段上截取对应实长，连接各点，即得展开图。

2. 放射线法作图实例

（1）正圆锥体展开。如图 5—31 所示，是正圆锥体的立面图、平面图及其展开图。由图 5—31 可知：正圆锥直径为 D，高度为 h，斜边长为 L；立面图上的素线只有 $O'A$、$O'B$ 反映其实长，其余均未反映实长。画展开图具体方法：

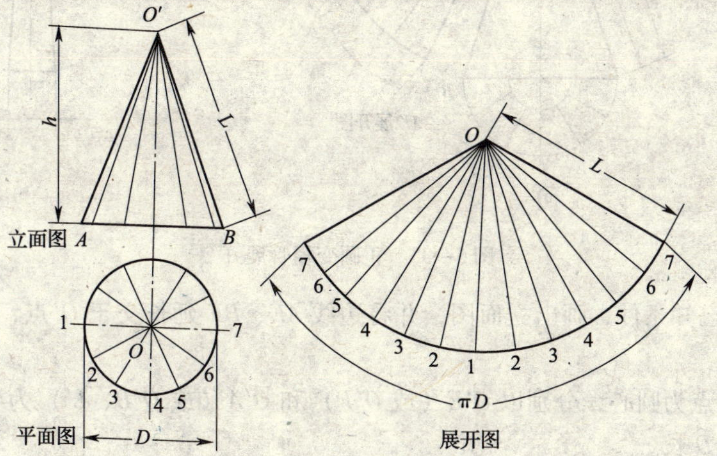

图 5—31　正圆锥体展开

1）以 O 点为圆心、斜边长 L 为半径画弧。

2）用 $\pi D/12$ 在圆弧上截取 12 等分。

3）分别连接弧的两端点 0、7，即得展开图。

（2）伞形帽顶展开

1）根据已知帽顶直径 D 与帽顶高 h，画出帽顶立面图。

2）以帽顶斜边长 L 为半径画圆。

3）缺口部分可以用作图法或计算法求作，这里用计算法获得帽顶缺口剪切部分的尺寸，即 $\Delta=2\pi(L-r)$，将计算值移至帽顶弧线上，即得帽顶的展开图，如图 5—32 所示。

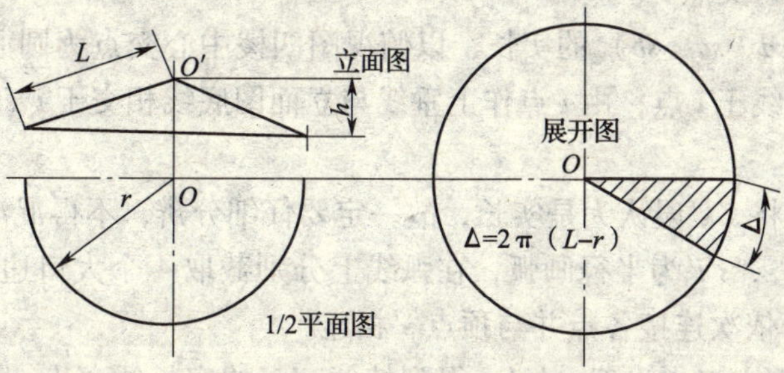

图 5—32　伞形帽顶展开

（3）正圆变径管展开。如图 5—33a 所示，已知大口直径 D、小口直径 d、高（长）h，画出视图及展开图。

单元 5

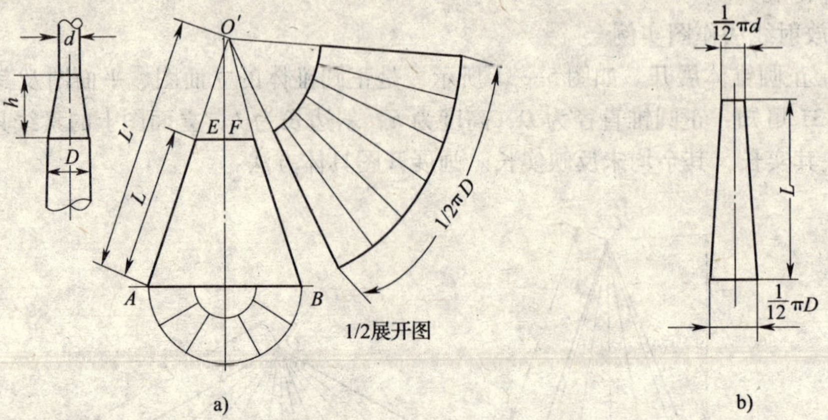

图5—33　正圆变径管展开

1）根据已知条件，画出立面图，并将边线 AE、BF 延长交于 O'点，则 $O'A=O'B=L'$。

2）以 O'点为圆心，分别以 $O'E$（或 $O'F$）和 $O'A$（或 $O'B$、L'）为半径画弧，并在弧上截取 πD 长。

3）将扇形两端点与 O'点连接，该扇形即为该正圆锥管的展开图。

4）在工程中，对于正圆变径管因几何尺寸较大，应用放射线作展开图机会较少，常采用样板法（见图5—33b）。其方法是：

①取立面图上的斜边长 L，做样板的垂直高，并由两端画垂线（实际工程中应用样板法可以不画立面图，直接取 $D-d$ 的差和变径管制件的高分别作直角三角形两条边，其斜边即为样板高）。

②在两端的垂线上分别截取 $\pi D/12$、$\pi d/12$。

③将上、下端点连线，该等腰梯形即为1/12样板。

（4）正方锥管展开。正方锥管是由四个全等的等腰梯形组成，如图5—34所示。

1）按已知尺寸：以大口边长 $A\times A$、小口边长 $a\times a$、高 h 画出俯视图与立面图，并延长立面图边线得交点 s'。

2）求 sc（或 sd、sa、sb）的实长，以俯视图四棱中心交点为圆心、棱线 sc 为半径画弧，交中心水平线于 i 点；由 i 点作上垂线与立面图底线相交于 i'，立面图中 $s'i'$即为实长。

作图时很容易将 $s'k'$误认为是实长，故一定要仔细分辨，不得混淆。

3）以 s'为圆心，$s'i'$为半径画弧，在弧线上分别截取4个大口边长 $A\times A$，即得 a、b、c、d、a 各点，依次连接各点并与顶点 s'相连。

4）延长主视图上口水平线 $m'n'$，得到棱线 $s'n'$的实长线 $s'i'$，以实长 $s'i'$为半径，s'为圆心画弧，与已画各棱线相交，依次连接各点，即得正方锥管展开图。

由上图可知，展开图是由4块全等的等腰梯形组成的。工程上因正方锥管几何尺寸较大，常采用4片组成，单片展开图的作法是：作等腰三角形，使底边 $dc=A$，高等于

立面图斜边 $s'n'k'$，过 n' 作底边 dc 的平行线，即得 1/4（单片）展开图。

（5）斜切正圆锥管展开。如图 5—35 所示，可视作正圆锥管被正垂面截切而成，其展开图可在正圆锥展开图中截去切缺部分后得到。但正圆锥管被斜切后，各素线长度不再相等，因此，正确求出各素线实长是作展开图的重要环节。

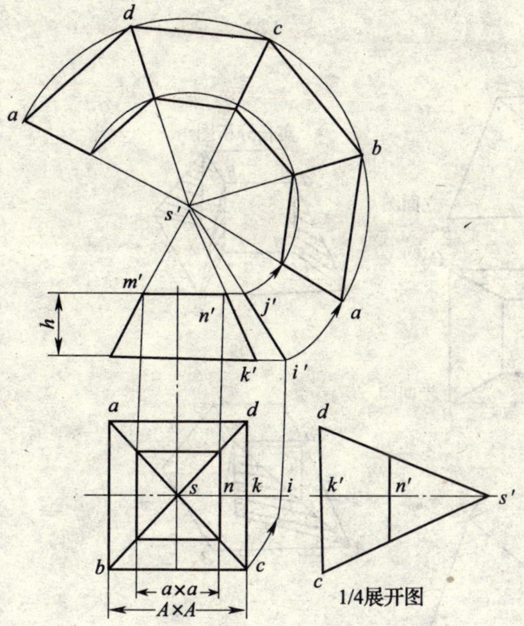

图 5—34　正方锥管展开

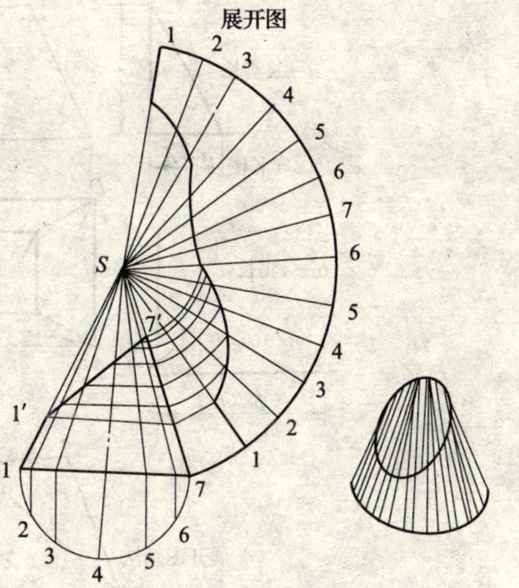

图 5—35　斜切正圆锥管展开

1）根据已知尺寸画出顶口倾斜正圆锥管主视图。

2）画出正圆锥管底断面半圆周，并将其六等分。由等分点 2、3、4、5、6 引上垂线与锥底得出 1 ~ 7 交点，由锥底线上各交点向锥顶 S 连素线，分锥面为 12 个小梯形平面。

3）过锥口与各素线的交点，引底口线平行线交于圆锥母线 S—7，则各交点至锥顶的距离即为各素线截切部分的实长。

4）用放射线法作出正圆锥管的展开图，然后用各素线截切部分的实长，截切展开图上对应的素线。用光滑曲线连接展开图上各素线截切点，该曲线与圆锥底口展开线间部分的图形即为斜切正圆锥管的展开图。

三、直角三角形法展开

1. 三角形展开法的特点及作图步骤

（1）三角形展开法的特点

1）应用三角形展开法，就是把配件或制件的表面用诸多的表面素线，将其表面分割成若干小三角形，然后求出三角形每条边的实长，再按一定顺序将其摊放在一个平面上，所得到的图就是我们所需要的展开图。

2）求实长的方法，可以分别采用直角三角形和直角梯形两种方法。配件的中心线与水平投影面相垂直时，可采用直角三角形法；配件的中心线与水平投影面相互倾斜时，可采用直角梯形法。

3）如图5—36所示，是一矩形变径管。由其平面图可见，该变径管是由四个梯形组成的，且有两个对称梯形。要将其表面展开，应分别用对角线将每个梯形划分为两个三角形，即将四个梯形分割为八个三角形。

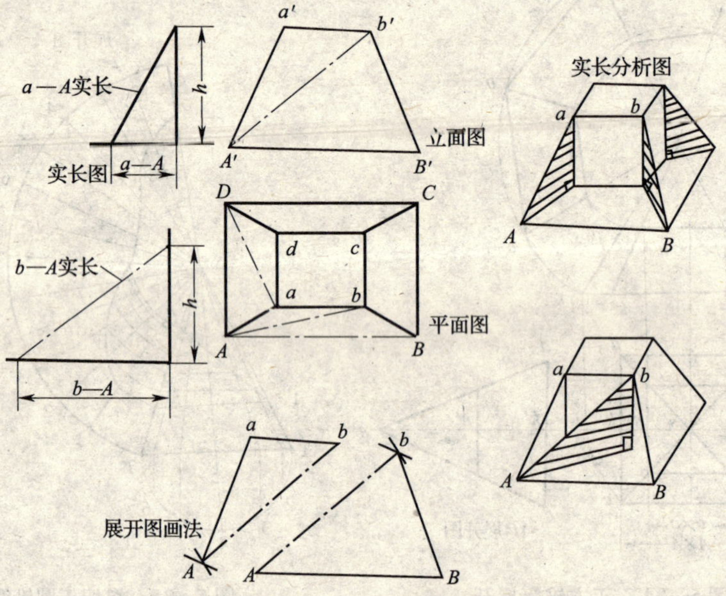

图5—36　矩形变径管实长分析图

①由图中梯形 $abBA$，连 b—A 对角线，即分成△abA 和△bAB 两个三角形，求出这两个三角形各边的实长，就可以画出这个梯形的实际形状。

②从图示分析，这个梯形的上、下底的立面投影 $a'b'$、$A'B'$ 和水平投影 ab、AB 均反映了实长，故不需另求实长；而梯形的两腰的立面投影 $a'A'$、$b'B'$ 和水平投影 aA、bB，以及对角线的投影 $b'A'$ 和 bA，均未反映实长，需求实长。

③运用直角三角形求实长，即先作互相垂直的两条直角线，分别用矩形变径管的制作高度和平面图上两条斜边 bA、aA 作直角三角形的两条边长，其斜边为求作的实长，即图例中的 b—A 和 a—A。

实长求出后，即可将梯形 $abBA$ 展开。

④画一直线取 AB 长度，以 A 点为圆心，取所求 b—A 为半径画弧，再以 B 点为圆心，取 bB 的实长（因等腰梯形两腰相等，即 $bB = aA$，实长也一样）a—A 为半径画弧，交于 b 点，连接三点，即得△bAB。

⑤再画一直线使之等于 ab，分别以 a、b 两点为圆心，以 b—A 和 a—A 为半径画弧得交点 A，连接上述三点，即得实形的三角形。

两个三角形即组成一个展开的梯形 $abBA$。

另一梯形的作图方法同此梯形。

（2）三角形法展开步骤

1）根据已知条件画出视图，工程实践中只需画平面图。

2）在平面图上，依次用四条线将四个梯形分割为八个三角形。

3）运用已知制作配件的实际高度（长度）和斜边投影长度分别作直角三角形的两条边，该三角形的斜边即为实长。

4）依照一定的顺序，用已知线段的实长画出展开图。

5）作图过程中应仔细分析图形，例图因有两个对称面，实际只需求三条线的实长，就可将该矩形变形管展开。

作展开图的关键是方法要对，使展开图正确，尺寸准确，其次作图过程要简捷。

2. 三角形法展开矩形变径管实例

（1）矩形变径管展开。如图 5—37 所示为矩形变径管的立面图、平面图、求实长图及全展开图。

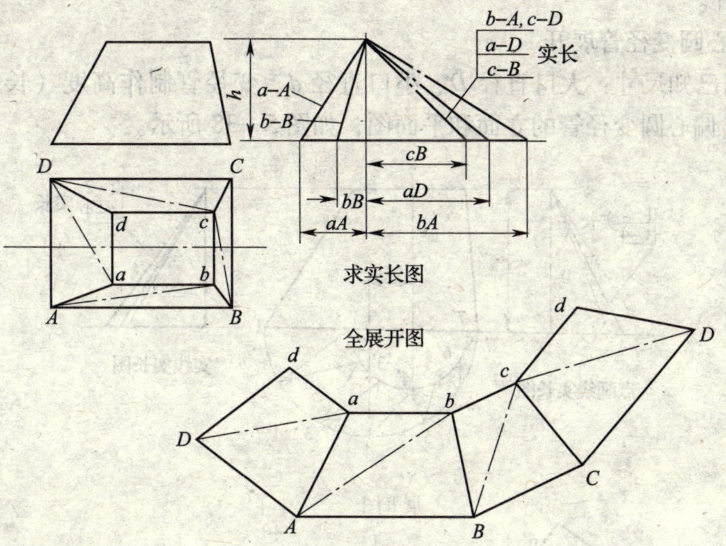

图 5—37　矩形变径管展开

1）根据已知的相关口径尺寸和偏心距画出平面图，由平面图可知，四个梯形中有两个相等，即梯形 $abBA = dcCD$。

2）用线条将梯形分割为三角形，即 Ab、BC、cD 和 Da 连线，将四个梯形分割为八个三角形。

3）用该变径管实际制作高度 h 和梯形分割连线分别作为直角三角形两条直角边的长度，其斜线即为实长。

在求实长图中右边所示 $c—B$、$a—D$、$b—A$（$c—D$）为实长，左边 $b—B$（$c—C$）、$a—A$（$d—D$）为实长。

4）画展开图

①画一直线等于 AB，分别以 A 和 B 点为圆心、$b—A$ 和 $b—B$ 为半径画弧，得 b 点；再以 b 点为圆心、平面图中的 ba 为半径画弧，与以 A 点为圆心、$a—A$ 为半径画的弧交

于 a 点。连接上述几点，即得梯形 $abBA$。

②以 A 点为圆心、平面图中的 AD 为半径画弧，与以 a 点为圆心、斜线 a—D 为半径画弧交于 D 点；再以 a 点为圆心、平面图中的 ad 为半径画弧，与以 D 点为圆心、a—A（$aA=dD$）为半径画的弧交于 d 点。连接各点，即得梯形 $adDA$ 的展开图。

③以 b 点为圆心、平面图中的 bc 为半径画弧，与以 B 点为圆心、$c-B$ 为半径画的弧，交于 c 点；再以 B、c 点分别为圆心、平面图中的 BC 和 b—B（$bB=cC$）为半径画弧，得交点 C。连接上述各点，即得 $bcCB$ 梯形展开图。

④分别以 c、C 点为圆心、c—D 和平面图中的 CD 为半径画弧，得交点 D；再以 D 点为圆心、a—A（$aA=dD$）为半径画弧，与以 C 点为圆心、平面图中的 cd 为半径画弧交于 d 点。连接各点，即得变径管最后一个梯形 $cdDC$ 的展开图。至此，矩形变径管的整个展开图即告完成。

在工程中展开时，常需根据实际需要和材料及工具灵活掌握，较常见的是1/2展开或分四片展开。

（2）偏心圆变径管展开

1）根据已知尺寸：大口直径 D、小口直径 d、变径管制作高度（长度）h 以及偏心距 e，画出偏心圆变径管的立面和平面图，如图5—38所示。

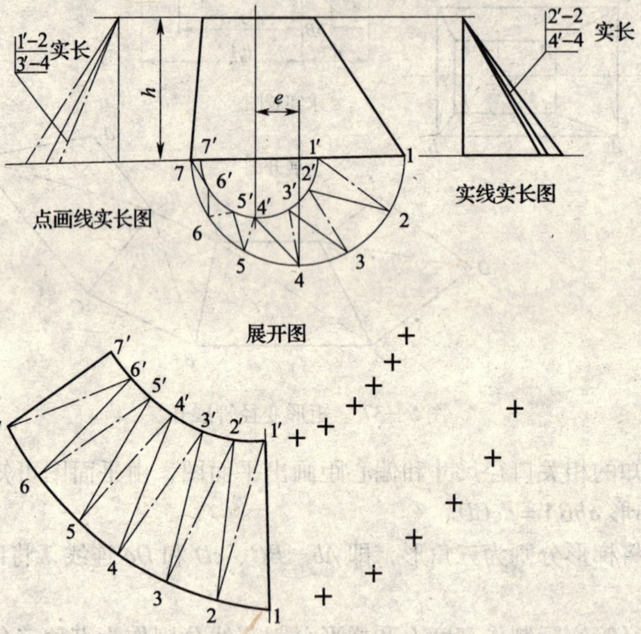

图5—38 偏心圆变径管展开

2）将俯视图 D 与 d 的半圆分别作6等分，并连线，将1/2圆划分成6个梯形，再用点画线将6个梯形分割为12个三角形。

3）求实长，由平面图可知，1/2圆里的所有线条均不相等，故需分别求出实长才能画出展开图。例图中将点画线（三角形分割线）与实线（梯形分割线）分别画出，目的是为使图例清晰。用直角三角形法求出各线段实长，然后依次画出展开图。

4）画展开图

①画一直线等于立面图斜边长（即为 1′—1 的实长）；以 1′为圆心、1′—2 为半径画弧，再以 1 点为圆心、$\pi D/12$ 为半径画弧，得交点 2；以 2 点为圆心、2′—2 为半径画弧，再以 1′为圆心、$\pi d/12$ 画弧、得交点 2′。

②以 2 点为圆心、$\pi D/12$ 为半径画弧，再以 2′—3 为半径画弧，得交点 3；再以 3 为圆心、3—3′为半径画弧，与以 2′为圆心、$\pi d/12$ 为半径所画弧交于 3′点。

③以上用直角三角形法求出梯形 1′2′21 及梯形 3′2′23 中各三角形的各线段实长，并作出展开。连接各点，即得出上述两个梯形的展开图。

④用上述方法，再分别求出剩余部分三角形各线段的实长，并依次画出，即得出 1/2 或整体展开图。

⑤最后，不论是 1/2 展开还是整体展开，待上、下口圆弧连接后，需用不锈钢板尺侧立弯曲沿内外圆弧校验 $\frac{1}{2}\pi D$、$\frac{1}{2}\pi d$ 或 πD、πd 是否准确。

（3）正方圆变径管展开

1）根据已知尺寸，即矩形风管边长 AB（DC）$\times BC$（AD）、圆口直径 d 以及变径管高度 h，作出主视图和俯视图，并将圆进行 8 等分，分别连线，如图 5—39 所示。

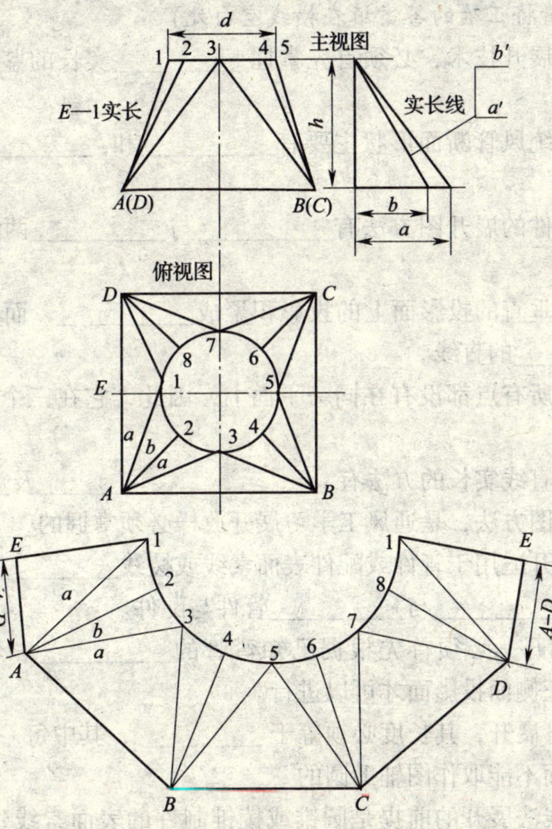

图 5—39　正方圆变径管展开

2）由图中分析，因为该方圆变径管是正方体，故该图中的表面四个三角形均相等，1/4 圆角等分后的连接形成的三角形也相等，因此，该图展开只需求三条线实长 A3（A1）、A2 及 E1 即可。

3）求实长：画一直角三角形，使一边等于该变径管的制作高度 h，分别在另一边上截取 A3（a）、A2（b）（因 E1 已有立面图，其斜边即为 E1 实长，故不需再求）两条线的长度，其斜边即为所求实长。

4）画展开图，此处将该展开图视做较小尺寸的方圆变径管，进行全部展开。

先作线段 BC，分别以 B、C 点为圆心，以 a'为半径画弧，交于 5 点；以 5 点为圆心、$\pi D/8$ 为半径向两侧画弧，再以 B、C 点为圆心、b'为半径画弧，得交点 4、6；以 4、6 点为圆心、以 $\pi D/8$ 为半径向一侧画弧，再以 B、C 点为圆心，a'为半径画弧，得交点 3 与 7；再以图中所示线条的顺序将图画出，最后连接各点，即得该方圆变径管的展开图。

图示的这种变径管展开较简单，工程中遇到这种变径管时，可只画平面图的 1/4，把 1/4 圆等分后与角连线，然后求出各线段的实长，即可展开。

单元测试题

一、填空题（请将正确的答案填在横线空白处）

1. 要系统掌握展开技术，必须首先掌握__________实长的鉴别以及求__________实长的方法。

2. 通风空调系统风管断面形状主要有__________和__________两种，还有少量的__________风管。

3. 工程上作配件的展开图方法有__________与__________两种，目前最为常用的方法是前者。

4. 垂直线在其垂直的投影面上的投影积聚成__________，而在另两个投影面的投影则是两条__________的直线。

5. 空间曲线上所有点都没有在同一平面上，因此，它在三个投影面上__________实长。

6. 求一般位置直线实长的方法有__________、__________及__________三种。

7. 基本几何作图方法，是通风工学习展开放样必须掌握的__________技能。

8. 平行线法展开适用于管件或配件表面素线或棱线__________的特点，也可以说，平行线常用于展开__________与__________管件与配件。

9. 圆弯管的展开，必须首先根据已知弯管的__________、弯头的__________和__________，画出正侧面投影面才可以进行。

10. 作圆形弯管展开，其长度必须等于__________，其中每一等分的长度应当是计算的__________，而不能取作图辅助圆的__________。

11. 应用放射线法展开的前提是圆锥或棱锥制件的表面素线延长后能__________；其次要的是有相应的作图__________。

12．正圆变径管制作在工程中因几何尺寸较大，较多使用的是＿＿＿＿＿，而较少使用＿＿＿＿＿。

13．运用直角三角形法展开，就是在配件表面用诸多＿＿＿＿＿将其表面分割成若干＿＿＿＿＿，然后求出其＿＿＿＿＿，再按顺序在平面上画出。

二、判断题（下列判断正确的请打“√”、错误的打“×”）

1．展开放样是通风空调系统风管与配件制作的主要环节。（　　）

2．作展开图的方法，随着计算技术的发展与计算机的广泛应用，计算法展开一定会日益增多。（　　）

3．平行线在其平行的投影面上的投影反映实长，而在另两个投影面上也是反映实长的直线段。（　　）

4．位于垂直面上的曲线，在其所垂直的投影面上的投影仍为曲线，但未反映实长。（　　）

5．三角形法求实长，就是任意画一个三角形，令一边等于线段投影长，另一边等于线段两端点距离差。（　　）

6．换面法移出作图叫直角梯形法，工程上常用之。（　　）

7．基本几何作图方法，是通风工作展开放样必须掌握的基本作图技能。（　　）

8．平行线法展开还可以用来对表面素线相互不平行配件或管件进行展开放样。（　　）

9．圆柱管被斜切后，其斜面上的素线均不能反映实长，故展开放样时还要求出其实长。（　　）

10．凡锥体表面素线能交汇于一点，哪怕这个点在3m、5m开外，照样只能用放射线法展开。（　　）

11．运用直角三角形法作矩形变径管展开，就是要用四条线将矩形变径管四个梯形分割成八个三角形，然后求出实长，再作出展开图。（　　）

12．正方圆变径管展开，只要根据已知尺寸画出平面图，然后求出三条线段的实长，就可以正确作出展开图。（　　）

13．运用放射线法作伞形帽顶的展开，其缺口尺寸可以用作图法或计算法获得。（　　）

三、单项选择题（下列选项中，只有一个是正确的，请将其代号填在横线空白处）

1．展开放样的理论基础，首先是各种线段实长的鉴别以及求实长的方法，其次是掌握＿＿＿＿＿作图方法。

A．垂直线的画法　　B．圆的等分　　C．基本几何

2．通风工的展开放样，主要是指各种配件，如矩形来回弯属于＿＿＿＿＿中的一种。

A．变径管　　B．弯管　　C．分叉（汇合）管

3．用于通风空调系统管网中的方圆过渡连接管，因形状不同、口径不等，故称做＿＿＿＿＿（俗称天圆地方）。

A．方圆变径管　　B．矩形变径管　　C．圆变径管

4．位于平行面上的曲线，在与它平行的投影面上投影仍为＿＿＿＿＿，且是反映

单元 5

实形和实长的投影。

A. 空间曲线　　B. 曲线　　C. 翘曲线

5. 用直角三角形法求实长，如制作矩形变径管，一直角边等于未反映实长线段的投影长，而另一条直角边则等于矩形变径管的__________。

A. 斜边长　　B. 棱线长　　C. 实际制作高度

6. 旋转法求实长，是设法将一般位置直线绕一垂直一投影面的固定旋转轴旋转成投影面的__________，则该线就反映了实长。

A. 垂线　　B. 平行线　　C. 倾斜线

7. 换面法在工程上常采用，移出作图最为清晰，此法称做__________。

A. 直角三角形法　　B. 平行四边形法　　C. 直角梯形法

8. 通风工要校验一长宽超过4 m板料的垂直度，90°角尺高度只有0.5 m，此时可采用__________方法来解决。

A. 作靠边直角三角形　　B. 两端画线　　C. 数个90°角尺重叠

9. 用作图法作任意角，先画一条直线，并以该线一端点为圆心，取__________mm（或cm）长度为半径画弧，再在圆弧上每截取1 mm（或cm）的弧长，即等于对应圆心角为1°。

A. 90　　B. 60　　C. 57.3

10. 下列配件中适合应用平行线法展开的是__________。

A. 斜圆锥管　　B. 斜切正棱柱管　　C. 倾切方圆变径管

11. 凡是系统使用的圆形弯管，不论是任意角度弯头还是来回弯管，都有端节和中节之分，端节等于__________中节。

A. 1/2　　B. 1.5　　C. 2

12. 用于排风系统终端的伞形罩，应用计算法获得缺口剪切部分尺寸的公式是__________。

A. $\Delta=2\pi R$　　B. $\Delta=R\pi$　　C. $\Delta=2\pi(L-r)$

13. 制作正方圆变径管应用直角三角形法求实长，一边等于未反映实长线段的长度，另一边长度则为__________。

A. 该线段斜边长　　B. 制作高度　　C. 斜边高度

四、简答题

1. 通风工展开放样的配件主要有哪些形式？

2. 运用直角三角形求实长的作图步骤有哪些？

3. 应用直角梯形法求实长的过程如何？

4. 圆形管件的展开作图，为什么每一等分必须取计算的 $\pi D/n$，而不能取作圆等分的长度？

5. 正方圆变径管展开放样的作图求实长方法是什么样的？

五、几何作图题

1. 作过线段端点的垂线。

2. 作一48°角。

3. 作一角等于已知角。
4. 作一任意四边形等于已知四边形。
5. 圆周的三、六、十二等分。
6. 圆周的五等分。

六、展开作图

1. 如图 5—40 所示，用平行线法作斜切圆管展开图。
2. 如图 5—41 所示，用平行线法作部分被斜切圆管展开图。

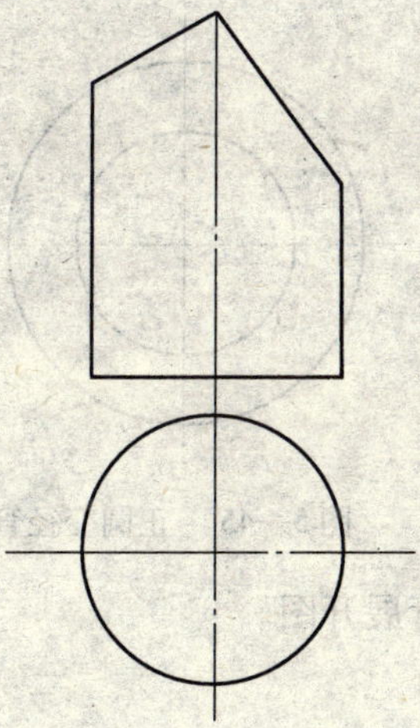

图 5—40　斜切圆管

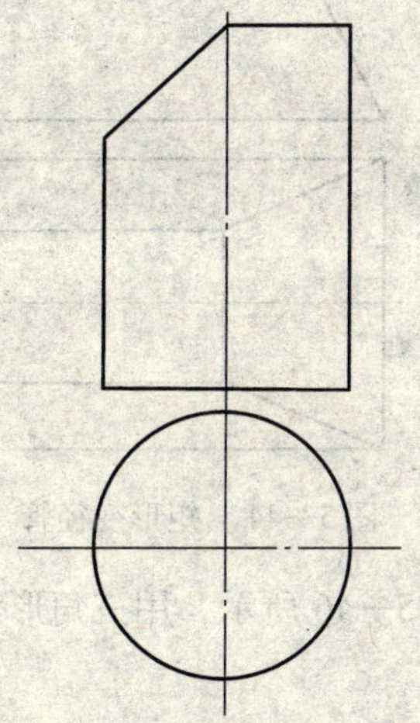

图 5—41　部分被斜切圆管

3. 如图 5—42 所示，用放射线法作正圆锥管展开图。
4. 如图 5—43 所示，用放射线法作斜切正圆锥管展开图。

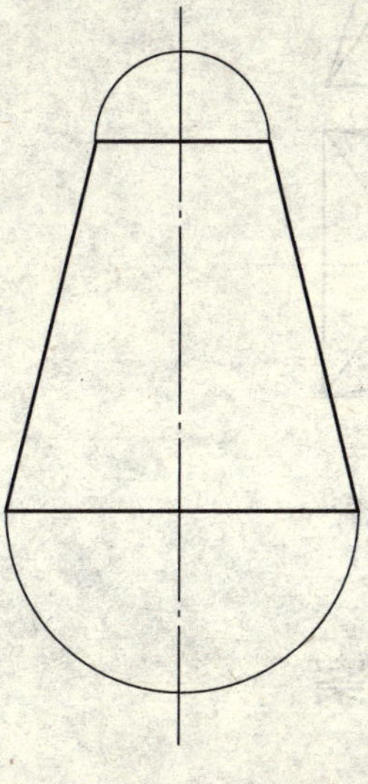

图 5—42　正圆锥管

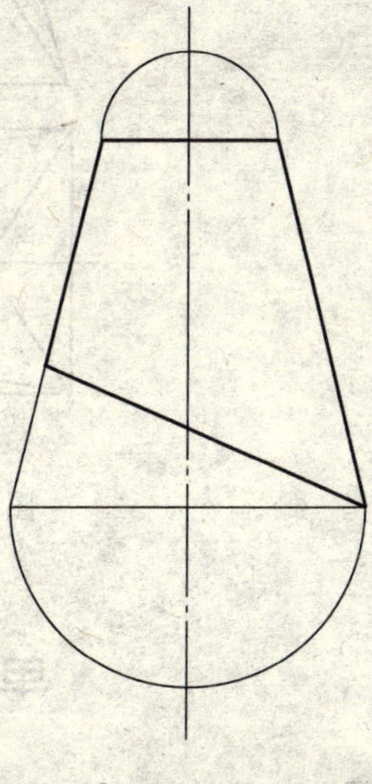

图 5—43　斜切正圆锥管

5. 如图 5—44 所示，用三角形法作矩形变径管展开图。
6. 如图 5—45 所示，用三角形法作正圆变径管展开图。

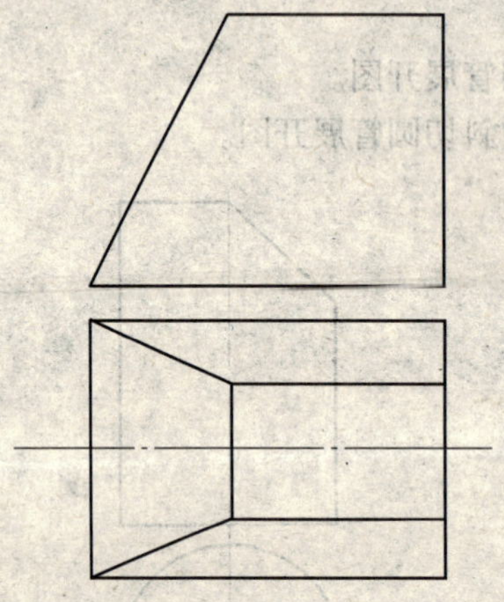

图 5—44　矩形变径管

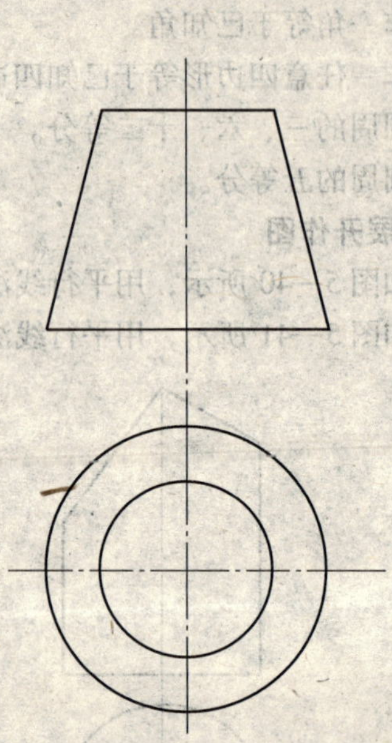

图 5—45　正圆变径管

7. 如图 5—46 所示，用三角形法作方圆变径管展开图。

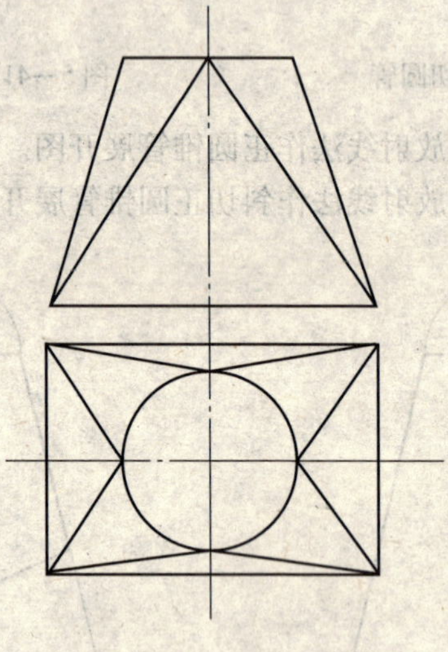

图 5—46　方圆变径管

单元测试题答案

一、填空题

1. 各种线段　一般位置直线　2. 圆形　矩形　椭圆形　3. 展开放样　计算法　4. 一个点　反映实长　5. 均未反映　6. 直角三角形法　旋转法　换面法　7. 基本作

图 8. 相互平行 正圆柱 正棱柱 9. 直径 D 曲率半径 R 节数 n 10. 圆周长 $\pi D/n$ 弦长 11. 交汇于一点 圆规或地规 12. 样板法 放射线法 13. 线条 小三角形 实长

二、判断

1. √ 2. √ 3. × 4. × 5. × 6. √ 7. √ 8. × 9. ×
10. × 11. √ 12. √ 13. √

三、单项选择题

1. C 2. B 3. A 4. B 5. C 6. B 7. C 8. A 9. C
10. B 11. A 12. C 13. B

四、简答题

1. 答：配件主要有：

（1）弯管，有不同断面、不同角度的弯头，跨越障碍的来回弯管及其他特殊形式的弯管。

（2）变径管，有圆变径、矩形变径、方圆变径管，其中有正心、一面偏心、双面偏心变径管，或被斜切的各种变径管。

（3）用于送风系统的分叉或用于排风系统的汇合使用的三通或四通管，其中又分圆或矩形三通、四通管，还有方圆变径三通、四通管等。

2. 答：应用直角三角形求实长的作图过程是：

（1）画一个直角。

（2）令直角的一边等于未反映实长线段的投影长，另一直角边等于该工件实际制作高度。

（3）连接直角两端点成一直角三角形，其斜边则为所求线段的实长。

3. 答：用直角梯形法求实长的过程如下：

（1）先画一条直线，使其长度等于未反映实长线段的长度。

（2）由线段两端点作该线段的直角线。

（3）分别取未反映实长线段两端点水平距离作直角线的高。

（4）连接两点，其斜边即为运用直角梯形法所求该线段的实长。

4. 答：圆形管件展开作图时，不论作辅助圆进行多少等分，展开时每一等分必须是计算的 $\pi D/n$，而不能直接用圆规量取辅助圆的 $\pi D/n$，因为只有用计算的 $\pi D/n$，最终才能保证管件的展开周长为 πD；若取辅助圆上的 $\pi D/n$，并不是取的弧长，而是弦长，结果便不能保证周长，制作成的管径肯定小于实际需要的管径，甚至是件废品。

5. 答：正方圆变径管展开作图求实长线过程是这样的：

（1）根据已知尺寸，即正方形边长、圆口直径，画出平面图。

（2）按实际需要对圆周进行若干等分。

（3）连接等分点与矩形直角连线。

（4）画一直角，取正方圆变径管制作高度作直角三角形的高。

（5）取未反映实长线段作直角三角形的另一直角边。

（6）连接直角三角形两端点，斜边即为所求实长。

五、几何作图题

1. 答案参见图 5—9。
2. 答案参见图 5—15。
3. 答案参见图 5—17。
4. 答案参见图 5—25。
5. 答案参见图 5—20。
6. 答案参见图 5—21。

六、展开作图

1. 见图 5—47。

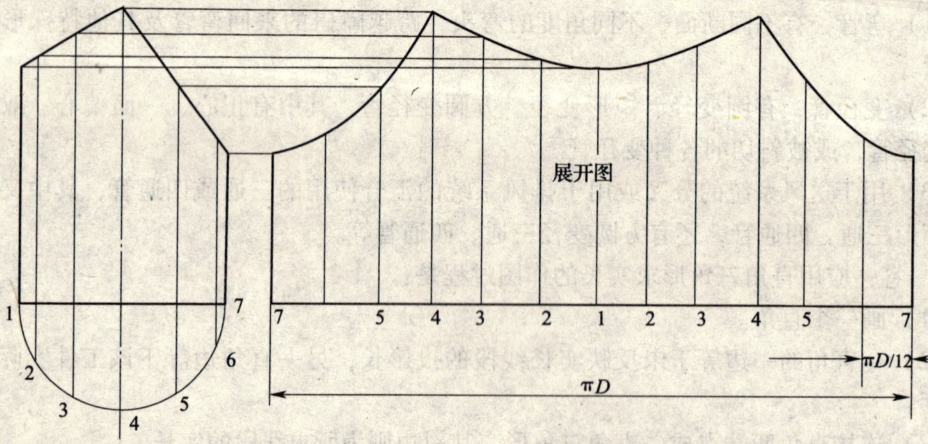

图 5—47　斜切圆管展开图

2. 见图 5—48。

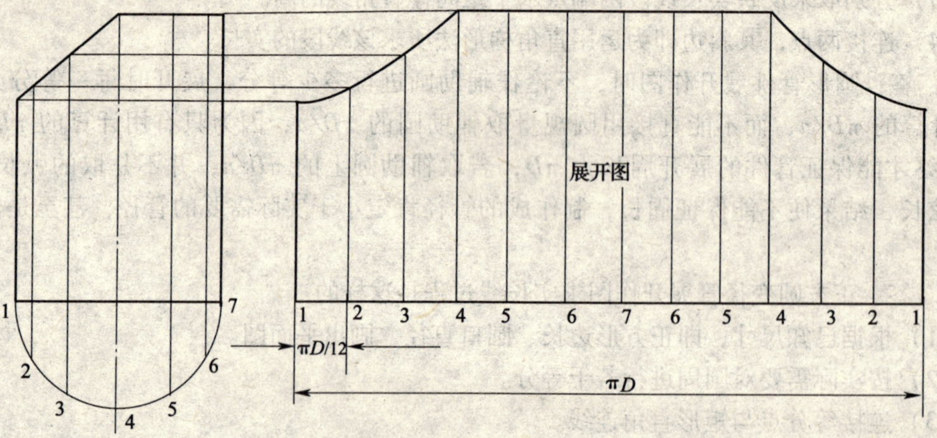

图 5—48　部分被斜切圆管展开图

3. 见图 5—49。

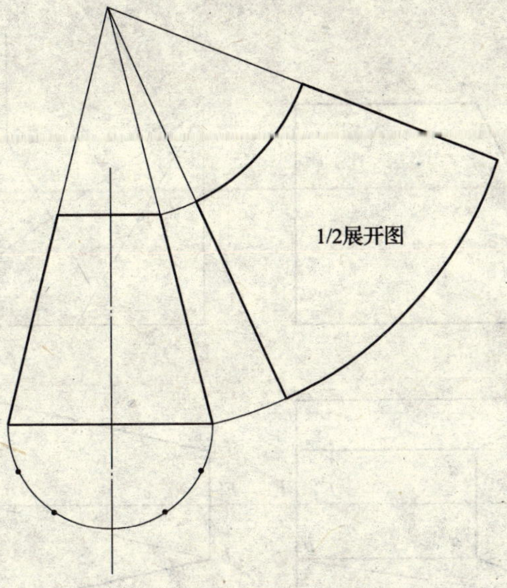

图 5—49　正圆锥管展开图

4. 见图 5—50。

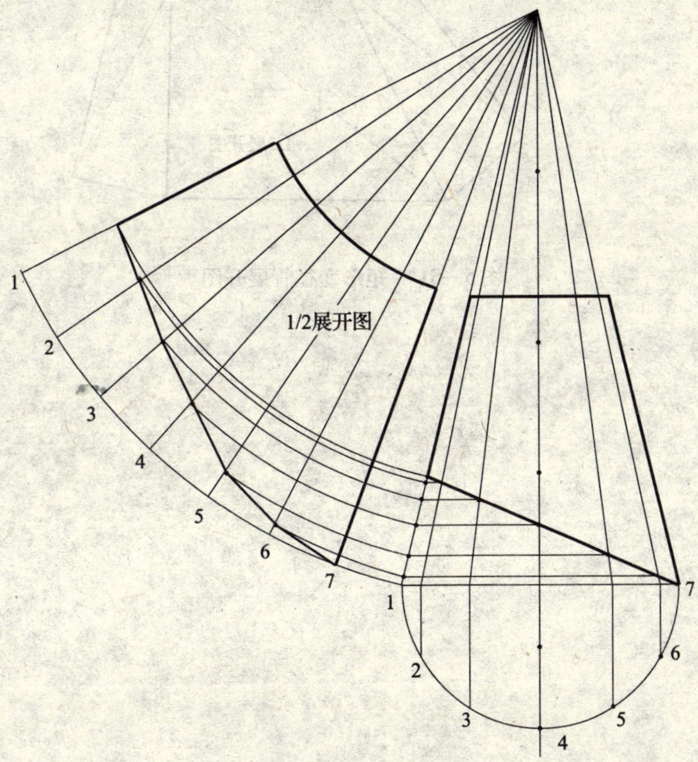

图 5—50　斜切正圆锥管展开图

5. 见图 5—51。

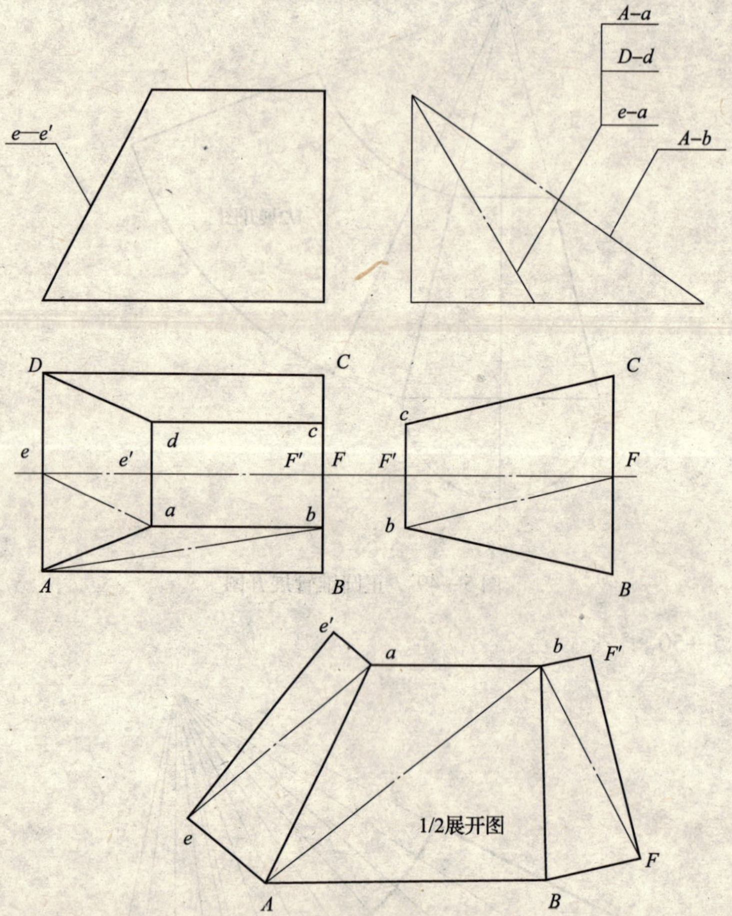

图 5—51　矩形变径管展开图

6. 见图 5—52。

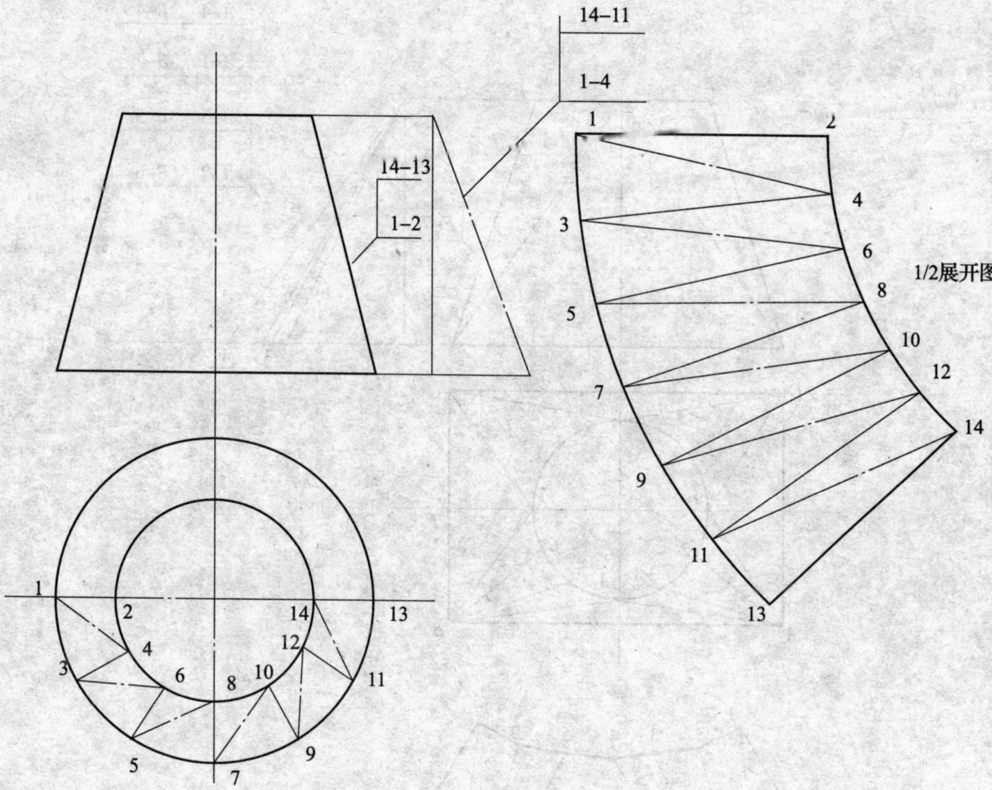

图 5—52　正圆变径管展开图

7. 见图 5—53。

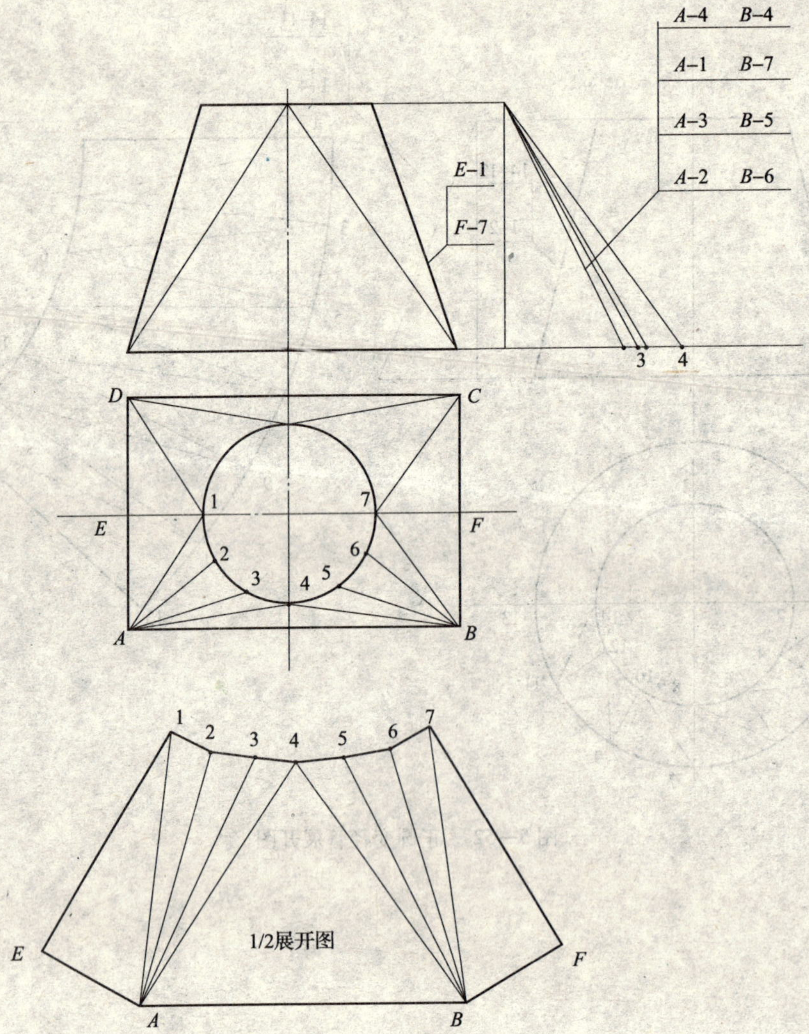

图 5—53 方圆变径管展开图

第6单元

金属板材的剪切与连接

通风与空调系统风管、配件、部件制作是将板材进行剪切下料与连接的成型加工过程，也是制作过程中的重要工序，是通风工必须掌握的基本技能。

第一节 板材的剪切下料

培训目标

- 熟悉金属薄板手工剪切工具、机具的使用性能
- 能熟练运用手工剪切机具进行板材的剪切下料
- 熟悉剪板机使用性能并能进行板材剪切
- 熟悉手工剪切常见问题及产生问题的原因

剪切下料是通风工加工制作风管、配件与部件的重要工序。通风工程的板材剪切，是按展开放样时所得的实际形状，外加咬口连接的留量后，对板材进行裁剪的过程。

剪切下料的方法较多，生产中可根据材料的种类、零件的几何形状与尺寸以及施工现场的实际条件来选择。

一、剪切方法分类与质量要求

剪切是利用上、下两剪刃的相对运动来切断板材的。常用的剪切方法有手动剪切与机械剪切两种。

1. 手动剪切

常用的工具有手剪与手提电剪。手剪又分为直线剪和弯剪。

2. 机械剪切

常用的机械是 Q11—4 ×2000 型剪板机。

对剪切质量的要求是，必须按展开放样时所得的实际形状进行裁剪，并注意留出接口留量（咬口与翻边留量），并做到切口光洁、直线平直、曲线圆滑。

二、手动剪切

手动剪切是一种结构简单的剪切方法，它是利用杠杆原理实现的，主要用于剪切比较薄的板料。由于不受场地、搬动等条件的限制，与笨重的大型剪床相比要方便得多，加之应用灵活，因此，至今还有相当的实用价值。

1. 手剪

几种常用的手剪如第 4 单元图 4—2 所示，用于剪切薄钢板、不锈钢板、铝板等。如图 4—2a 所示为小剪，其长度为 250 mm 左右，可剪 1 mm 以下的钢板。如图 4—2b 所示为一种大剪，其长度一般在 350 ~ 400 mm 之间，可剪 2 mm 以下的钢板。如图 4—2c 所示为刀头弯曲的手剪，用于剪切曲线的内侧边。

2. 手提电剪

手提电剪如第 4 单元图 4—3 所示，用于薄钢板的直线切割与曲线切割。剪刃用高速工具钢或硬质合金钢制作。如图 4—3a 所示为风动直剪，用以剪切直线。如图 4—3b

所示为风动冲剪，用来进行曲线剪切。如图 4—3c 所示为电剪，作用同前。

手提电剪属半机械化手剪工具。其最大厚度剪切可达 2. 5 mm，最小剪切半径为 30 mm，剪切速度为 2 m/min。使用电剪不仅能保证剪切质量，而且工效高。因此，凡有条件时均应尽量采用。

3. 手剪工艺

手工剪切是利用手剪等工具进行的剪切。剪切方法，如图 6—1 所示。

a)　　　　b)

图 6—1　手剪剪直料示意图

（1）用手剪进行直线剪切时，剪刀刃口要张开 3/4 的刃长，沿划好的线剪切。

（2）剪切时，剪刀的上、下两剪刃应彼此紧密贴靠才能把板材剪开。

（3）右手握持剪刀的操作要领是：用中指、无名指和小拇指控制剪刀下柄尽量用力往右拉，而用大拇指与虎口控制剪刀上柄向左推，此时两剪刃就能紧密贴靠，两刃间隙消除，顺利剪切板料。而当上、下两剪刃有间隙时，定会出现下列两种情况：

1）剪切时两剪刃没有完全贴靠，有较小的间隙，剪切的板材出现飞边毛刺。

2）剪刀没有控制好，剪刃有较大间隙，被剪切的板材夹在上、下剪刃之间，只产生塑性变形，而不能剪开。

（4）右手握剪剪切，左手翻卷板料，并用右脚踩踏板料的右半边，这样做利于剪刀的插入与移动。

当剪切短直料时，被剪去的部分一般需放置于剪刀的右边，如图 6—1a 所示。

当剪切长直料时，被剪去的部分，则应放置在左边，大块料放置于右边，如图 6—1b 所示。较小块料放置左边，向上翻卷容易且省力。

（5）剪切外圆弧线时应顺时针方向；剪切内圆弧线时应逆时针方向（见图 6—2a）。若剪切内圆弧线时顺时针方向（见图 6—2b），剪刀上刃部分会把剪切线遮挡，而影响操作。

（6）在使用柄部带弯钩的大直把剪时，应将柄部弯钩紧紧抵靠在工作台或地坪上，剪切时只需用腕力往下压，加上工作台或地坪的反作用力，上、下剪刃彼此闭合，实施了剪切动作，板材被分离。这样做不仅节省了近一半的力，而且因剪刀稳定性能好，剪切质量也高。

（7）在使用直把剪或弯剪实施剪切时，加力一定不要过猛，将剪刀刃口完全闭合，俗称“扎刀”，这样会咬伤板边，使被剪切的板边出现诸多疵口，给下道工序制作咬口带来困难。解决的方法是，每次施力剪切时剪刃只能闭合约 3/4，留约 1/4 刃长就应向前移动剪刀。

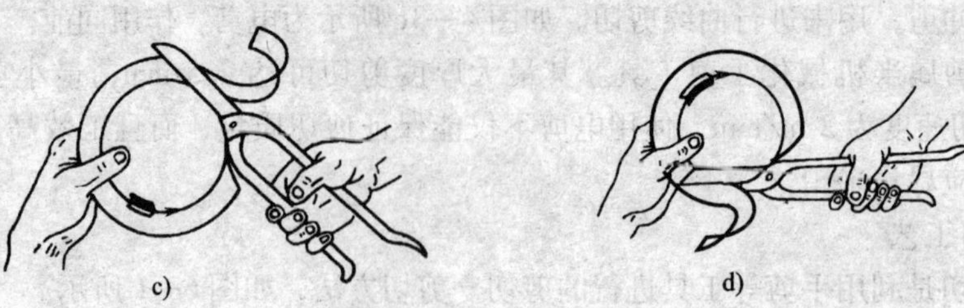

图 6—2　剪切圆料示意

（8）若使用大直把剪剪切较厚的板料时，可以将剪刀下柄夹持在台虎钳上使用，如图 6—3a 所示，上柄套一根管子，加长力臂，使剪切更省力。

用手剪剪切厚板时，还可以用一种被称做“敲剪”的手剪。其特点与大剪刀相似，上刀刃背部较一般剪刀厚实些，操作需要两人配合，一人握剪掌握方向，一人持木榔头或铁锤击打上刃背部，即所谓的敲剪法，如图 6—3b 所示。

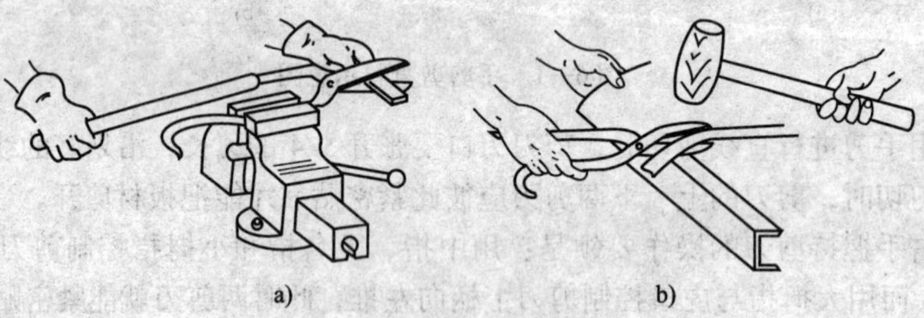

图 6—3　用手剪剪切厚板

三、手工剪切常见故障及排除方法（见表 6—1）

表 6—1　　手工剪切常见故障、产生原因及排除方法

项目	故障内容	原因分析	排除方法
1	剪不断	1. 上、下刀刃间隙过大 2. 刀口太钝 3. 料太厚	1. 调整间隙 2. 磨锐 3. 按规定范围剪切
2	尺寸超差	上刀刃与零件剪切线未对正	应按剪切线送进
3	剪切线间断、不直	后一剪与前一剪未衔接好	压线连续剪切
4	剪裂	剪切时剪刃全部闭合，咬伤板边	剪刃不要完全闭合，留 1/4 送剪再剪
5	毛刺	1. 上、下刀刃间隙大 2. 刃口钝	1. 调整剪切间隙 2. 磨锐

四、机械剪切

1. Q11—4 × 2000 型剪板机的剪切工艺

（1）剪板机的使用。剪板机如图4—19所示。剪切前应将钢板表面清理干净，并划出剪切线。然后将板材抬放到剪床上，使较重的一端放置于剪床的台面上，这样做稳定性好。调整板材使剪切线的两端与下刀片刃口重合。两人操作时，应分别站立在钢板的两侧，当两端剪切线与剪板机下剪刃都重合时，站立剪板机左侧的人发令“好”，由站立剪板机右侧（离合器一侧）者踩踏离合器横管，完成剪切过程。注意两人动作一定要协调。

（2）当被剪料尺寸相同且数量较多时，可利用挡料器定位，剪切时只要将钢板靠紧挡板，而不必划线，可以大大提高剪切的效率。

（3）剪板机上、下刃口间隙。剪板机切割质量、直线性与机械本身安装得是否正确与刀片刃口间的间隙有关。间隙值一般保持在下列范围内：

1）板厚小于2.5 mm，间隙为0.1 mm。

2）板厚小于4 mm，间隙为0.16 mm。

3）板厚小于5 mm，间隙为0.32 mm。

剪板机上、下刃口的间隙要适合切割的要求，否则会出现下述两种情况：间隙过小，剪厚钢板时上、下刀刃摩擦阻力增大，会增加剪床负荷，此时容易使刀刃磨损加速，甚至会局部崩裂；间隙过大，被剪钢板则会产生毛刺，甚至会把钢板压进上、下刀刃的间隙中而不能剪开。

2. 剪板机的安全技术及维护保养

（1）在启动剪板机前，必须清除周围一切妨碍正常工作或安全操作的物体，工作台上严禁放置杂物和工具，以免轧入刀口，造成事故。剪好的材料要及时运走。

（2）剪切时必须按操作程序进行，严禁超厚剪切和数块板料重合起来剪切。在剪板机床面上操作时，当心手不要被压紧装置压伤或被剪伤。

（3）剪床启动后，不允许再进行检修或保洁工作。如使用时发生不正常现象，应立即停机，切断电源后再进行检修。

（4）刀片刃口应保持锋利，若发现损坏或不锋利时，则应及时检修磨削或调换。

（5）电气线路应有良好的绝缘，剪板机应有良好的接地保护。

（6）为使剪板机能正常运转，各润滑部位（点）必须按规定时间加注润滑油。严禁无油运转，否则会加速有关零部件的磨损，影响剪板机的使用寿命。

第二节　板材的咬口连接

培训目标

→ 熟悉金属板材咬口连接的种类及特点

→ 掌握各种咬口适用范围并能合理选择咬口形式

→ 掌握手工加工咬口方法与质量控制要点

→ 熟悉咬口机械加工特性并能正确使用

制作金属风管、配件及部件，常用的连接方式有咬口连接、铆钉连接和焊接（电焊、气焊、氩弧焊、接触点焊与锡焊）。应用最广泛的是咬口连接。

一、咬口连接的特点、种类与适用范围

1. 咬口连接的特点

咬口连接是将两块需相互接合的板材用手工或机械方法折成能互相咬合的各种钩形，钩挂后压紧打实折边，以形成咬合的一种连接方法。

咬口连接适用：

（1）厚度 $\delta \leqslant 1.2$ mm 的普通钢板、镀锌钢板、塑料复合钢板。

（2）厚度 $\delta \leqslant 1.0$ mm 的不锈钢板。

（3）厚度 $\delta \leqslant 1.5$ mm 的铝板。

由于咬口连接不需要其他辅助材料，咬口缝可以增加风管的强度，与其他几种连接方式相比，又有变形小、外形美观等优点，因此，在选择连接方式时应尽可能优先选用。

2. 咬口种类、形式及其适用范围

（1）咬口种类

1）根据接头构造，咬口分为单咬口、双咬口、联合咬口、单角咬口与按扣式咬口、插条式咬口。

2）根据外形分为平咬口与立咬口。

3）根据位置又可分为纵咬口与横咬口。

4）根据操作方法分为手工咬口与机械咬口。

使用上述咬口可对板材进行拼接、闭合接和延长接。

拼接是把两张板材的板边互相连接以增大面积。

闭合接是在把板材制成风管或配件时对口缝的连接。

延长接是把一段段风管连成管路系统。

（2）常用咬口形式及其适用范围见表 6—2。

表 6—2　　常用咬口形式及适用范围

名称	形式	适用范围
单平咬口	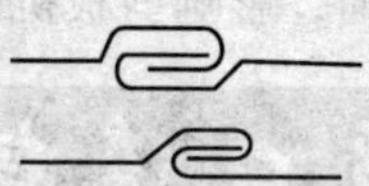	用于板材的横接缝和圆风管的纵向缝
单立咬口	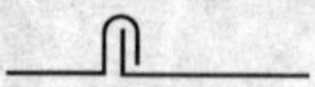	用于风管端头环向的接缝，如圆形弯头、圆来回弯各管节间的接缝
单角咬口	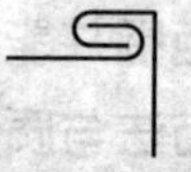	用于矩形风管及配件的纵向转角缝和矩形弯管、三通的转角缝
联合角咬口		用于矩形风管、弯管、三通与四通的转角缝，适用于有曲率的矩形弯管的角缝连接

续表

名称	形式	适用范围
按扣式咬口		用于矩形风管、弯管、三通与四通的转角缝
插条式咬口		用于圆形三通或四通支管的连接、出屋面管的防水罩的连接及方形、矩形风管延长段的连接

二、咬口宽度与留量

1. 咬口宽度

咬口宽度 B 与加工件的板厚 δ 以及咬口机的类型有关，手工加工时可参考表 6—3 选用，或根据经验取 $B=(8\sim12)\delta$，但当 $\delta<0.7$ mm 时，B 不得小于 6 mm。使用咬口机加工咬口，宽度要按使用说明规定的数值确定。

表 6—3　　　　咬口宽度（参考值 mm）

板厚 δ	平咬口宽度 B	角咬口宽度 B
< 0.7	6 ~ 8	6 ~ 7
0.7 ~ 0.82	8 ~ 10	7 ~ 8
0.9 ~ 1.2	10 ~ 12	9 ~ 10

2. 咬口留量

咬口留量的大小与咬口宽度、重叠层数有关。

（1）一般来说，单平咬口、单立咬口和单角咬口在一块板材上的留量等于咬口宽度 B，而在另一块板材上应为两倍的咬口宽度，即 $2B$，这样咬口总留量实际就等于 $3B$。例如板厚 δ 为 1 mm 的风管，咬口宽度 B 为 10 mm，其总留量就等于 $3B$，即 30 mm。

（2）联合角咬口留量，在一块板材上为咬口宽度 B，在另一块板材上为三倍咬口宽度，即 $3B$，这样联合角咬口的咬口总留量就等于四倍咬口宽度，即 $4B$。若风管 $\delta=0.8$ mm、$B=8$ mm，实际总留量为 $4\times8=32$ mm。

咬口留量要根据材料与咬口需要分别留在板材的两边。上述咬口宽度与留量的确定，主要供手工拍制咬口时参考，机械加工咬口的留量则应参阅不同咬口机械的技术说明确定。

手工拍制咬口的宽度与留量，主要取决于板厚，有时制作水壶、水桶、水盆等小物件时，则应视管段长度的大小而有所变化。一般来说，管段较短，其咬口宽度可相应小些，留量也自然少些。以水壶为例，高度与直径均为 200 mm，板厚 δ 为 1 mm，按表 6—3 查出咬口宽度应为 10 ~ 12 mm，显然太宽，制作出来的物件显得笨拙，一般取 $B=6$ mm 较好。因此，咬口宽度、留量的确定，有的时候也可以作适当调整，应视具体情况而定。

三、手工拍制咬口工艺

风管的咬口，在有条件的时候，尤其是通风工程量大时，应优先选用机械加工咬口，但目前在部分工程中，手工拍制咬口仍被普遍使用。

手工拍制咬口的工具，如第 4 单元图 4—4 所示。

手工拍制咬口的加工过程，主要是要掌握好拍制折边和咬口压实两道工序。为此，要求折边宽度一致，既平又直，且角度合适，才能为压实咬口创造条件。如果不具备上述折边条件，咬合时扣挂不上，或局部顶碰，会使咬口压实时出现“疵点”，严重的还会出现局部张裂现象。

1. 单平咬口的加工工艺（见图 6—4）

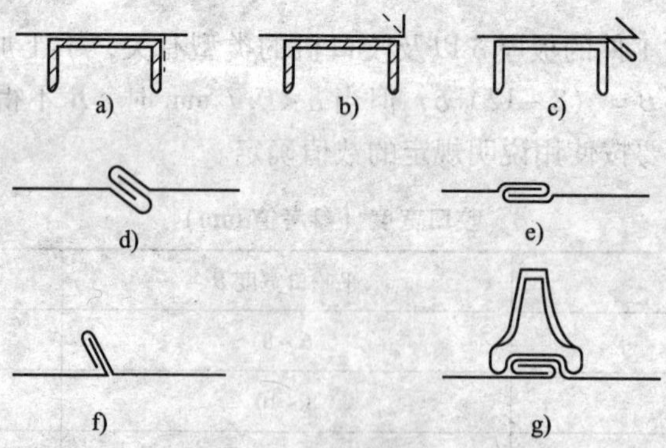

图 6—4　单平咬口加工示意

单元 6

（1）将要连接的板材，放置于工作平台上，根据咬口宽度确定折边宽度，折边宽度应小于咬口宽度 1 mm，因为一部分咬口宽度变成了咬口厚度，若咬口宽度为 8 mm，折边便为 7 mm。用划线板划出折线。

（2）将加工板材伸出工作平台边，使其折线与型钢棱边重合，此时以左手按住板料，右手持木方尺，先将板材两头拍打至 90°，如图 6—4a 所示。

（3）翻转板材，检查并修整折边宽度。初学者再用方尺把 90°拍打成 45°左右，如图 6—4b 所示。

（4）将咬口伸出工作平台型钢棱边 1 个咬口宽度再加 3 mm 左右的边宽，用木方尺对准型钢棱处拍打板材，成如图 6—4c 所示的夹角（约 140°）。

（5）以同样方法加工另一块板材，然后将两块板材互相挂钩，如图 6—4d 所示。

（6）用木榔头或木方尺先从咬口一端打紧一处，中间拍实几处，另一端也打实，最后全长打实打平，至咬口严密平直为止，如图 6—4e 所示。

（7）有时为了使风管的内表面平整，常把一块板材加工成如图 6—4b 所示的折边，而另一块加工成如图 6—4c 所示的折边，两折边挂钩后如图 6—4f 所示。最后用木榔头或木方尺打实、打平，如图 6—4g 所示。

（8）单平咬口加工中易出现的问题及采取的措施：

1）第一道折边不直或局部被拍死，这样两折边挂钩时发生困难或挂不上钩，如没有注意到和及时修整这一缺陷，咬合后肯定会出现局部开裂现象。因此，折边不直时应当用木方尺修直，拍死的部位应以钢板条及时撬开修整。

2）第二道折边拍制的不是如图 6—4c 所示的角度，其角度近似 90°，两折边挂钩后再以木榔头拍打咬合时也容易开裂，故第二道折边后应检查其角度，使之如图 6—4c 所示的 140°左右。

3）第二道折边宽度太窄或太宽，宽或窄都会使咬口拍实后易被推开，如图 6—5 所示。

第二道折边太窄，咬口咬合后第二道折边被拍平，无凹槽咬口不能互相抵靠，如图 6—5c 所示；而第二道折边太宽，咬口咬合后凹槽不起作用，受外力时同样易被推开，如图 6—5d 所示。因此，第二道折边的宽度应比单边咬口宽度大 3 mm 左右较为合适。

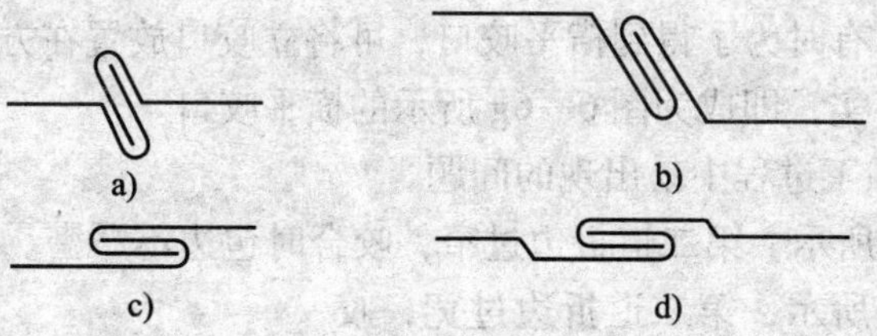

图 6—5　第二道折边宽窄示意

4）两折边咬合处不平整，其原因：一是用木榔头击打时用力不均匀，或是木榔头下落时木榔头面不平；二是可能以铁锤敲击时材料产生较大塑性变形，故应以木榔头均匀拍打咬合处，使之平实。

2. 单立咬口的加工工艺

单立咬口是将圆管的一端加工成单折边，而将另一段圆管的一端加工成双折边，二者咬合成一体即为单立咬口，如图 6—6 所示。

（1）单、双折边宽度的确定。由于加工单、双折边时需用钢制方锤加以錾折，故板材均会产生塑性变形，出现一定的伸展量。因此，单、双折边的留量都不能直接采用一倍或两倍咬口宽度，而应以表 6—4 为参照，根据板的厚度确定咬口宽度，再参考此表确定单、双折边宽度。

（2）按照单、双边咬口留量分别在两个圆管端划线。将被加工管端放置在型钢端头，使折线与型钢棱重合，用方锤的窄面均匀敲打使板材延展，同时徐徐地转动圆管，使整个圆周均匀錾出一道折印（见图 6—6a），再逐步地錾折三遍。錾折单、双边时，挥锤力量一定要均匀，转动圆管速度要合适，使板材延展率基本一致。只有这样，圆管口才会基本不失圆。用方锤窄面錾边时，一定要先将外缘展开，不能只錾折线处，否则就会使折线处延展，而

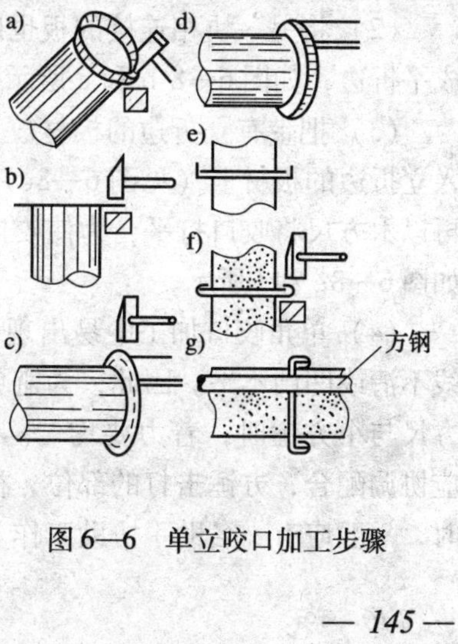

图 6—6　单立咬口加工步骤

表6—4　单立咬口单、双边留量（mm）

咬口宽度 B	单边	双边
6	5	10
8	7	14
10	8	17

外缘没有延展，錾折过程中咬口就会产生张裂现象。

一般在第一、二遍錾边时易发生失圆现象，錾折过程中应随时修整，待第二道边錾折后，椭圆度应较小。当用方锤将折边錾平成直角后，无法再修圆（见图6—6b）。錾折双折边是在单折边上回折一半，如图6—6c和图6—6d所示。咬合时，将单折边管端放入双折边管端内，用方锤在型钢上将两个管件紧密连接，即构成单立咬口，如图6—6e和图6—6f所示。有时为了得到横平咬口，可将立咬口放置在方钢、小道轨钢窄面或圆管上用锤打平、打实，即成为图6—6g所示的横平咬口。

（3）单立咬口加工过程中易出现的问题

1）如图6—7 a所示，第二道折边过窄，咬合时包边不严密。

2）如图6—7 b所示，第二道折边过宽，咬合时包边不能与单边紧密贴合。

上述两种情况的出现，不仅使咬口外形不美观，影响观感质量，也容易造成咬口局部走风漏气。故在咬口加工过程中，要严格控制第二道折边尺寸，以避免出现上述两种情况。

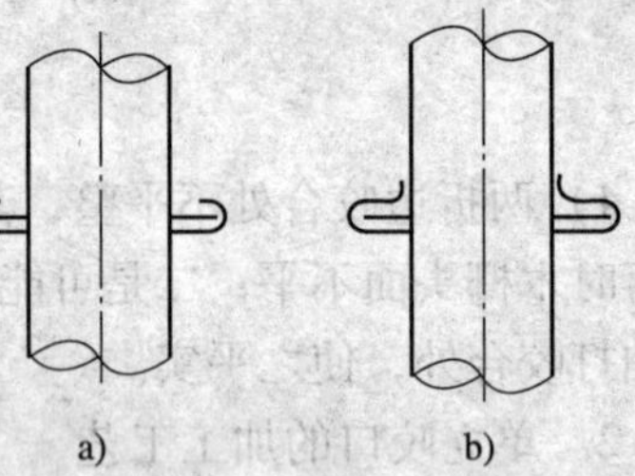

图6—7　单立咬口加工易出现问题示意

3. 单角咬口的加工工艺

（1）单角咬口的加工和单平咬口的加工方法有类似的地方。将连接板中的一块放置于工作台上，按单边留量划好线后，向前移动至折线与型钢棱线重合，以木方尺将其拍制为90°角的折边，如图6—8 a和b所示。

（2）将另一块相连接的板也以同法拍制成90°角后，将板翻转，用木方尺将其折倒成平折边，如图6—8 b和c所示。

（3）把带有立折边的板材放置于工作台边上，而把另一块带有平折边的板材套放入立折边的板材上（见图6—8c），利用小方锤和衬铁将咬口打紧（见图6—8d）；然后再以木方尺将咬口打平，为使咬口平直，可用小方锤和衬铁加以修整，使其棱角平直，如图6—8e和f所示。

（4）单角咬口加工中易出现的质量问题，主要是两板接合部转角处咬口不实，棱线不清或凹凸不平。因此，为避免出现上述缺陷，加工过程中应将工序做到位，使用木方尺与小方锤时，着力要均匀。使用衬铁时，双手（即左手持衬铁，右手持小方锤）应协调配合，方锤击打的部位，衬铁也应及时到位，以避免产生凹坑。若加工较长工件时，一般应有一名助手协助工作。

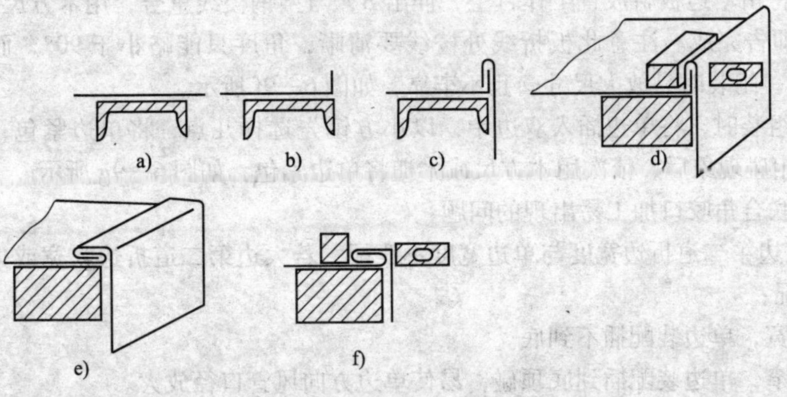

图 6—8　单角咬口加工示意图

4. 联合角咬口的加工工艺

联合角咬口主要用于矩形风管或配件的纵向闭合缝及矩形弯头、三通的转角缝。

联合角咬口的留量，在一块板材上咬口宽度为单边，即 B，而在另一块板材上则是三倍咬口宽度，即 $3B$。

联合角咬口加工过程，如图 6—9 所示。

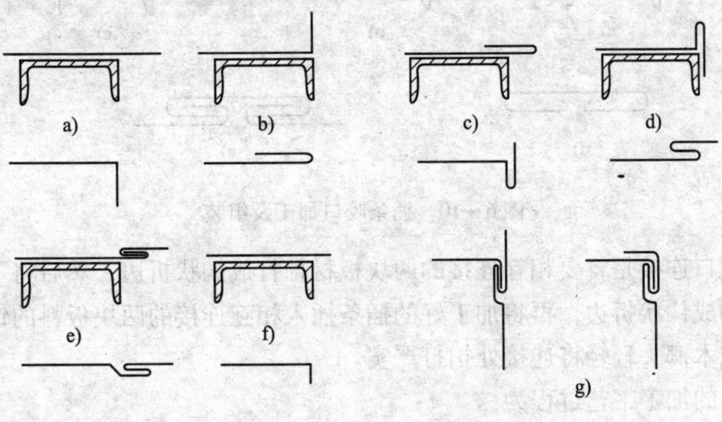

图 6—9　联合角咬口加工示意

（1）将留大边的板材放置于工作台上，伸出 $2B$ 宽度，与工作台型钢棱线重合，用木方尺拍打成 90°角，如图 6—9a 所示。

（2）翻转板材将 90°角轻拍至 180°角；此道工序拍打时切忌用力过猛将 90°转角打得过死，拍打时应掌握方尺前低后高，使转角处略显一点小圆弧，以便组装时单边容易插入，如图 6—9b 所示。

（3）把板材重叠处伸出 B，与型钢棱线重合，并以方尺拍打成 90°角，如图 6—9c 所示。

（4）翻转板材并以木方尺向左用力将被加工处拍打至 180°角，如图 6—9d 所示。

（5）将被加工板材重叠处伸出型钢棱线略多一点，以方尺拍打平卧，大边即加工完成，如图 6—9e 所示。

（6）将留单边板材放置工作台上，伸出 B，与型钢棱线重合，用木方尺拍打成 90°角，单边即告完成。注意此板折线处棱线要清晰，角度只能略小于 90°，而不能大于 90°，否则，组装时易放大尺寸，且不牢靠，如图 6—9f 所示。

（7）组装时，将单边插入双边中，以小方锤先选择几点，将单边紧包，待修整确定无张裂相碰现象后，依次用木方尺或木槌将单边紧包，如图 6—9g 所示。

（8）联合角咬口加工易出现的问题：

1）大边第二道折边宽度与单边宽度不匹配，若大边第二道折边太宽或太窄，会出现下列情况：

① 太宽，单边装配插不到底。

② 太窄，单边装配插到底顶碰，易使单边方向风管口径放大。

2）包边后棱线不清，鼓包，包边不严密。

5. 插条式咬口的加工工艺

插条式连接适用于圆形三通或四通的主、支管接缝处的连接，以及排风系统风管出屋面处防雨雪罩等场合的连接。手工加工插条咬口如图 6—10 所示。

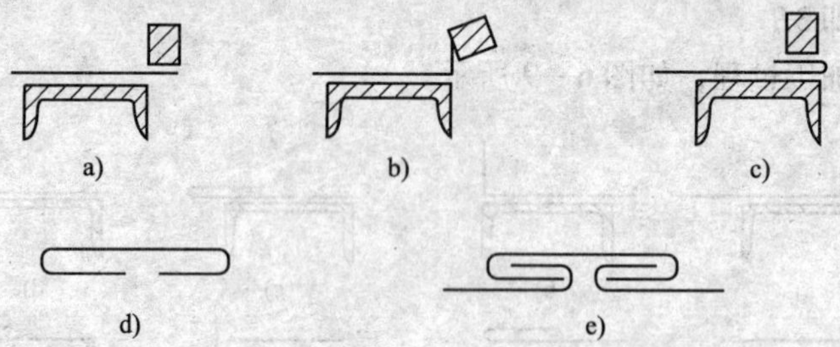

图 6—10 插条咬口加工及组装

插条式咬口连接是将要相互连接的两块板材拍打成钩状折边，然后将下好料的插条板料两边也拍成钩状折边，再将加工好的插条插入相互连接的两块板料的钩槽中，最后再用木方尺或木榔头轻轻将连接处拍打严实。

插条咬口的加工工艺过程为：

（1）将要相互连接的两块板料分别留出 8 ~ 10 mm 的折边留量，并将 7 ~ 9 mm 的边宽与工作台型钢棱线重合，用木方尺将其拍打成 90°角；然后翻转板材再将 90°折边拍打成与板材基本平行。注意转角处不能打成死角，应略呈圆弧状，否则，插条插入时会发生困难。再将另一块板材以同样方法加工好，如图 6—10 所示。

（2）将插条下好料，其下料长度一般取板材连接的实际长度，宽度一般为 4 ~ 5 倍的被连接板材的折边宽，即 36 ~ 45 mm。移动插条宽一倍的折边与型钢棱线重合，用加工连接板的方法先将插条的一边加工好，再以同样方法将插条另一边也加工好（见图 6—10d）。注意加工好的插条中间要保证留有不小于 3 mm 的间隙，通常连接板料厚度不会大于 1. 5 mm。若无间隙，插条便无法推入相连接的板料中，板材自然也无法连接。

（3）组装时，把互相连接的两块板材平移一起，将插条轻轻插入，随后用木方尺或木榔头轻轻拍打插条，至合适位置为止（见图 6—10e）。推入插条时一般不宜用铁锤，以防止插条卷边，使其不能完全插到位。实际工作中，为了便于插入，常将插条加工得稍长一些，待插到位后，再用手剪将多余部分剪掉。

四、机械咬口加工工艺

咬口机的构造与传动工作原理以及工作特性在第四单元中已较为详细地进行了讲述。本课题中着重讲解咬口机的主要技术参数、咬口成型过程、咬口机的使用与维护保养常识。

1. 咬口机的主要技术参数

咬口机的主要技术参数见第 4 单元表 4—4。在实际工作中，应根据不同机型与咬口种类，在板材上预留出咬口留量，随后在相应的机型上轧制出合格的咬口。

2. 咬口成型的过程

YZA—10 型按扣式咬口机咬口，其成型需经过 9 对辊轮对板材进行一次性的渐变轧制。成型过程如图 6—11 所示。

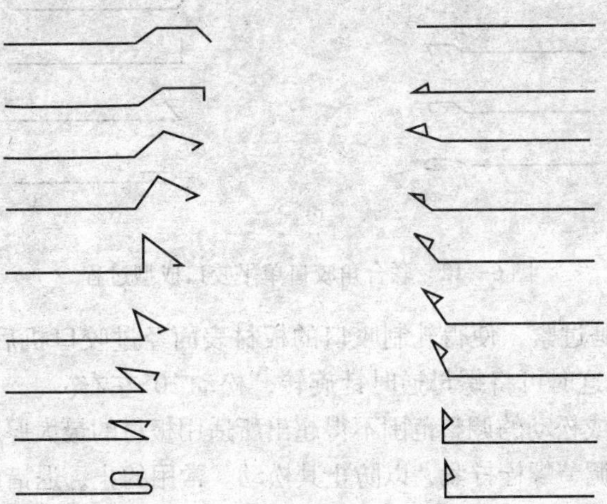

图 6—11　按扣式咬口成型过程

YZL—12 型联合角咬口机与 YZD—12 型单平咬口机，均需 6 对辊轮对板材进行渐变轧制，形成联合角咬口与单平咬口，成型过程如图 6—12a 和图 6—12b 所示。

3. 咬口机的调整及使用

使用咬口机前要根据咬口板材的不同厚度对辊轮进行适当调整。由于 YZA 型按扣式咬口机、YZL 型联合角咬口机与 YZD 型单平咬口机结构基本相同，因此，上述三机的调整方法也基本相同。

（1）中、外辊滚压成型的调整方法。分别将咬口机中、外辊轮的 4 个与 2 个横梁调节螺杆的螺母全部拧紧（YZL 与 YZD 型中、外辊轮各有 2 个横梁调节螺杆），然后再反转 120°～150°。这时，可用一块同样厚度的板料试轧制咬口，检查咬口是否合格。试轧制时易出现两种情况：

1）被轧制咬口的板材空滑过去或咬口成型不够，解决的方法是继续将螺母再顺时针方向拧紧 10°左右，直至轧制出合格咬口。

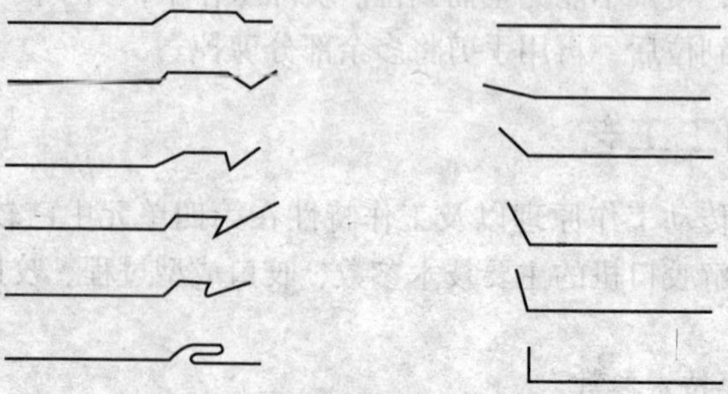

a)

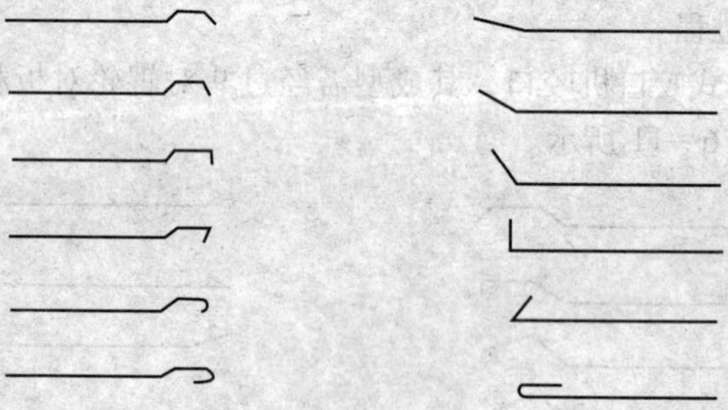

b)

图6—12 联合角咬口单平咬口成型过程

2）第二种情况是过紧，使得轧制咬口的板材表面经过咬口机后被“蜕了一层皮”，如镀锌板镀层脱落，这时可将螺母逆时针旋转，松动10°左右。

螺母不论是拧紧或松动的调整范围不得超出所适用板材的最大厚度。调整好轧制出合格咬口后，再将横梁调节螺栓拧紧，以防止其松动。常用的止、退措施是双螺母紧固。

（2）进料靠尺的调整。对于中辊进料靠尺的调整，以外辊轮外侧端面延长线为基准，使靠尺接近外辊轮的一端比另一端到此线的距离小1～1.5 mm。

（3）咬口尺寸的调整，变更*A*、*B*尺寸时，要分别移动中、外辊轮的进料靠尺。如果要加宽*A*、*B*尺寸，分别将中、外辊轮的进料靠尺向内侧平移。若要减小*A*、*B*尺寸，则应使靠尺分别向外侧平移，但无论是加宽或减小*A*、*B*尺寸，只能在一定的数值内，而不能随意加大或减小。

4. 咬口机的使用保养与注意事项

（1）咬口机的传动部件，尤其是辊轮的表面，必须根据使用情况及时加注润滑油，齿轮表面也应经常定期涂润滑油、脂，减少传动部件的磨损，使咬口机保持良好的加工状态，并延长咬口机的使用寿命。

（2）咬口机的齿轮均为开式传动，故加注润滑油、脂后及时盖好安全防护罩，然后再开动机器。

（3）使用咬口机时，手指距滚轮罩不小于5 cm，扶稳板料，并使板料紧靠进料靠尺。

第三节　板材的焊接与铆接

培训目标

- 了解金属风管、配件及部件焊接方式的种类及特点
- 熟悉各种焊接工艺过程及适用范围
- 熟悉金属薄板电焊、气焊的操作要点
- 了解氩弧焊与接触点焊的工艺过程
- 熟悉锡焊的工艺过程并掌握其操作要领
- 掌握金属板材及板材与型钢的铆接操作要领

一、焊接

焊接是利用热能或压力，或者既利用热能也利用压力，充填或不充填材料，将板材或构件连接起来。

在通风工程中，常使用电焊、气焊、氩弧焊和锡焊等将金属风管、配件连接起来，制作部件时常用到接触点焊。因此，一个合格的通风工，应当懂得和掌握一定的焊接知识，最好能具备初级焊工的实际操作技能。

1．焊缝接头形式及其应用

通风工程使用的焊接由于焊接件的板厚不等，板材与板材，板材与型钢等连接形式的差异，使焊缝接头形式也不一样，如图 6—13 所示，主要有对接（见图 6—13a）、搭接（见图 6—13b 和 c）、角接（见图 6—13d）以及折边焊（见图 6—13e 和 f）等。

（1）对接焊用于板材的拼接缝、横向缝或纵向闭合缝。

（2）搭接焊用于板材厚度较薄时，适用场合同对接缝。

（3）角接焊用于矩形风管、配件的纵向闭合缝，或矩形弯头、来回弯、三通的转角缝等。

（4）折边焊适用于板材较薄的连接，只能在气焊时使用，适用场合同角接焊。

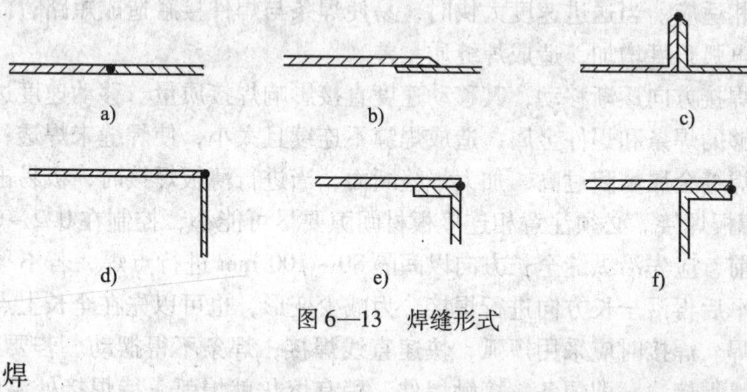

图 6—13　焊缝形式

2．电焊

这是在工程中应用最广泛的一种焊接方法。它是利用电弧放热来熔化焊条和焊件进行焊接。它具有预热时间短、穿透力强、焊接速度快、焊接变形小等优点。用于通风空

调系统的法兰、支架的焊接以及当 $\delta \geqslant 1.2$ mm 时也可选用电焊进行风管板材的焊接。

（1）手工电弧焊设备、工具及焊条。手工电弧焊由电焊机、电缆线、焊钳、焊条、焊件及地线等组成。

1）电焊机有交流与直流两种，交流电弧焊机是手工电弧焊电源中最简单、使用最多的一种。

2）电焊条是由金属焊芯和药皮组成的，焊条前端药皮有约45°的倾角，目的是为了便于在焊接时引弧。尾部有一段（15～20 mm）裸露的焊芯，以便于焊钳夹持并利于导电。通风工程使用的焊条直径为1.6 mm、2.0 mm、2.5 mm、3.2 mm 等。因通风工程使用的钢材大都为低碳钢和普通结构钢，因此，使用的是酸性焊条。

（2）焊接板厚、焊条直径及电流强度。由于通风空调工程的板材厚度较小，因此，电焊条也细，电流强度也要小；相反，板材（或型材）厚度增加，电焊条直径要加大，电流强度也要大。否则，就不能保证较好的焊接质量。如板材较薄，但焊条直径与电流强度大，极易使板材被烧穿；而板厚与焊条直径增加，电流强度低，会焊不透、结瘤、焊缝强度低；而板厚加大，电流强度也大，但焊条细，就容易使焊条烧红，不能正常进行焊接。

（3）手工电弧焊的运条过程。焊接时的运条过程是引弧，再沿焊缝纵方向直线运动，同时向焊件送焊条，最后熄弧收尾。

1）引弧。引弧方法有两种，即接触引弧法和擦头引弧法。

接触引弧法是用电焊条垂直对焊件碰击，然后将焊条离开焊件表面4～5 mm，便产生电弧，多用于运条不方便的场合。

擦头引弧法是用焊条像擦火柴一样，擦过焊板表面，随即将焊条提起，距焊件表面4～5 mm 便产生电弧，此法容易学习、便于掌握。

2）运条手法。由于通风与空调工程使用的板材与型材厚度较小，因此，当电弧引燃后，焊条要有两个基本方向的运动才能使焊缝较好地成型。这两个方向的运动是：朝着熔池方向作逐渐送进动作；沿着焊接方向逐渐移动。

焊条朝着熔池方向逐渐送进动作，主要是维持要求的电弧长度；焊条送进速度应与焊条熔化速度相适应。当送进速度太快时，易使焊条与焊件接触造成短路；而送进速度太慢时，会使电弧长度增加，造成焊缝质量差。

焊条沿着焊接方向逐渐移动，其移动速度直接影响焊接质量。移动速度过快，电弧来不及熔化足够的焊条和焊件金属，造成焊缝不连续且太小，使焊缝未焊透；移动速度太慢，则会使焊缝金属堆积过高，加大焊缝断面，当进行薄板焊接时，极易击穿焊件。

3）金属薄板焊接。必须注意相连接板材间隙要尽可能小，控制在0.2～0.3 mm 以内。板材焊接前，应先沿纵缝全长方向以间隔80～100 mm 进行点焊，若不平，则应以方锤、衬铁复平后再沿全长方向进行焊接。为减少变形，也可以先在全长上点焊，然后再逆向分段施焊。焊接时应采用短弧，快速直线焊接，焊条不得摆动。若要进行补焊，一定要采用灭弧焊接法，即焊条一接触焊件，稍有熔化就熄弧，待焊接处温度降低后，再重复上述动作即可。

3. 气焊

气焊是利用气体燃烧火焰放出的热量来熔化焊丝和焊件而进行的焊接。

(1) 气焊用气体及工具

1) 气焊用气体。分为两类，即助燃气体（氧气）和可燃气体（乙炔、液化石油气等）。当可燃气体和氧气混合燃烧时，放出大量的热量，形成热量集中的高温火焰（最高温度可达3 000℃），可将金属加热和熔化。

①氧气（O_2）。氧气在常温常压下是无色无味的气体，在标准状态下的密度为1.43 kg/m^3，比空气（1.29 kg/m^3）重，其本身不能燃烧，但它是一种活泼的助燃气体。通常使用贮存氧气的高压氧气瓶，其容积为38～40 L，工作压力为15 MPa，长度约为1 450 mm，内径为219 mm，质量约为60 kg。

②乙炔（C_2H_2）。乙炔是碳氢化合物，因乙炔气体中含有碳化氢和磷化氢等杂质，故具有特殊的臭味。在标准状态下的密度为1.17 kg/m^3，比空气（1.29 kg/m^3）轻。目前，工程上使用的乙炔气体大都是瓶装的，比乙炔发生器使用要方便和安全，但具有爆炸性。因此，使用中应特别注意，以保证安全。

2) 气焊工具与焊丝。主要是焊炬，用来使可燃气体与氧气混合，产生适用焊接要求、燃烧稳定的火焰。

焊丝是焊缝的填充材料，其化学成分和直径的大小直接影响到焊缝金属熔合的焊接质量，因此，材质要根据焊接板材的成分来选择，焊丝的直径应根据焊件板材的厚度来选定。焊丝过细则熔化太快，容易造成熔化不良和焊波高低不平，降低焊缝质量；而焊丝过粗则熔化焊丝的时间延长，使热影响区域加大，不仅影响焊接质量，且使焊接件变形加大。

3) 气焊火焰。气焊火焰是气焊的热源，它的选择正确与否，直接影响到焊接质量。

根据乙炔与氧气的不同混合比，气焊火焰可分为中性焰、碳化焰和氧化焰三种。

①中性焰。中性焰是在火焰的内焰区域内基本上没有自由氧和自由碳存在的气体火焰，通风与空调工程中金属板材及型钢的连接，以及有色金属材料的焊接，多采用此火焰进行焊接。

②碳化焰。碳化焰又叫还原焰，是在火焰的内焰区域中有自由碳存在的气体火焰，整个火焰比中性焰长，用于高碳钢、铸铁的焊接。

③氧化焰。氧化焰是在火焰的区域内有自由氧存在的气体火焰，黄铜的焊接需要此火焰。

气焊时要根据焊接板材的性质来调节火焰。若使用中性焰时，先将点燃的火焰（一般为碳化焰）减少乙炔或增加氧气，直到内焰与外焰没有明显的界限为止，即已得到中性焰。通风与空调工程使用气焊时，所需要的中性陷是较小的中性焰，因板材厚度较薄所致。

(2) 气焊的操作。气焊的操作分左焊法与右焊法两种。工程中应用较多的是左焊法，即焊丝与焊炬都是从焊缝右端向左端移动，焊丝在焊炬前面；施焊时，焊丝与焊炬均需有一定幅度的摆动，板材较薄的焊接，摆动幅度也应较小；焊炬的焊嘴与焊件也要有一定的倾角，薄板焊接的倾角要小，一般应控制在30°左右；当板厚$\delta<2$ mm时，风

管配件纵缝需气焊时一定要折边焊（见图 6—13e 和图 6—13f）。两块相连的板材的折边宽度应一致，组合焊接时应等高。对纵缝以间隔 60 ~ 70 mm 先进行点焊，然后再用力锤与衬铁配合将纵缝复平，最后再施焊。可以不用焊丝，只需持焊炬的手轻微摆动加移动即可。

4. 氩弧焊

氩弧焊在通风与空调工程中主要用于厚度 $\delta > 1.0$ mm 的不锈钢板材制作风管与配件的场合。氩弧焊与其他焊接方法相比，具有焊接时热量集中、热影响区域小、板材变形小、不易夹渣的特点，因此，机械性能好。

（1）氩弧焊的分类和适用范围。氩弧焊根据所用的电极材料，可分为钨极（不熔化极）氩弧焊（用 TIG 表示）和熔化极氩弧焊（MIG）表示。

适用范围见表 6—5。

表 6—5　　氩弧焊适用范围与方法

被焊材料	焊件厚度（mm）	焊接方法	电源种类和极性
钛及钛合金	0.5 ~ 3.0 >2.0	钨极氩弧焊 熔化极氩弧焊	直流正接 直流反接
镁及镁合金	0.5 ~ 5.0 >2.0	钨极氩弧焊 熔化极氩弧焊	交流或直流反接 直流反接
铝及铝合金	0.5 ~ 4.0 >3.0	钨极氩弧焊 熔化极氩弧焊	交流或直流反接 直流反接
铜及铜合金	>0.5 >3.0	钨极氩弧焊 熔化极氩弧焊	直流正接 直流反接
不锈钢、耐热钢	0.5 ~ 3.0 >2.0	钨极氩弧焊 熔化极氩弧焊	直流正接或交流 直流反接

1）钨极氩弧焊。钨极氩弧焊适用于焊接厚度 $\delta > 0.5$ mm 的不锈钢板材和有色金属材料。钨极氩弧焊是采用高熔点的钨棒作为电极，在氩气层流保护下，利用钨极与焊件之间的电弧热量来熔化填充焊丝和基本金属，以形成焊缝。钨极本身不熔化，只起发射电子产生电弧的作用。

2）熔化极氩弧焊。适用于焊接厚度 $\delta > 2$ mm 的不锈钢板及有色金属材料。熔化极氩弧焊以焊丝作为电极，在氩气层流的保护下，电弧在焊丝与焊件之间燃烧，并以一定的速度连续给送，金属不断熔化形成熔滴并进入到熔池中，最后形成焊缝。

（2）钨极氩弧焊的焊接材料

1）氩气。氩气是一种理想的保护气体。氩体的密度大，可形成稳定的气流层，覆盖在熔池周围，对焊接区有良好的保护作用。氩气是惰性气体，在常温下不与其他物质发生化学反应，高温时也不溶于液态金属，故有利于有色金属的焊接。氩弧焊对氩气的纯度要求很高，其纯度应达到 99.99%。焊接用氩气以瓶装供应，其外表涂成灰色，并且注有绿色“氩气”字样。氩气瓶的容积一般为 40 L，在温度 20℃ 时的满瓶压力为 14.7 MPa。

2）钨极材料。钨极氩弧焊对钨极材料的要求是：耐高温、电流容量大，施焊损耗小，还应具有很强的电子发射能力，从而保证引弧容易、电弧稳定。

钨极的熔点高达3410℃，适合作为不熔化电极，常用的钨极材料有纯钨极、钍钨极和铈钨极。钨极的规格按长度范围供给，在76～610 mm之间；常用的钨极直径为0.5 mm、1.0 mm、1.6 mm、2.0 mm、2.5 mm、3.2 mm、4.0 mm、5.0 mm、6.3 mm、8.0 mm、10 mm多种。

（3）钨极氩弧焊设备及工具。主要由焊接电源、控制箱、焊枪、供气及冷却系统等组成，其中焊枪主要由枪体、钨极夹头、进气管、电缆、喷嘴、按钮开关等组成。焊枪的作用是传导电流、夹持钨极、输送氩气。

（4）钨极氩弧焊的焊接工艺参数

主要工艺参数是：电流种类和极性、钨极直径、焊接电流、氩气流量、焊接速度和工艺因素等。

1）电流种类和极性。钨极氩弧焊的电流种类和极性应根据极料及操作方式进行选择。

2）钨极直径。主要按焊件厚度来选取钨极直径。另外，在与被焊材料厚度相等时，因使用的电流种类和极性不同，钨极的许用电流不一样，所以采用的钨极直径也不相同。

3）焊接电流。当钨极直径选定后，再选择适用的焊接电流。各种直径的钍（铈）钨极许用电流范围见表6—6。

表6—6　各种直径的钍（铈）钨极许用电流范围

钨极直径（mm）	直流正接（A）	直流反接（A）	交流（A）
1.0	15～80		20～60
1.6	70～150	10～20	60～120
2.4	150～250	15～30	100～180
3.2	250～400	25～40	160～250
4.0	400～500	40～55	200～320
5.0	500～750	55～80	290～390
6.0	750～1000	80～125	340～525

4）氩气流量。主要根据钨极直径及喷嘴直径来选择氩气流量。通常氩气流量在3～20 L/min范围内。

5）焊接速度。在一定的钨极直径、焊接电流和氩气流量条件下，焊速过快，会使保护气流偏离钨极与熔池，从而影响气体保护效果。

6）工艺因素。主要指喷嘴形状与直径、喷嘴至焊件的距离、钨极伸出长度、填充焊丝直径等。一般喷嘴直径在5～20 mm内选用。喷嘴至焊件的距离以不超过15 mm为宜，钨极伸出喷嘴长度为3～4 mm。填充焊丝直径应根据焊件厚度选择。

（5）钨极氩弧焊的基本操作。操作要点是钨极氩弧焊引弧、收弧的操作方法，以及焊丝和焊枪协助配合的操作技能。

其操作方法：

1）手工钨极氩弧焊通常采用引弧器进行引弧。电弧引燃后，要保持喷嘴到焊接处有一定距离，并稍作停留，使母材上形成熔池后，再给送焊丝，焊接方向采用左焊法。焊枪与焊件表面成80°左右的夹角，填充焊丝与焊件表面以10°～15°为宜。如图6—14所示。

2）焊丝的送进方法有两种，一种左手捏住焊丝的远端，靠左臂移动送进；另一种是以左手的拇指、食指捏住焊丝，并用中指和虎口配合托住其下部（便于操作的部位）。

3）焊接过程中，若局部接口间隙较大时，应快速向熔池添加焊丝，然后移动焊枪；若发现有下沉趋向时，必须断电熄弧片刻，再重新引弧继续焊接。

4）收弧时，要多送一些焊丝填满弧坑，以防止产生弧坑裂纹。

5. 接触点焊

在通风与空调工程中，部件制作时常用到接触点焊。点焊操作是在点焊机上进行的。其操作过程是，对焊接的两块板材加压，使之紧密接触后通电，此时由于焊接件内电阻与接触电阻的发热以及电极散热等作用，点焊机的上、下两紫铜点焊头将电流传导到被焊接件上，使点焊处局部熔化连接在一起。如图6—15所示。

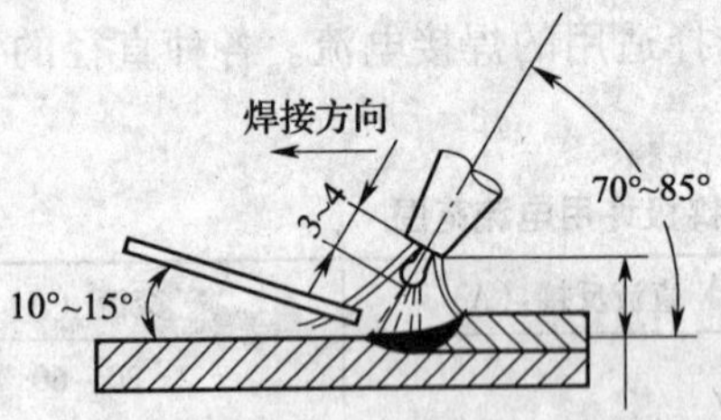

图6—14　焊枪、焊丝与焊件之间的相对位置

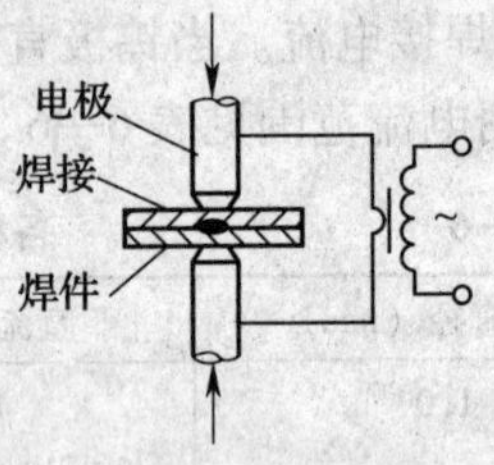

图6—15　点焊原理

点焊的特点是加热时间短，焊接速度快，而且不需要填充材料、焊剂及保护气体。使用点焊机时，应首先接通冷却水。

将要焊接的板材放置在点焊机的触头之间，踩踏脚踏控制板，使触头压在焊接件上，同时接通电源，由于电加热和触头的压力，使两块相连接的板材接触点熔化在一起，然后继续移动板材，进行下一个点的熔焊，直至全部点焊完毕。

6. 锡焊

锡焊是利用熔化的焊锡把金属工件连接起来的一种焊接方法。因为锡焊连接强度差，所以，在工程中一般不能单独使用，只能用在一些系统对咬口密封要求较严的场合。

（1）焊料与焊剂

1）焊料。焊锡是锡、铅、锑的合金，现在工程中使用的大多是生产厂家加工配制好的产品，如目前市场上较多的是HISnPb3a（熔点为183℃）和HISnPb50（熔点为210℃）两种条状焊锡。焊锡若没有成品，也可以自己配制，锡铅比例1∶1或1∶2

均可。方法是锡和铅块按上述比例装入坩埚或其他器皿中熔化后，把角钢翻转，以土堵住角槽两头，间距为300 mm（即焊锡条长度），将充分熔化的锡倒入其中，冷却后即成成品。

2）焊剂。本体为盐酸，是淡黄色液体，有强烈的气味。通风空调工程制作风管与配件使用的焊剂有两种，即含50%水的盐酸（俗称生药水）和氯化锌（俗称熟药水）。生药水兑制稀释时，应当先将50%的水装在一个容器或器皿中，然后再将50%的盐酸液体慢慢注入盛水的器皿中，绝对不能向盐酸中注水。否则，注入的水与盐酸产生反应，会飞溅起来灼伤操作者。熟药水的配制是在盐酸中加入锌块，二者化学反应时发泡产生气体，待不发泡不产生气体时即成氯化锌。在工程中需用熟药水时，常将镀锌薄板剪碎，投入盐酸中产生化学反应，以替代锌块。

（2）工具。主要有电烙铁与火烙铁两种，其次还有辅助工具，如锉刀、锯条片、毛刷以及棉纱或包装布等材料。

1）电烙铁。工程中使用的电烙铁功率都比较大，一般选择200~500 W，形状有直头与弯头两种。

2）火烙铁。火烙铁头是用纯铜（紫铜）经锻打而成的，因紫铜容易加热且易保存热量，利于加热被焊接件与焊锡表面，其形状也有直头与弯头之分。烙铁头与铁柄的连接，较多的是采用先将烙铁头钻孔，将铁柄端部打扁后塞入烙铁孔中，再用锤子击打烙铁头，使两者压紧即可；也有将铁柄端部套螺纹，烙铁头钻孔攻螺纹，然后用螺纹连接。烙铁头通常是以质量来表示，较多的是0.25~1.0 kg。

火烙铁的加热源有焦炭炉、电炉以及氧—乙炔加热等。

（3）锡焊的操作工艺。把握锡焊质量，最重要的是把控制焊料、焊剂的兑制比例以及烙铁温度与移动速度。

1）锡焊前应先将新烙铁端部镀上锡（俗称挂锡）。方法是把烙铁加热到暗红色时取出，用锉刀在烙铁端部两侧锉干净后，再在熟药水中浸一下，随后迅速用焊锡在烙铁端部两侧摩擦，直至使端部工作部分均匀地挂上一层焊锡为止。若工作部分未挂上锡，烙铁温度再高，也无法蘸挂或熔化焊锡，更不能工作。

2）锡焊时要先将焊缝清理干净，方法是用棉纱或棉布将焊缝擦拭一遍，再用盐酸涂抹在焊缝上进行酸洗，然后再用棉布擦拭，以彻底清除缝隙中的污垢等杂质，直至焊缝处显露出光亮为止。

3）锡焊时用熟药水沿焊缝处涂抹到位后，即可用蘸挂上锡的烙铁对焊缝进行焊接，若焊缝较长，可用右手握烙铁，左手持焊锡条，由左向右，协调移动即可。一条焊缝焊完后，要以湿棉布用力擦拭焊缝处，清理掉残余焊剂，以防其腐蚀对板材，至焊缝处出现光泽为止。

初学锡焊时，往往有如下三个问题掌握不好：

①烙铁温度把握不准。温度过高，会使烙铁端部的工作部分蘸挂的焊锡烧掉，使之氧化（俗称烧死），烙铁得重新挂锡；而温度过低，只能勉强将锡烫下，由于没有充分熔化，流动性能差，使焊接不牢固。使用火烙铁时，应注意观察其在加热时工作部分的光泽变暗但尚未变黄，冒绿烟时即取出抓紧时间进行焊接。

②烙铁的移动速度，速度过快，烙铁导热不足，会使焊锡溶解不充分而使焊锡流动性能降低，导致焊接质量差，且表面粗糙；但若速度太慢，又易使焊锡从缝隙中泄漏，影响工效。

③对焊缝清理得不彻底，还含有杂质，或者是药水涂抹不到位，锡焊时焊锡流淌到此区域后不与被焊接板材结合。解决的方法是，用锯条把焊缝刮削几下，经擦拭后再重新涂抹药水，重新进行焊接。否则，此处肯定会因为焊锡与板材结合不好出现夹渣、孔隙，从而出现泄漏。

（4）锡焊易出现的问题。焊锡配比不合适，或焊接温度低，使焊缝处焊锡出现豆渣状。烙铁温度低，使焊缝处焊锡堆积过高，不仅浪费焊锡，而且焊接质量差，表面粗糙，不光滑。涂抹药水随意，区域过大或滴漏到别处，导致材料表面尤其是镀锌的保护层被腐蚀，因此，药水滴漏到不该涂抹的地方时，要立即用湿布擦净。焊剂飞溅、手脚被灼伤或烙铁烫手等，在实际操作时都必须加以注意。

二、铆接

利用铆钉把两块或两块以上的板材或构件连接成一个整体，称为铆钉连接，简称为铆接。

通风工在制作部件时为使其表面美观，常采用半圆头铆钉连接形式。铆接就是把铆钉插入相连接的板材的孔中，将铆钉尾部内表面紧贴板材表面，然后用锤子镦打伸出孔外的铆钉杆，使之成为铆钉头（图例中的铆钉头为半圆形）。这样，就将需要连接的板材紧密地铆接在一起了。

铆接在通风与空调工程中的应用主要是风管、配件与法兰的连接；部件制作中的零件的连接；三通或四通主管与支管汇集或分叉接合缝的连接；一些特殊材质的风管、配件，因其厚度大，不能用咬口连接，又无法用焊接，因而只能采用铆钉连接。通风与空调工程中应用的铆接多为紧密铆接。

1. 铆钉及铆接工具

通风工在工程中使用的铆钉多为平头和半圆头钢质铆钉，另外还有拉铆钉和击芯铆钉等，其材质为铝材。因铆钉在铆接镦打过程中需要较大的塑性变形，因此，钢质铆钉应当具有较好的韧性和延展性。

手工铆接使用的工具主要有方头鸭舌锤、衬铁，若铆接半圆头铆钉，还应有顶模、罩模和压紧冲头。

2. 铆钉直径、长度和通孔直径

（1）铆钉直径。工程中使用的铆钉直径一般是设计给定的，若无要求可按铆钉直径 d 等于被连接板厚度的1.8倍确定。若是铆接两块薄钢板，其直径不得小于3 mm。

（2）铆钉长度。铆接质量的好坏主要取决于铆钉的长度。铆钉钉杆过短，铆接时会使铆钉钉头成型不足，受力不好；铆钉钉杆太长，铆接时又容易歪斜，铆接不牢，也影响观感质量。一般场合的铆钉长度 $L=2\delta+(1.5-2)d$。

（3）铆钉通孔直径。通风与空调工程使用的铆钉连接多为紧密铆接，铆钉一般不承受径向剪切力的作用，因此，铆钉通孔的直径比铆钉直径大0.2~0.3 mm即可。

3. 手工冷铆工艺

冷铆是指铆钉在常温状态下进行的铆接。这就要求铆钉在铆接镦打过程中应具有良好的塑性。现在市场上销售的铆钉大多经过退火处理，消除了硬化。但有的是未经处理的，可将其烧至橘红色，再经空气冷却后使用。用手工冷铆，直径不能太大。通风工程使用的半圆头或平头铆钉的直径多为 3 mm、4 mm、5 mm。

(1) 半圆头铆钉的冷铆。先将铆钉穿入孔内，用顶模顶紧铆钉头，用压紧冲头压紧被铆接板料后，用锤子将伸出钉孔部分的钉杆锤击镦粗，锤击时应沿轴向用力。当镦粗成伞形后，再用罩模在镦头上锤击柄端，同时将罩模绕铆钉轴线倾斜活动，直至镦头外表面与罩模内腔完全吻合，即可得到理想的半圆形铆钉头，如图 6—16 所示。在镦粗钉杆时，锤击次数不宜过多，否则易使材质产生冷作硬化现象，反而使钉头产生裂纹，不仅影响美观，也影响铆钉杆受力。

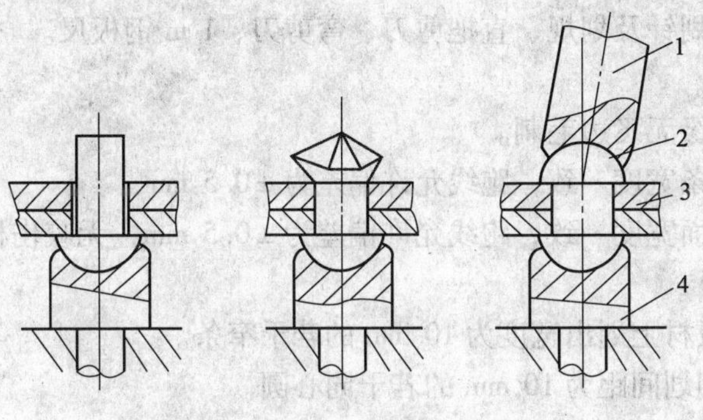

图 6—16 手工冷铆过程

1—窝头 2—镦头 3—工件 4—顶把

半圆头铆钉的铆接工艺较复杂，目前在工程中较少使用。

(2) 平头铆钉的冷铆。在通风工程中遇到的大量铆接是法兰与风管、配件的铆接。此种铆接是用平头铆钉，操作工艺较半圆头铆钉简单。铆接前，先用手电钻将孔钻出，或用铆钉冲孔，然后把铆钉由风管或配件里边穿出，用左手持衬铁紧抵铆钉座，右手挥锤击打铆钉杆，应沿周向施力并使之镦粗打扁，一只铆钉的铆接只需 3 ~ 5 锤次即可。这种铆接，主要是要铆接牢固，外观只作一般要求。

(3) 手工冷铆易出现的质量问题

1) 铆钉头与铆钉杆斜卧铆接件外，主要原因：一是铆钉杆过长，应更换；二是铆接过程中锤击方向不正确，应调整锤击姿势，合理、正确施力。

2) 铆钉杆过短，只伸出法兰外表面少许，使得锤击后成形不足，风管、配件受力后，铆钉易从法兰中脱出。

3) 铆钉头内表面与被铆接件表面没有紧密贴合，出现虚铆现象。原因是钻孔特别是冲孔后，风管或配件残留铁屑夹在其中，或冲孔后板材变形不能贴合。解决的方法是冲孔后将风管、配件内表面的铁屑去掉，再穿入铆钉，若因变形贴合不好，可将铆钉穿入后，先轻击打钉杆，然后由风管、配件内向外挥锤击打铆钉座，再实施铆接，即可解决此问题。

此外，在通风工制作风管、配件及部件时，还时常使用抽芯铝铆钉（俗称拉铆）以及击芯铝铆钉对板材、构件进行紧固铆接。这部分知识在介绍工机具时已讲述，此处不再赘述。

实训　金属板材的剪切与连接技能训练实例

实训1　板材的手工剪切

【实训内容】

金属薄板的手工直线与曲线剪切。

【准备要求】

材料：$\delta=0.5\sim1.0$ mm 的普通薄钢板或其他材质边角料。

工具及量具：划针及划规、直把剪刀、弯剪刀、1 m 钢板尺。

【质量标准】

被剪切板材边缘无飞边毛刺。

直线平直，板条宽度一致，跑线允许偏差为 ±0.5 mm。

曲线圆滑，环面宽度一致，跑线允许偏差为 ±0.5 mm，无咬伤板边“疵口”现象。

【操作步骤】

1. 用划针在板材上划出宽度为 10 mm 的若干窄条。
2. 用划规分别划间距为 10 mm 的若干同心圆。
3. 用直把剪进行直线、外圆弧线剪切。
4. 用弯剪进行内圆弧线剪切。

【注意事项】

1. 右手握剪手指只能握持柄的上、下部，不得放置其中，以防夹伤手指。
2. 左手扶持薄板时，只能在剪刀的一侧，而不得放置在剪刀的前端，以防止剪伤手指。
3. 初学时，被剪切的板边会有许多毛刺，挪动或牵拉时当心伤手。

实训2　板材的机械剪切

【实训内容】

在 Q11—4×2000 型剪板机上进行直线剪切。

【准备要求】

材料：$\delta=0.5\sim1.0$ mm 普通薄钢板或其他材质边角料。

工具及量具：划针（或石笔）、1 m 或 2 m 钢板尺。

【质量标准】

1. 剪切板条边缘无飞边毛刺。
2. 板条平直，宽度一致，跑线允许偏差为 ± 0.5 mm。

【操作步骤】

步骤1 用划针在板面上划出宽为度10 mm、长度分别为小于1 000 mm及大于1 000 mm的板条若干。

步骤2 清理剪板机台面，确保无杂物。

步骤3 启动剪板机，踩踏离合器，空载剪切，检查离合器与制动器，确保没有问题。

步骤4 将板长小于1 000 mm的板材抬放到剪板机工作台面上，并将窄边伸入剪板机上、下剪刃内，进行单人剪切。

步骤5 调整板材进出，目测剪切线与下剪刃重合。

步骤6 踩踏离合器，完成剪切。

步骤7 将板长大于1 000 mm的板材抬放到剪板机工作台面上，进行双人剪切。

步骤8 两人分别由两端看线，剪切线对正后，剪板机左侧站立者喊“好”，右侧站立者方可踩踏离合器，完成剪切。

【注意事项】

1. 调整板材进出对线时，手不得直接伸入上、下剪刃内，对好线后及时撤离工作台，以防止压伤或剪伤手指。

2. 两人剪板应协调配合，踩踏离合器者必须听到对方声音或示意后方可动作。

3. 严格执行操作规程，严禁超厚或数层重叠剪切。

4. 定期加注润滑油、脂。

实训3 单平咬口手工加工

【实训内容】

金属薄板的单平咬口加工及咬合。

【准备要求】

材料：$\delta=0.5\sim1.0$ mm边角料。

工具及量具：划针、木方尺、木榔头、工作台及型钢、1 m或2 m钢板尺。

【质量标准】

1. 咬口折边宽度相等，角度一致。

2. 咬口互相钩挂后无互相抵碰现象。

3. 咬合后贴合紧密，表面平整，基本无凸凹情况。

4. 第二道折边宽度合适，咬合后折边互相平卧于折边槽中，且施力后横向推不开。

【操作步骤】

步骤1 用划针划出折边的宽度。

步骤2 将板材放置工作台面上，并将折边宽度伸出台面，使折边线与型钢棱线重合。

步骤3 用木方尺拍打板材折边呈90°角，完成第一道折边。

步骤4 初学时可将板材翻转，将90°角折边用木方尺往里拍至如图6—4b所示角度。

步骤5 将板边伸出型钢棱线，并使伸出量大于折边宽度约3 mm后，用木方尺平拍折边至如图6—4c所示角度。

步骤6 把另一块板材以同样方法加工好折边。

步骤7 两块加工好咬口的板材互相钩挂，并检查有无抵碰情况，若有抵碰情况应进行修理。

步骤8 用木方尺或木榔头由咬口一端对齐后拍实咬合，再沿咬口纵缝选择几处，直至另一端头拍实。

步骤9 确认无问题后，沿纵缝一端向另一端全部拍实。

【注意事项】

1. 拍打咬口折边时，左手扶持板材应距折边30~50 mm，以防止木方尺击打伤手。

2. 两折边钩挂后，若有抵碰现象，以铁条等撬动时，施力要适当，以防滑脱伤手。

3. 使用木榔头进行咬合时，应勤检查榔头与木柄的松紧程度，以防止榔头飞出伤人。夏天使用时，可将木榔头浸泡在水中。

实训4 单立咬口手工加工

【实训内容】

金属薄板的单立咬口加工及咬合。

【准备要求】

材料：δ=0.5~1.0 mm边角料。

工具及量具：除增加鸭舌锤及划线板外，其他同单平咬口加工。

【质量标准】

1. 单双边錾折宽度基本一致，宽度允许偏差为±1 mm。

2. 管口基本不失圆，椭圆度小于1.0 mm，咬合后单双边贴合紧密，包边严实。圆周上无直边段或尖角现象。

【操作步骤】

步骤1 先用边角料加工两节*D*100 mm圆管后，再用划线板在圆管上划出单双边的錾折线。

步骤2 手持加工单边的圆管，并使錾折线斜靠型钢棱线，以锤的鸭舌面用适当的力錾折折边，并徐徐转动圆管。

步骤3 经2~3遍圆周方向的錾折至如图6—6a所示角度，錾折单边过程中圆口易失圆，应随时修整。

步骤4 将錾折多遍的折边放置型钢上，并使圆管轴线与型钢平面垂直，以鸭舌锤方口平面将折边平覆至90°角，如图6—6b所示。

步骤5 以同样方法将双边折至如图6—6b所示90°角后，再将折边放置圆管或轻型道轨端头，并伸出双边中的包边量，以木方尺拍制如图6—6c和图6—6d所示的角度。

步骤6 将加工好的单边放置双边中，检查有无抵碰情况，如有应进行修整，确认无问题后，以锤的鸭舌面在圆周方面先选择诸点锤击包边（有对线要求时，如弯头的咬合，应先对正线将此处包边敲实，再锤击其他部位）。

步骤7 先用锤的鸭舌面，再以锤的平面，将包边全部拍平，如图6—6f所示，即完成单立咬口加工及咬合。

【注意事项】

1. 使用方锤錾折单双边时，人与人之间应保持一定距离，以免挥锤击伤他人。

2. 方锤木柄与锤头孔应有楔铁嵌入，以防锤头滑出伤人。

实训5 单角咬口手工加工

【实训内容】

金属薄板的单角咬口加工及咬合。

【准备要求】

同单立咬口手工加工。

【质量标准】

1. 折边宽度一致，平直，边宽允许偏差为±0.5 mm。

2. 单双边咬合后贴合紧密。

3. 咬合后的纵缝平整，棱线清晰，无凸凹现象。

【操作步骤】

步骤1 按预留的量将单双边在板材上划好线。

步骤2 以加工单平咬口第一道折边方法将单边加工至90°角，如图6—8a所示。

步骤3 以同样方法把双边加工成90°角后，将板翻转180°，以木方尺将第二道折边平覆，如图6—8b所示。

步骤4 在型钢上，将单双边套入后，以方锤与垫铁修复单双边，使其紧紧抵靠，如图6—8c和图6—8d所示。

步骤5 再用木方尺将立面覆倒，如图6—8e所示。

步骤6 最后咬口横向若有不平直现象，可再用方锤与垫铁进行修复，如图6—8f所示。

【注意事项】

同单立咬口手工加工。

实训6 联合角咬口手工加工

【实训内容】

金属薄板的联合角咬口加工及咬合。

【准备要求】

同前。

【质量标准】

1. 折边宽度一致、平直，边宽允许偏差为±1 mm。

2. 单边宽度与大边槽深度基本一致，允许偏差为±1 mm。

3. 单边插装到位，大边包边平直、严实、紧密。

4. 纵缝长度方向上基本无凸凹现象。

【操作步骤】

步骤1 按联合角咬口单边与大边留量分别在两块板材上划出折线。

步骤2 将单边留量伸出型钢外，使折线与型钢棱线重合。

步骤3 用木方尺将其拍至90°角（见图6—9b）即告完成。

步骤4 把大边伸出型钢棱线的2倍单边量（按所划折线）拍至90°角后，再用木方尺将其覆倒平卧，如图6—9c所示。

步骤5 将平卧折边伸出型钢单边量加工至90°角后，再将其拍至如图6—9d所示形状。

步骤6 将已加工的大边全部伸出型钢棱线，并放1～2 mm的余量，用木方尺平拍，形成一道凹槽，使大边平卧其中，即完成大边加工。

步骤7 将单边插入大边，并使一端平齐后，即可用方锤包边，并检查全长位置上有无抵碰情况，如有应加以修理，确认无问题后，再在全长纵缝上选择诸点包边，使二者紧贴。

步骤8 无问题后再用木方尺（最好）或木榔头将全长咬口包边拍实。

【注意事项】

同前。

实训7 咬口机加工咬口的操作

【实训内容】

应用咬口机分别进行单平咬口、联合角咬口、按扣式咬口、插接式咬口加工及组装。

【准备要求】

材料、工具及量具同前。

机械：YZD单平咬口机、YZL联合角咬口机、YZA按扣式咬口机、YZC插接式咬口机。

【质量标准】

1. 折边宽度一致、平直，无跑偏现象。

2. 咬口成型充分、准确，无瑕疵。

3. 其他分别同各咬口手工加工组装要求。

【操作步骤】

步骤1 按上述四种咬口要求分别在其本机上轧制出咬口。

步骤2 分别将四种咬口进行组合咬合连接、修整。

【注意事项】

1. 严格按使用咬口机操作规程加工咬口，严禁超厚轧制。

2. 推扶板材加力应均衡，手指距辊轮距离大于5 cm。

3. 使用中若发现咬口成型不足，板材表面被“剥皮”以及运转过程有异响，应立即停机，待故障排除后再进行加工。

实训8　板材的锡焊连接

【实训内容】

镀锌板风管咬口的焊接。

【准备要求】

材料：$\delta = 0.5 \sim 1.0$ mm 镀锌板边角料。

焊锡条及焊剂（生、熟药水）。

工机具：电烙铁、锉刀、锯条片、毛刷、棉纱或包装布。

【质量标准】

1. 焊缝表面光滑、平整、无疵点、粗糙现象。

2. 焊缝搭接饱满，无虚焊、漏焊、夹渣或渗漏情况。

3. 焊缝两边无生药水浸蚀锌层现象。

【操作步骤】

步骤1　用镀锌板边角料以单平咬口连接形式加工成方管。

步骤2　用干布擦拭方管的单平咬口接缝处，再用生药水涂抹焊缝，注意的问题：

（1）药水必须涂抹到所有焊缝的部位。

（2）若涂抹不小心，生药水滴在板面别处，应立即用湿布擦拭，否则会腐蚀锌板表面。

步骤3　用加热后的电烙铁头浸一下熟药水，立即蘸挂焊锡沿咬口缝进行焊接。

步骤4　施焊后全焊缝上若出现一段一段搭接焊迹，最后应再用电烙铁在全缝上慢慢拖动一遍，即可形成整条焊缝，从而消除搭接焊迹。

步骤5　焊缝焊接后，立刻用湿布用力擦拭，以清除残余焊剂，直至焊缝及两边出现光泽为止。

【注意事项】

1. 涂抹药水不得随意，在整条焊缝上均匀涂抹。

2. 若不慎药水滴落别处，应立刻用湿布用力擦拭。

3. 生药水具有较强的腐蚀性，移动及使用应当格外小心，以防灼伤手脚。

4. 防止电烙铁或跌落的焊锡珠烫伤手脚。

实训9　铆钉连接

【实训内容】

薄板与角钢的铆接。

【准备要求】

材料：$\delta = 0.5 \sim 1.0$ mm 边角料。

∟25×3 或其他规格角钢短料头。

工具及量具：方锤、垫铁、手枪钻、台钻、钻头、钢板尺、划针、样冲。

【质量标准】

铆钉头成型饱满，钉杆无歪斜，铆钉座无夹屑，板与角钢连接贴合紧密。

【操作步骤】

步骤 1　先用划针及钢板尺在角钢上划线、冲眼，孔距均布。

步骤 2　用钻头在台钻上加工角钢孔。

步骤 3　将板置放在木板上，再把角钢调整好间距，按在板材上，用手枪钻钻出角钢一端孔。

步骤 4　由板材处穿入平头铆钉后，以垫铁顶住板材，用方锤镦打钉杆，略呈伞形状，将板材与角钢紧密铆接即可。

步骤 5　在角钢的另一端调整好间距，钻孔铆接。

步骤 6　将角钢中间段孔全部钻出，分别进行铆接。

【注意事项】

1. 使用台钻钻孔应选择高转速，操作时严禁戴手套，扶持角钢应平稳。

2. 使用手枪钻钻孔，板材下面要垫放木块，避免钻头钻透后碰到硬物折断。

3. 锤头与手柄装配应牢固，以防滑脱。

单元测试题

一、填空题（请将正确的答案填在横线空白处）

1. 通风工程的板材剪切是按展开放样时所得的________加________后对板材进行裁剪的过程。

2. 使用手工剪无论是直把剪还是弯剪进行板材剪切时，剪刀刃口只能闭合约________，若完全闭合，一定会出现________现象。

3. 手工剪切时若被剪板边出现飞边毛刺，说明剪刃有________，而当被剪切板材夹在两剪刃之间时，则一定是________。

4. 用剪板机剪切板材时，应使板材剪切线与________，才能踩踏离合器横管；而当批量剪切同一宽度板材时，可用________定位，提高剪切效率。

5. 使用剪板机剪切板材，必须按操作规程进行，严禁________剪切或________剪切。

6. 咬口宽度与加工件的厚度成________关系，板材厚度越大，宽度也越宽，但当板厚小于 0.7 mm 时，其宽度一般不小于________。

7. 咬口留量的大小与________及________有关。如联合角咬口单边是 10 mm，在一块板料是________，而在另一块板料则为________。

8. 单平咬口加工时若第二道折边太窄，咬合后无凹槽，咬口两边无抵靠，横向受力后易被________；第二道折边________，咬口两边距凹槽较远，也会出现上述问题。

9. 单立咬口加工时，不论第二道折边过窄或太宽，都会使包边________，会使咬合处________，且影响观感质量。

10. 联合角咬口加工单边与双边加工尺寸不匹配，如单边过宽，而双边的第二道折边较窄，装配时会出现单边________，咬合包边时易使单边________。

11. 使用咬口机加工咬口，若出现咬口成型不足，说明加工辊轮________；而出现板材被“剥皮”，如镀锌板锌层脱落，则表明辊轮________。

12. 使用咬口机时，推扶板料时手指距辊轮距离不得小于________。

13. 通风工使用电焊，主要用于法兰及________的焊接。

14. 通风工若制作厚度 $\delta > 1.2$ mm 的风管，可采用气焊，但一定要采用________。

15. 通风工制作不锈钢风管且其厚度 $\delta > 1.0$ mm 时，可采用________。

16. 锡焊是通风工必须掌握的基本技能，初学锡焊时烙铁温度掌握不好，温度过高会使烙铁________；而温度低又会出现焊缝表面________，连接________。

17. 通风工铆接风管与法兰使用的是________铆钉，铆钉应具有较好的________。

二、判断题（下列判断正确的请打“√”，错误的打“×”）

1. 通风工剪切板材就是按展开放样的实际形状进行裁剪。（　）

2. 手工弯剪主要用于对曲线的剪切，尤其适合于对外圆弧线的剪切。（　）

3. 使用手工直把剪或弯剪剪切板材，每次剪刃不能完全闭合，否则会出现咬伤板边现象。（　）

4. 手工剪切的板边出现飞边毛刺，是剪刀掌握不好，两剪刃有一定间隙所致。（　）

5. 手工剪切板料一般会把较窄的一侧放置右边，这样不仅利于剪刀的插入移动，板材翻卷也容易。（　）

6. 在剪板机上剪切较大板材时，两人配合应协调，一般站立剪板机左侧的人发令，右侧的人踩踏离合器。（　）

7. Q11—4×2000 型剪板机剪切 $\delta = 1$ mm 的板，可以四层重叠，也不超厚，这样剪切可以大大提高工作效率。（　）

8. 咬口连接具有变形小、外形美观的优点，因此，即使是 $\delta = 2$ mm 的钢板，也还是选择咬口连接。（　）

9. 咬口宽度与加工件的板厚有关系，如加工 $\delta = 0.5$ mm 的镀锌板风管，手工加工时的宽度可选择 $B = 3$ mm。（　）

10. 单立咬口的总留量为 $3B$，两块板上分别留出 $1.5B$ 即可。（　）

11. 单平咬口连接时，当两块板咬口加工好并钩挂后，咬合可由一端向另一端顺序拍实。（　）

12. 单立咬口手工加工时，单、双边錾折时都容易失圆，因此，应当在錾折单、双边的同时，不断地修圆。（　）

13. 选用咬口机加工咬口，其咬口宽度一定要按选用机型的说明要求计算咬口留量。（　）

14. 电焊与气焊相比，具有变形小的特点，故较广泛地应用于通风系统的风管连接。（　）

15. 氩弧焊在通风空调中主要用于不锈钢板 $\delta > 1.0$ mm 的连接。（　）

16. 锡焊焊缝强度低，故不能单独作为风管接缝的连接，只能辅助运用于对焊缝有密封要求的场合。（　）

17. 半圆头铆钉因铆接后外形美观，因此，在实际工程中应尽可能选用它。（　）

三、单项选择题（下列每题的选项中，只有1个选项是正确的，请将其代号填在横线空白处）

1. 剪切内圆弧线是________方向，这样剪切线才不会被遮挡。

A. 顺时钉　　B. 逆时针　　C. 任取

2. 手工剪切的板材出现诸多“疵口”，一定是剪切时剪刀刃口________闭合所致。

A. 1/4　　B. 3/4　　C. 完全

3. 使用手工大直把剪刀剪切板材，将弯勾紧抵工作台面或地坪上，可以省________力。

A. 4/5　　B. 3/4　　C. 1/2

4. 单平咬口的手工加工，若咬口宽度是10 mm，折边的宽度则是________ mm。

A. 10　　B. 9　　C. 8

5. 单平咬口手工加工时，第二道折边宽度太窄或太宽，都会使咬口咬合后横向易被推开，较适合的尺寸应比单平咬口宽度大________ mm。

A. 3　　B. 5　　C. 8

6. 单立咬口手工加工双边的第二道折边过窄，咬合后会出现________的现象。

A. 包边紧抵管壁　　B. 包边不严密　　C. 包边互相抵碰

7. 联合角咬口广泛用于通风空调系统的矩形风管角缝连接上，若单边加工量大于大边的第二道折边深度，咬合时易出现________的现象。

A. 插不到底　　B. 放大口径尺寸　　C. 外形歪斜

8. 通风除尘系统风管若选择气焊连接，接头形式宜选择________，焊接变形小。

A. 对接　　B. 碳化焰　　C. 折边焊

9. 选择气焊进行板材连接，应选择的火焰是________。

A. 氧化焰　　B. 碳化焰　　C. 中性焰

10. 接触点焊主要用于通风空调中的________制作。

A. 风管　　B. 部件　　C. 配件

11. 锡焊时焊缝已作彻底清理，但烙铁上蘸挂焊锡不渗入焊缝，说明焊缝________，必须重新涂抹，才能进行焊接。

A. 未涂抹对焊剂　　B. 焊缝有污垢　　C. 烙铁温度低

12. 通风工铆接风管与法兰时，若钉杆长度有些短，铆接时会出现________，受力后风管与法兰容易脱开。

A. 钉杆歪斜　　B. 成型不足　　C. 不能受力

四、简答题

1. 手工操持大直把剪刀剪切板材消除剪刃间隙的要领是什么？

2. 单平咬口手工加工时易出现的质量问题是什么？

3. 锡焊的操作要领有哪些？

4. 通风工铆接风管与法兰出现虚铆问题的解决方法是什么？

单元 6

单元测试题答案

一、填空题

1. 实际形状　相关留量　2. 3/4 刃长　扎刀　3. 有一定间隙　有较大间隙　4. 下刃口重合　挡料器　5. 超厚　数块重叠　6. 正比　6 mm　7. 咬口宽度　重叠层数　10 mm　30 mm　8. 推开　太宽　9. 不严密　走风漏气　10. 插不到底　口径放大　11. 间隙过大　间隙过小　12. 5 cm　13. 支吊架　14. 折边焊　15. 氩弧焊　16. 氧化粗糙　不牢固　17. 平头　延展性能

二、判断题

1. ×　2. ×　3. √　4. √　5. ×　6. √　7. ×　8. ×　9. ×　10. ×　11. ×　12. √　13. √　14. ×　15. √　16. √　17. ×

三、单项选择题

1. A　2. C　3. C　4. B　5. A　6. B　7. B　8. C　9. C　10. B　11. A　12. B

四、简答题

1. 答：

（1）用右手中指、无名指与小拇指控制剪刀下柄尽量用力往右拉。

（2）用大拇指与虎口控制剪刀上柄向左推。

（3）通过上述两个动作的协调控制，即能消除上、下剪刃的间隙，顺利将板材分离，且剪切后无飞边毛刺。

2. 答：

（1）第一道折边不直或局部被拍死，从而导致咬口钩挂不上。

（2）第二道折边接近 90°角，会使咬口钩挂咬合时出现开裂。

（3）第二道折边宽度不合适，无论过窄或太宽，都会使咬口咬合后无凹槽抵靠，横向受力时易被推开。

3. 答：

（1）将烙铁头扁部（工作部分）蘸挂上焊锡，方法是将烙铁加热至暗红色取出，迅即用细纹锉刀除去烙铁头氧化物后，在熟药水中浸一下，然后用锡条在烙铁头两侧摩擦使之均匀蘸挂一层焊锡。

（2）将连接板材的缝隙清理干净，可用盐酸涂抹焊缝进行酸洗，然后用棉布把焊缝擦拭干净。

（3）用熟药水均匀涂抹全焊缝。

（4）用加热适度的烙铁进行焊接。

1）若焊缝较短或是补洞点焊，可用烙铁蘸挂上焊锡直接对该部位施焊。

2）当焊缝较长时，可左手持锡条、右手持烙铁进行焊接。

4. 答：

（1）所谓虚铆主要是指铆钉头内表面与风管内表面没有紧密贴合。

（2）产生的原因是钻孔，主要是冲孔后风管壁上的残留铁屑夹在其中，有时是因冲孔时操作者将垫铁距所冲铆钉孔距离较远，使风管板变形后贴合不严。

（3）解决的方法是，冲孔后用方锤在风管内壁剔除铁屑，再穿入铆钉进行铆接。

若因铆钉冲孔风管板变形较大，可由风管内壁向上穿入铆钉，用垫铁抵靠法兰，再用方锤由内向外击打即可消除鼓包；或在穿铆钉前，用方锤击打凸起部位至平复，然后再穿入铆钉铆接。

第7单元

金属风管、配件及部件的制作

通风与空调风管系统的施工，可分为制作与安装两大部分。制作是指构成整个系统的风管、配件及部件的加工过程，也就是从原材料到半成品、成品的成型过程。

目前，通风与空调风管系统制作的施工组织形式有两种，一种是施工单位有较配套的加工机械和固定加工厂房，且距安装现场不是很远，其风管、配件及部件的制作一般放置在固定工厂内集中进行，其特点是工效高、质量好；另一种组织形式则是在施工区域就近搭设的临时工棚或建筑物的地下室内进行。但每项工程选择何种组织形式，需要根据工程对象、企业现状以及施工现场条件确定。

第一节　金属风管的制作

培训目标

- 了解金属风管主辅系列规格及板厚规定
- 熟悉金属风管制作质量标准
- 掌握金属风管制作工艺
- 能应用手工与机械方法生产出合格成品

一、金属风管规格、类别及板厚

1．金属风管规格

金属风管的断面主要有圆形和矩形两种，为了适应通风与空调工程技术发展的需要，国家颁布了GB 50243—2002《通风与空调工程施工质量验收规范》的标准。其主要目的是：

（1）根据目前我国生产的镀锌薄板的尺寸及规格最大限度地利用原材料。

（2）有利于风管制作的标准化、机械化及工厂化，提高风管的制作效率。

（3）有利于风管的施工与安装。圆风管以外径为准，矩形风管以外边长为准。圆形风管规格见表7—1，选用时应优先采用基本系列，矩形风管规格见表7—2。非规则椭圆形风管参照矩形风管，并以长径平面边长及短径尺寸为准。

表7—1　　圆形风管直径 *D*（mm）

基本系列	辅助系列	基本系列	辅助系列
100	80	250	240
	90	280	260
120	110	320	300
140	130	360	340
160	150	400	380
180	170	450	420
200	190	500	480
220	210	560	530

续表

基本系列	辅助系列	基本系列	辅助系列
630	600	1 250	1 180
700	670	1 400	1 320
800	750	1 600	1 500
900	850	1 800	1 700
1000	950	2 000	1 900
1 120	1 060		

表 7—2　　矩形风管边长（mm）

120	320	800	2 000	4 000
160	400	1 000	2 500	—
200	500	1 250	3 000	—
250	630	1 600	3 500	—

2. 金属风管系统类别划分

金属风管系统按其系统的工作压力划分为三个类别，其类别划分应符合表 7—3 的规定。

表 7—3　　金属风管系统类别划分

系统类别	系统工作压力 p（Pa）	密封要求
低压系统	$p \leqslant 500$	接缝和接管连接处严密
中压系统	$500 < p \leqslant 1\ 500$	接缝和接管连接处增加密封措施
高压系统	$p > 1\ 500$	所有的拼接缝和接管连接处均应采取密封措施

金属风管的密封，应以板材连接的密封为主，可采用密封胶嵌缝和其他方法密封。密封胶性能应符合使用环境的要求，密封面宜设在风管的正压侧。

3. 金属风管的板厚

金属风管的材料品种、规格、性能与厚度应符合设计和现行国家产品标准的规定。当设计无规定时，普通钢板和镀锌钢板的厚度不得小于表 7—4 的规定；不锈钢板的厚度不得小于表 7—5 的规定；铝板的厚度不得小于表 7—6 的规定。

表 7—4　　金属风管板材厚度（mm）

类别 / 风管直径 D 或长边尺寸 b	圆形风管	矩形风管 中、低压系统	矩形风管 高压系统	防尘系统风管
D（b）$\leqslant 320$	0.5	0.5	0.75	1.5
$320 < D$（b）$\leqslant 450$	0.6	0.6	0.75	1.5

续表

类别 风管直径 D 或长边尺寸 b	圆形风管	矩形风管		防尘系统风管
		中、低压系统	高压系统	
450 < D (b) ≤630	0.75	0.6	0.75	2.0
630 < D (b) ≤1 000	0.75	0.75	1.0	2.0
1 000 < D (b) ≤1 250	1.0	1.0	1.0	2.0
1 250 < D (b) ≤2 000	1.2	1.0	1.2	按设计
2 000 < D (b) ≤4 000	按设计	1.2	按设计	

注：1. 螺旋风管的钢板厚度可适当减小10%～15%。

2. 排烟系统风管钢板厚度可按高压系统确定。

3. 特殊除尘系统风管钢板厚度应符合设计要求。

4. 不适用于地下人防与防火隔墙预埋管。

表7—5　　高、中、低压系统不锈钢板风管板材厚度（mm）

风管直径或长边尺寸 b	不锈钢板厚度
b≤500	0.5
500 < b≤1 120	0.75
1 120 < b≤2 000	1.0
2 000 < b≤4 000	1.2

表7—6　　中、低压系统铝板风管板材厚度（mm）

风管直径或长边尺寸 b	铝板厚度
b≤320	1.0
320 < b≤630	1.5
630 < b≤2 000	2.0
2 000 < b≤4 000	按设计

二、施工准备

1. 技术准备

（1）阅览建筑图、结构图和电气、暖卫施工图，并就风管走向、坐标、标高与风管之间跨越交叉等出现的问题已有解决方案。

（2）技术人员已向进场施工人员进行了技术交底，对风管和配件的制作尺寸、采用的技术标准、接口及法兰连接方法已经明确，且应做好“施工技术交底记录”。

（3）编制了集中工厂化加工或现场加工的施工方案，且施工条件已经按方案准备就绪。

（4）绘制轴测系统图，应体现整个系统水平和垂直的风管走向和设备、部件连接顺序，以及相对位置、方向等。

（5）对设备及部件生产厂家的“产品说明书”中的型号、尺寸进行核对。

（6）绘制详细的加工草图，对形状复杂的弯头、三通、四通等配件应有具体的下料尺寸和制作步骤。

（7）制成品的主要技术参数必须符合国家及相关行业标准。

2．场地要求

目前，风管的制作大多在安装现场或在安装现场附近搭设的临时工棚内进行。制作场地的质量从某种意义上讲也会影响到风管的制作质量，因此，要符合以下条件：

（1）风管的预制，应有独立的工作场地，且应平整、清洁，加工平台应找平，并应有足够的成品堆放场地，且应相对干燥。

（2）作业地点应有安放施工工量机具、机械和材料堆放场地，设施和电源应有可靠的安全防护装置。

（3）作业场地道路应通畅，需设置能满足消防要求的各种器械和设施。

（4）加工设备安置在建筑物内时，应考虑建筑物楼板、梁的承载能力，必要时还应采取相应措施。

（5）对于洁净系统的风管制作，应有干净封闭库房，以储放成品或半成品。

（6）加工场地应预留出现场材料、半成品及成品的运输通道。加工场地的选择不得阻碍消防通道。

（7）施工图、大样图经过会审，并由施工员进行技术、质量及安全交底。

3．材料要求

（1）所使用的板材应符合现行国家有关产品标准的规定，并具有合格证书或质量鉴定文件。

（2）金属风管的厚度执行设计规定，若无规定时，其厚度应执行表7—4、表7—5、表7—6中的规定。普通钢板工程中最为常见的厚度 $\delta=0.5\sim1.2$ mm，板材的规格为900 mm×1 800 mm及1 000 mm×2 000 mm等。牌号为Q195—Q235的冷轧或热轧钢板。板材表面应平整光滑、厚度均匀，允许有紧密的氧化铁薄膜，但不得有裂纹、结疤等缺陷。

镀锌钢板常用的厚度 $\delta=0.5\sim1.2$ mm，其规格与普通钢板相同。所用等级的镀锌钢板表面应光滑洁净，表层有镀锌特有的镀锌层结晶花纹，钢板镀锌层的厚度不小于0.02 mm。

（3）塑料复合钢板是在Q215、Q235钢板上覆以厚度为0.2～0.4 mm的软质或半硬质聚氯乙烯塑料膜。规格有500 mm×2 000 mm、1 000 mm×2 000 mm等。其表面喷涂层色泽应均匀，厚度一致，表面无起波、分层或部分塑料涂层脱落等现象。

（4）不锈钢板表面不应有划痕、刮伤和凹穴等缺陷，加工和堆放时均应避免与锈蚀的碳素钢材料接触。

（5）铝板表面有氧化保护膜，搬运时只宜抬动，不能拖动，以避免被划伤。

（6）净化空调工程的风管应选用优质镀锌钢板，镀锌板表面应无明显锈斑、氧化层、针孔麻点、起皮、起泡、锌层脱落等弊病。风管工作环境有腐蚀性时，宜采用不锈钢板。

三、金属风管的制作

1．风管制作要求

金属风管、配件的连接有咬口连接、铆接和焊接三种形式。

（1）普通钢板、镀锌钢板、塑料复合钢板 $\delta \leqslant 1.2$ mm 时采用咬口连接；$\delta > 1.2$ mm 时，普通钢板采用焊接；而镀锌钢板与塑料复合钢板则采用铆接。

（2）不锈钢板 $\delta \leqslant 1$ mm 时，采用咬口连接；$\delta > 1$ mm 时，可采用氩弧焊接或铆接。

（3）铝板 $\delta \leqslant 1.5$ mm 时，采用咬口连接，但不得使用按扣式咬口连接；$\delta > 1.5$ mm 时，可采用焊接。

（4）板材的拼接缝和圆形风管的纵缝采用单平咬口；矩形风管或配件的纵缝采用联合角咬口和按扣式咬口；圆弯管的环缝采用单立咬口。

（5）风管、配件的外径与外边长的允许偏差一般应按负偏差控制；当外径或外边长不大于 300 mm 时，为 -2 ~ 0 mm；当外径或外边长大于 300 mm 时，为 -3 ~ 0 mm。

（6）风管、配件管口平面度的允许偏差为 2 mm，矩形风管两条对角线长度之差不应大于 3 mm。

（7）圆形和矩形风管的管段长度，应根据板材规格和实际需要而定，一般管段长度为 2m，其他按实际需要的长度制作。

（8）风管的密封，主要依靠板材连接时的密封来实现，只有当密封要求较高时，才采用密封胶嵌缝的方式。

（9）空气洁净系统的风管、配件的咬口缝不但要严密，而且板材要尽可能少拼接。矩形风管大边大于 800 mm 时，应尽量减少纵向接缝；大边小于 800 mm 时不应有接缝，以减少风管内部积尘。应选择远离尘源的清洁加工场地，在制作过程中，应保持风管内的清洁，尽可能不破坏锌板的内表面。制作好的风管两端应用塑料薄膜进行包扎封口，以防止灰尘进入管内。

（10）制作风管在展开放样时应严格控制长方形的四角的角度为 90°，以避免咬合后扭曲、翘角等现象的发生。咬口应严密、紧密，拼接纵缝应错开设置。

（11）若采用焊接，风管的焊缝应平整，不得有裂缝、凸瘤、穿透的夹渣、气孔等其他缺陷，并应将焊渣与飞溅物清除干净。

2．咬口与焊接连接制作工艺

（1）咬口连接制作工艺：

展开放样→剪切→倒角→咬口加工→卷圆或折方→咬合→整形

（2）焊接连接制作工艺：

展开放样→剪切→卷圆或折方→组对→焊接→整形

3．风管制作工艺

（1）圆形风管的制作

1）展开放样

①根据给定的风管直径 D 与管段长度 L，画出 $\pi D \times L$ 的矩形，如图 7—1 所示。为

了保证圆风管的制作质量，应用90°角尺对所画矩形作90°角检查。

②圆形风管展开作出矩形后，应分别在展开周长的两侧，放出咬口留量$m/2$（m为咬口总留量）。我们知道，圆形风管的纵向咬口为单平咬口，咬口留量$m=3B$（B为咬口宽度）。为保证法兰翻边不出现凸瘤，应在咬口留量两侧画出斜角，斜角深度为翻边量，如图7—1a所示。

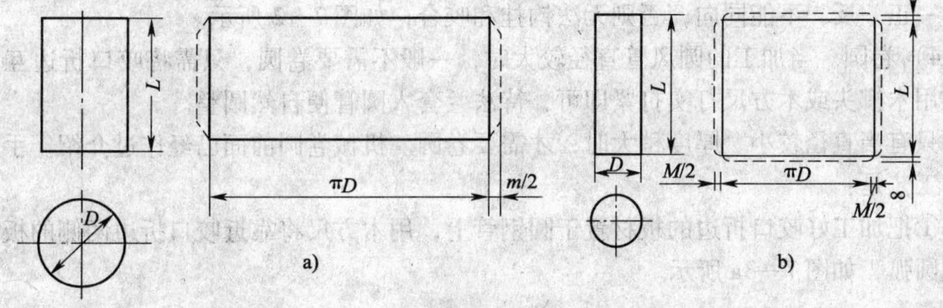

图7—1　圆形风管展开划线

③管段长度一般取板材的长度，常见的长度有1 800 mm和2 000 mm。这种长度的风管一般不考虑风管法兰翻边留量，只有特定条件下的管段，如某一区段缺1节ϕ400×1 200 mm的风管，展开放样时，在1 200 mm长度上放出两倍的法兰翻边留量，单边约8 mm，共16 mm。如图7—1b所示。

④当风管直径较小时，可直接用板材的宽度（900 mm，1 000 mm）作圆周长πD；当直径较大时，可以用数块板材进行拼接，以满足展开周长尺寸的需要，如图7—2所示。

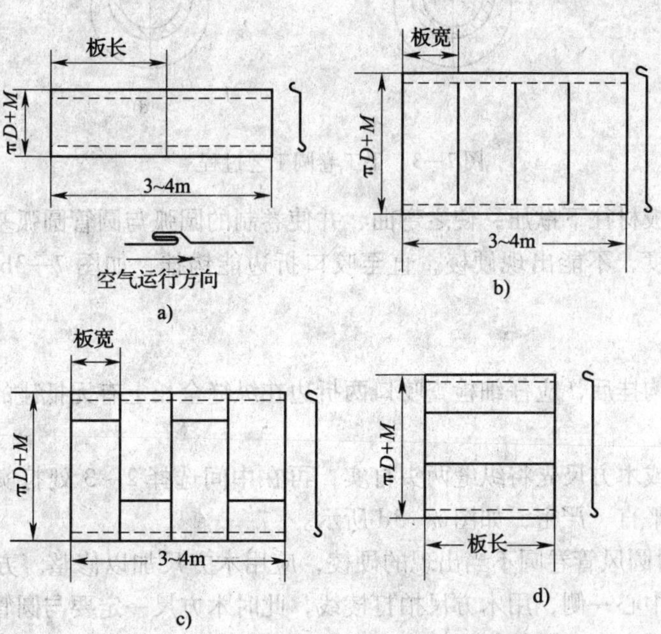

图7—2　圆形风管板材拼接下料形式

⑤当制作圆形风管直径较大时，已不需要手工或机械卷圆，可将板材接长3～4m，但需将拼接口咬口缝交错设置。拼接纵缝或横缝时，咬口端部一定要剪斜角，否则，不仅难咬合，而且一定会出现凸瘤。

2）剪切。剪切前应检查展开放样后相关留量是否放出，当确认后便可用手工或机械方法按线进行剪切，并一定要在咬口两侧剪出斜角。

3）咬口加工。用机械或手工方法在板材的两侧加工好单平咬口的折边，但咬口折边要一正一反，不能同向，否则无法钩挂和咬合，如图7—2所示。

4）卷圆。当加工的圆风管直径较大时，一般不需要卷圆，只需将咬口折边互相钩挂后用木榔头或木方尺打实打紧即可，待法兰套入圆管便自然圆整。

只有当直径较小、厚度稍大时，才需要卷圆。机械卷圆前面已经作过介绍。手工卷圆的工艺是：

①把加工好咬口折边的板材置于圆钢管上，用木方尺将靠近咬口折边两侧的板材拍制成圆弧，如图7—3a所示。

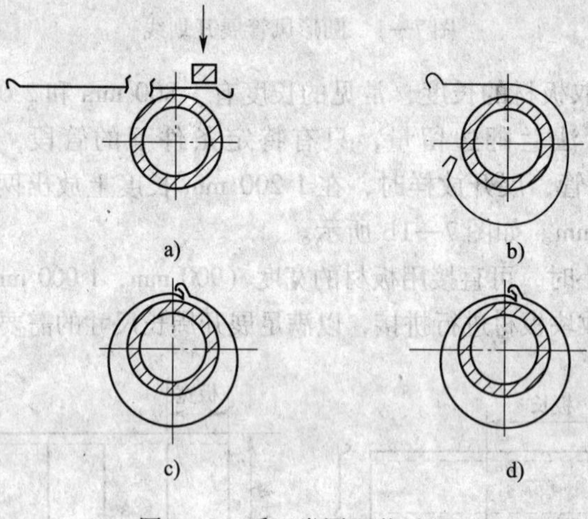

图7—3　手工卷圆工艺过程

②用双手将板材往下揿压，使之弯曲，并使卷制的圆弧与圆管圆弧基本接近，依次揿压，用力要适度，不能出现硬棱，直至咬口折边能钩挂，如图7—3b和图7—3c所示。

5）咬口咬合

①咬口折边钩挂后，应仔细检查咬口两折边在纵缝全长上有无抵碰的情况，若有抵碰，应加以修整。

②用木榔头或木方尺先将纵缝两头打实，再在中间选择2～3处打实，最后全长打紧打实，使咬口平直、严密，如图7—3d所示。

6）整形。对圆风管卷圆不当出现的硬棱，应用木方尺加以修整。方法是将硬棱处于圆钢管上方偏中心一侧，用木方尺拍打棱线，此时木方尺一定要与圆管轴线平行，不能倾斜，否则，还会出现新的斜棱线。

7）手工卷圆与咬合易出现的问题：

①手工卷圆揿压施力不均匀，纵向出现诸多硬棱，解决的办法是，揿压时用力要均匀，不要太急。

②卷圆后咬口钩挂有抵碰情况，操作者检查不仔细、锤敲匆忙，出现“疵点”，严重时会在较长范围内出现开裂。解决的方法是，钩挂后一定要认真检查，若有抵碰，待修整后再进行咬合压实。

(2) 矩形风管的制作

1）展开放样

①矩形风管展开图也是一个矩形，一边为2（$A+B$），另一边则为风管长L，如图7—4所示。矩形风管展开图一定要用90°角尺严格测定90°角，每条线都不能歪斜，否则制作出来的风管一定会歪扭、翘角，组装成系统时会使整个系统横不平、竖不直，影响内在质量和观感质量。

②矩形风管的咬口留量，根据咬口形式查表计算出留量m，然后再依据咬口形式在展开矩形两侧分别画出。如图7—4所示，为单角咬口，其留量一边为$m/3$，另一边为$2m/3$。如果是联合角咬口或按扣式咬口也一样，分别在两侧画出。

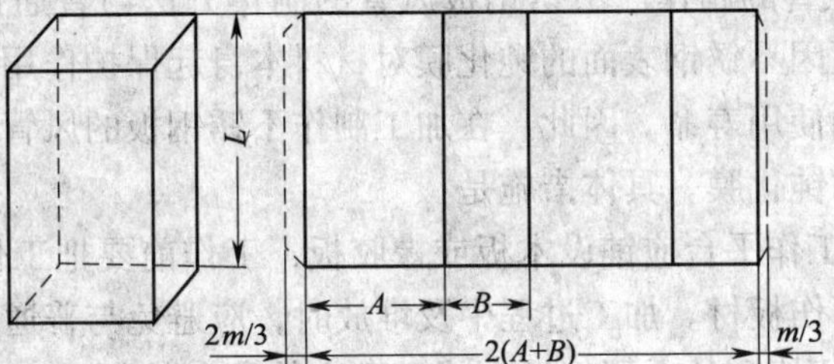

图7—4　矩形风管展开划线

③如图7—4所示，只设一个单角咬口的小口径矩形风管，在工程中极少见，大多需设置两个角咬口，即板宽大于$A+B$，而小于2（$A+B$）；而当矩形风管口径很大，即板宽小于$A+B$，展开放样成四片，此时只能设置四个角咬口，如图7—5所示。不论是两片或四片，咬口留量一定要根据所选用的咬口种类，在展开图的两边相应放出单、双边咬口留量来。

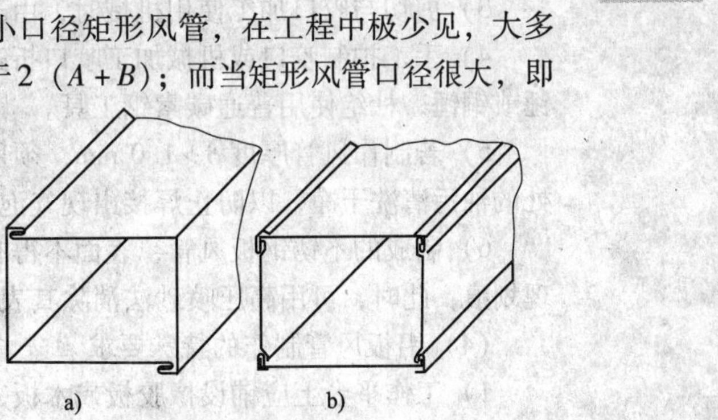

图7—5　矩形风管角缝设置示意
a）单角咬口　b）联合角咬口

④矩形风管转角缝的设置主要受板材宽度和风管口径的影响，同时也要综合考虑风管强度的因素。较大口径的风管，转角缝应多些，有利于提高其强度。

2）剪切。当确认展开图无问题且已放出相应留量后，即可用机械或手工按线剪切，并注意用剪刀剪出角缝处的翻边斜角。

3）咬口加工。目前工程中，矩形风管的角缝连接多为联合角咬口，将下好料的板材置放于联合角咬口机上分别加工好单、双边。若无条件，可用手工将联合角咬口用木方尺加工好。

4）折方。矩形风管若采用一个或两个角咬口连接，需对板材进行折方。折方工序一定是在咬口制作后进行。

折方有机械折方和手工折方之分。手工折方工艺如下：

①将需折方的板材置放于工作台上，使折边线与工作台上型钢棱线重合，若是一个人操作，可用木方尺先把折边线两头拍制出棱线，以便控制折边尺寸。

②然后用左手持一木方尺压住板材折线的上方，右手用力向下揿压至90°角；若是两个人操作，可分别站立于折板的两端，重复上述动作至板材折方为90°角。

③再用木方尺将棱线加以修整，至折边棱角清晰、板面平整即可。

④装配合缝：装配合缝前应仔细查看板材单、双边的加工情况，有无弯曲或单、双边顶碰现象，有则应先修整再进行装配。

将单边插入双边中，用木方尺平行风管边线置放于咬口上，用方锤击打木方尺，使单边插装到位并紧紧贴靠双边，再用方锤将双边由两头包紧，中间选择3~5处包紧，最后用木方尺将双边全部包紧打实，至咬口平直、严密。

（3）不锈钢板风管的制作。不锈钢板风管的制作方法与普通钢板、镀锌钢板的制作方法基本相同。但因不锈钢表面的钝化膜对材料本身起保护作用，一旦被划伤，会形成腐蚀，影响板材的使用寿命。因此，在加工制作不锈钢板的风管时，必须采取相应措施，以保护其表面的钝化膜。具体措施是：

1）加工使用的工作平台应铺设木板或橡胶板，工作前要把工作台上的铁屑等杂物清扫干净，以避免划伤板材。加工过程中及堆放时，应避免与普通碳素钢接触。

2）划线时不得用锋利的金属划针划线，而应使用色笔划线。若制作配件，应先用其他材料做好样板，再在不锈钢板上套裁下料。

3）剪切与咬口加工使用机械时，由于不锈钢板强度较高，不得超负荷工作。

4）手工拍制咬口或机械加工咬口折边后咬合时，要使用木方尺、木榔头、不锈钢锤或铜锤，杜绝使用普通碳素钢工具。

5）若制作风管厚度$\delta>1.0$ mm，须用氩弧焊接。焊接前，可用汽油、丙酮将焊缝处的油污清洗干净，以防止焊接出现气泡与砂眼。

6）制成的不锈钢板风管，表面不得有划伤等缺陷。若加工不慎，使得某一局部出现划痕，此时，可用高压喷砂法消除其表面划痕、擦伤，从而使表面产生新的钝化膜。

（4）铝板风管制作的特殊要求

1）工作平台上应铺设橡胶板或木板，因铝板材质软，工作平台上不得有铁屑等杂物及边角料，使工作平台保持洁净。

2）划线不得使用锋利的划针，而应当用色笔。若制作配件，须在其他材料上做好样板，再到铝板上套裁下料。

3）使用剪切与咬口机械前，应清理剪板机与咬口机上的铁屑等杂物，以防止加工过程中铝板黏附上铁屑等杂物。

4）当铝板厚度大于1.5 mm不能使用咬口连接时，应采用氩弧焊焊接或气焊焊接，焊丝材质要与母材相匹配。

焊接前，应严格清除焊缝边缘两侧 20～30 mm 以内和焊丝表面的油污、氧化物等杂物。否则会阻碍焊接母材与焊丝的熔合，且易使焊缝产生气孔、夹渣和未焊透等缺陷。

5）铝板风管的连接不得采用按扣式咬口、插条连接以及无法兰连接方式。

4．风管的加固

为避免风管变形、减少管壁在系统运转中由于振动而产生噪声，需要对管径或边长较大的风管进行加固。

（1）圆形风管加固。由于圆形风管刚性较好，加上管端两只法兰起到一定的加固作用，一般不作加固处理。而当圆管直径 $D \geqslant 800$ mm，且其管段长度大于 1 250 mm 或总面积大于 4 m^2时，均应采取加固措施。常用的加固方法是，设置扁钢加固圈，并用铆钉固定在风管上。

为了防止咬口在运输或吊装过程中裂开，当风管直径大于 500 mm 时，其纵向咬口两端及中间 2～3 处用铆钉或点焊固定。

（2）矩形风管加固。矩形风管边长大于 630 mm，保温风管边长大于 800 mm，管段长度大于 1 250 mm 或低压风管单边平面大于 1.2 m^2，中、高压风管大于 1.0 m^2，均应采取加固措施。

矩形风管的加固一般采取如图 7—6 所示的加固形式及方法。

1）起高接头加固如图 7—6a 所示，特点是可以节省角钢，但加工比较麻烦，接头处易漏风，工程上较少使用。

2）角钢框加固如图 7—6b 所示，特点是强度较好，使用比较广泛。当大边尺寸为 800～1 000 mm 时，可用∟25×3 角钢做加固框；大边尺寸为 1 000～15 000 mm 时，用∟30×4 角钢做加固框；而当大边尺寸大于 15 000 mm 时，除用框加固外，加固框与法兰距离要控制在 1 200～1 400 mm 之间，并应在各边对角铆上∟30×4 角钢加固。其工序是划线、切割、钻铆钉孔、组焊，再将框套入风管进行铆接。

3）用角钢加固大边。当只有大边尺寸超过规定而小边尺寸未超过规定时使用。其特点是省工省料（见图 7—6c），角钢与法兰同规格，明装风管较少使用。

4）风管内壁设置加固肋条，一般用于风管的明装。加固肋条用 $\delta = 1.0 \sim 1.5$ mm 镀锌板制作，间断铆接在风管内壁上（见图 7—6d），此种方法目前较少使用。

5）风管壁上滚槽（见图 7—6e），特点是节省材料与人工，施工方便，只需将板材置放在压筋机上，按线滚压出半圆弧状的槽即可。

矩形风管加固，目前工程上最为常用的是滚槽与角钢加固的方法。

（3）矩形风管加固规定。矩形风管加固形式较多，工程中选用何种加固形式，一般设计说明中已经给出具体答案。但在具体进行加固操作时，还应符合下列规定：

1）棱筋或棱线的加固，排列应规则，间隔应均匀，板面不应有明显的变形。

2）角钢、加固筋的加固，应排列整齐，均匀对称，其高度不应大于风管的法兰宽度。角钢、加固筋与风管的铆接应牢固、间距应均匀，不应大于 220 mm，两相交处应连接成一体。

3）管内支撑与风管的固定应牢固，各支撑点之间或风管的边沿或法兰的间距应均匀，不应大于 950 mm。

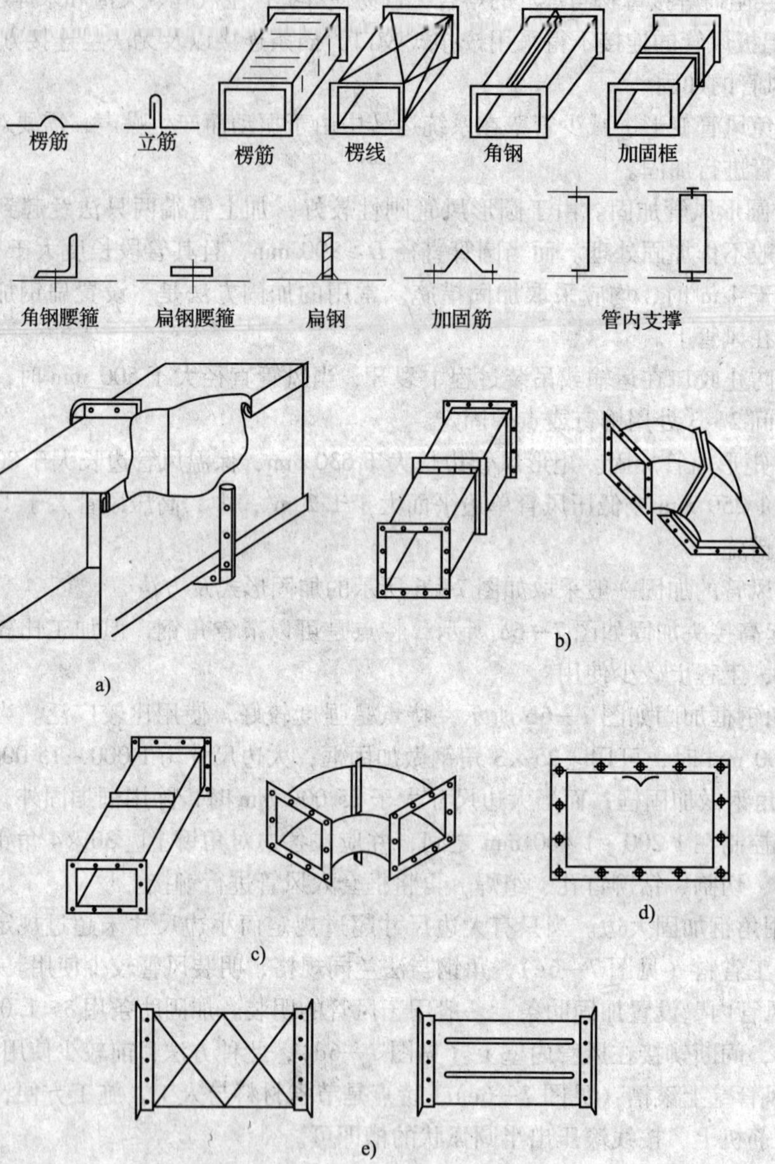

图7—6　矩形风管加固形式及方法

a）起高接头　b）角钢框加固　c）角钢加固　d）风管内壁加固　e）风管壁滚槽

4）中压和高压系统风管的管段，其长度大于1 250 mm时，还应有加固框补强。高压系统金属风管的单咬口缝，还应有防止咬口胀裂的加固或补强措施。

四、质量标准

1. 一般规定

（1）风管规格的验收，圆形风管以外径为准；矩形风管则以外边长为准。圆形风管与矩形风管的设计与制作尺寸应符合表7—1、表7—2的规定。非规则椭圆形风管参照矩形风管，并以长径平面边长及短径尺寸为准。

（2）圆形风管规定了基本和辅助两个系列。圆形风管应优先采用基本系列。一般送、排风及空调系统应采用基本系列。除尘与气力输送系统的风管，管内气体的流速高，管径对系统的阻力损失影响较大，在优先采用基本系列的前提下，可以采用辅助系列。强调采用基本系列的目的是，在满足工程使用需要的前提下，实行工程的标准化施工。

（3）风管系统按其系统的工作压力分为三个类别，其类别划分和密封要求应符合表7—3的要求。

（4）镀锌钢板、塑料复合钢板及含有各类复合保护层的钢板，优良的防腐蚀性能主要依靠这层保护薄膜。如果采用电焊或气焊熔焊焊接的连接方法，由于高温不仅使焊缝处的镀锌层被烧蚀，而且会造成大于焊缝范围数倍以上板面的保护层遭到破坏。被破坏了保护层后的复合钢板，可能由于发生电化学作用，使其焊缝范围处腐蚀的速度成倍增长。因此，规定镀锌钢板及含有各类保护层的钢板，在正常情况下不得采用破坏保护层的熔焊连接方法，应采用咬口连接或铆接。

（5）风管的密封，应以板材连接的密封为主，可采用密封胶嵌缝和其他方法密封。密封胶性能应符合使用环境的要求，密封胶宜设在风管的正压侧。

2. 主控项目

（1）风管的板材厚度：风管板材的厚度，以满足功能的需要为前提，过厚或过薄都不利于工程的使用。从保证工程风管质量的角度出发，对常用材料风管的厚度，主要是对最小厚度进行规定。

金属风管的材料品种、规格、性能与厚度等应符合设计和现行国家产品标准的规定。当设计无规定时，应执行规范GB 50243—2002的规定。普通钢板或镀锌钢板的厚度不得小于表7—4的规定；不锈钢板的厚度不得小于表7—5的规定；铝板的厚度不得小于表7—6的规定。

（2）防火风管。它为建筑中的安全救生系统，是指建筑物局部起火后，仍能维持一定时间正常功能的风管。它们主要应用于火灾时的排烟和正压送风的求生保障系统，一般可分为1 h、2 h、4 h等的不同要求级别。建筑物内的风管，需要具有一定时间的防火能力，为了保证工程的质量和防火功能的正常发挥，规定了防火风管的本体、框架与固定、密封垫料不仅必须为防火材料，而且其耐火性能还能满足设计防火等级的规定，这是近年来通过建筑物火灾发生后的教训总结出来的，属于现行施工质量验收规范中的强制性条文。

（3）风管的强度和严密性能。这是风管加工和制作质量的重要指标之一，必须达到。对风管强度主要检查风管的耐压能力，以保证系统安全运行。风管系统由于结构的原因，少量漏风是正常的，也可以说是不可避免的。但是过量的漏风则会影响整个系统功能的实现和造成能源的大量浪费。因此，对不同系统类别及功能的风管的允许漏风量必须作出与国标上通用标准一致的规定。

风管必须通过工艺性的检测或验证，其强度和严密性应符合设计或下列规定：

1）风管的强度应能满足在1.5倍工作压力下接缝处无开裂的要求。

2）矩形风管的允许漏风量应符合以下规定：

低压系统风管　$Q_L \leqslant 0.105\,6P^{0.65}$

中压系统风管　$Q_M \leqslant 0.035\,2P^{0.65}$

高压系统风管　$Q_H \leqslant 0.011\,7P^{0.65}$

式中　Q_L、Q_M、Q_H——系统风管在相应工作压力下，单位面积风管单位时间内的允许漏风量［$m^3/(h \cdot m^2)$］；

p——风管系统的工作压力，Pa。

3）低压、中压圆形金属风管允许漏风量，应为矩形风管规定值的50%。

（4）金属风管的连接应符合下列规定：风管板材拼接咬口缝应错开，不得有十字拼接缝。

（5）金属风管的加固应符合的规定

1）圆形风管（不包括螺旋风管）直径 $D \geqslant 800$ mm，管段长度大于1 250 mm或总表面积大于4 m^2，均应采取加固措施。

2）矩形风管边长大于630 mm、保温风管边长大于800 mm，管段长度大于1 250 mm或低压风管单边平面积大于1.2 m^2，中、高压风管大于1.0 m^2，均应采取加固措施。

3）在我国，非规则椭圆风管也已经开始应用，它主要采用螺旋风管的生产工艺，再经过定型加工而成。风管除去两侧的圆弧部分外，另两侧中间的平面部分与矩形风管相类似，故对其加固也应执行与矩形风管相同的规定。

（6）为了降低风管系统的局部阻力，矩形风管弯管的制作，一般应采用曲率半径为一个平面边长的内外同心弧形弯管。采用其他形式的弯管，当平面边长大于500 mm时，必须设置弯管导流片。

（7）空气净化空调系统与一般通风、空调系统风管之间的区别，主要体现在对风管的清洁度和严密性能要求的差异上。针对这个特点，空气净化空调系统风管的制作，首先应去除风管内壁的油污及积尘，预防二次污染，不得造成操作人员急性中毒或慢性中毒等损害人体健康的现象出现。净化空调系统风管还应符合下列规定：

1）风管所用的螺栓、螺母、垫圈和铆钉均应采用与管材性能相匹配，且不会产生电化学腐蚀的材料，或采取镀锌或其他防腐措施，不得采用抽芯铆钉。

2）矩形风管边长不大于900 mm时，底面板不应有拼接缝；大于900 mm时，不应有横向拼接缝。

3）不应在风管内设加固框或加固筋。

4）空气洁净度等级为1~5级的净化空调系统风管不得采用按扣式咬口。

5）风管的清洗不得用对人体和材质有危害的清洁剂。

6）镀锌钢板风管不得有镀锌层严重损坏的现象，如表层大面积白花、锌层粉化等。

3. 一般项目

金属风管制作的规定：

（1）风管的咬口缝应严密，宽度应一致；折角应平直，圆弧应均匀圆滑；两端面平行，风管无明显扭曲与翘角；表面应平整，凹凸不应大于10 mm。

（2）风管外径或外边长的允许偏差：当不大于300 mm时，为2 mm；当大于300 mm时，为3 mm。管口平面度的允许偏差为2 mm，矩形风管两条对角线长度之差不应大于3 mm；圆形法兰任意正交两直径之差不应大于2 mm。

（3）焊接风管的焊缝应平整，不得有裂缝、凸瘤、穿透的夹渣、气孔及其他缺陷等，焊接后板材的变形应矫正，并将焊渣及飞溅物清除干净。

五、安全环保措施及施工注意事项

1. 安全环保措施

（1）使用剪板机时，手严禁伸入机械压板空隙中。上刀架及剪板机工作台面上不得放置工量具等物品，调整板料时，手不得伸入上、下剪刃内。当两人配合下料时，要协调动作，两人看线合适时，一人发令，另一人踩踏离合器横管，实施剪切。

（2）使用振动剪床，两手要扶稳板料，用力适当，手指距离刀口不得小于50 mm。

（3）使用咬口机轧制咬口时，手指应距辊轮护壳约50 mm，平稳地使板料紧贴进料靠尺。

（4）使用卷圆机卷圆，手不得用力推送板料，尤其是当卷圆即将完成时，手更不得推拉板料。

（5）用折方机折方时，操作者应互相配合并与折方机保持距离，防止被翻转的钢板或配重击伤。

（6）操作前应检查所有带柄工具，如木榔头、方锤、锤子、大锤等安装是否牢靠。夏天木榔头的木柄易松动，可将其常浸入水中。打大锤时，严禁戴手套，并注意四周人员和锤头起落范围内有无障碍物。

（7）使用砂轮切割机时，要先检查防护罩是否可靠，锯片运转是否正常。切割对准线，且一定要先紧固再将锯片下压切割，施力要均匀、适度，不要施力过猛，否则易使锯片崩裂，甩出伤人。

（8）电动机具应安置在室内或搭设的工棚内，以防止雨雪的侵袭。使用台钻时，不得戴手套操作。照明电线及动力电缆必须架空敷设或采取其他防漏电与防潮措施。现场用电须由专业电工接线，其他人员不得私自接线。

（9）风管应在门窗齐全的密闭干净的环境中制作，在加工过程中应经常打扫，保持环境干净。

（10）风管搬运，须根据管段的体积、质量，组织适当的劳动力，若有条件，可用平板车运输。多人搬运风管用力要一致，轻拿轻放，堆放整齐。

（11）当天施工结束后，应将工量机具收拾齐备并入库，剩余材料码放整齐，边角料头堆弃一处。

（12）作业场所必须配备灭火器或其他灭火器材。制作工序中使用的胶黏剂应妥善存放，注意防火，且不得直接在阳光下暴晒。

（13）严格按项目施工组织设计用水、用电，避免超计划和浪费现象的发生，现场管线布置要合理，严禁随意乱接乱用，条件允许时应有专人对现场用水、用电进行管理。

（14）施工中需要照明亮度大及噪声大的工作尽量安排在白天进行，减少夜间施工照明电能的消耗以及噪声对周围居民生活的影响。

2．施工注意事项

（1）要使镀锌钢板受到很好的保护，存放时不得受酸、碱等腐蚀。钢板放置在能防潮的木制货架上，重叠码放整齐。

（2）不锈钢板、铝板及塑料复合钢板要立靠在木架上，不要平叠，以免拖动时刮伤表面。展开放样划线时，不得使用锋利的钢制划线工具，一定要使用色笔划线。咬口咬合时，只能使用木方尺、木榔头、铜锤或不锈钢锤，若使用普通锤子，一定会留下锤击痕迹，产生铁锈斑点。

（3）为防止矩形风管扭曲、翘角，展开放样时，对风管展开的矩形的四个角及折方线要严格测量，保证90°角准确，折方时要按线折边。

第二节　金属配件与部件的制作

培训目标

- 了解通风空调各类配件与部件在系统中的作用
- 熟悉配件及部件制作要求
- 掌握配件与部件的制作工艺
- 能够生产出较简单配件与部件产品

一、配件的制作

金属风管的配件是通风空调系统的重要组成部分，包括各类弯头、来回弯、变径管、三通及四通、静压箱、导流叶片及法兰等。

1．弯头的制作

弯头是在系统中用来改变通风管道方向的配件。弯头根据断面形状的不同可分为圆弯头、矩形弯头；根据口径变化可分为圆变径弯头、矩形变径弯头和方圆变径弯头；根据弯曲角度可分为30°、45°、60°以及90°弯头。

（1）圆弯头的要求。圆弯头制作可根据设计给定的管径 D、曲率半径 R 等相关尺寸进行。若未给出需自己确定时，必须符合表7—7所示的基本要求，若是除尘系统，R 可以大于等于 $2D$。

1）圆弯头通常是由两个端节和若干中节组成的。把带有单斜口的管节叫“端节”，带有两个斜口的管节叫中节，端节为中节的一半。为何要有端节和中节之分呢？因为圆柱体的横断面是个正圆形，而斜截面是个椭圆形，两者周长不一样。因此，圆形弯头必须在两端各设一个端节，否则，管节就无法咬合。

2）圆弯头在系统中局部阻力的大小，主要取决于曲率半径的大小和节数的多少。弯头曲率半径大，节数多，阻力就小，但占据空间位置大，制作弯头耗费的材料和工时也多；反之，曲率半径小，节数少，阻力就大，占据空间位置小，耗时和材料也少。

表 7—7　　圆形弯管曲率半径和最少节数

弯管直径 D（mm）	曲率半径 R	弯管角度和最少节数							
		90°		60°		45°		30°	
		中节	端节	中节	端节	中节	端节	中节	端节
80～220	≥1.5D	2	2	1	2	1	2	—	2
220～450	D～1.5D	3	2	2	2	1	2	—	2
450～800	D～1.5D	4	2	2	2	1	2	1	2
800～1 400	D	5	2	3	2	2	2	1	2
1 400～2 000	D	8	2	5	2	3	2	2	2

（2）五节 90°圆弯头的制作

1）展开放样

① 根据已知弯头直径 D、曲率半径 R 和节数 n 画出侧立面图，并进行等分，用平行线法将端节进行展开，如图 7—7 和图 7—8 所示。

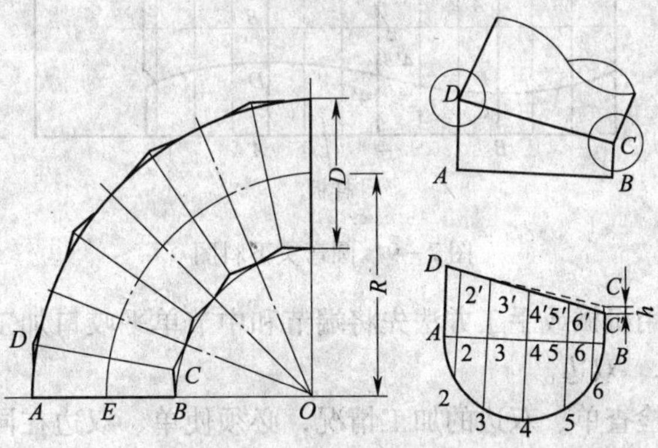

图 7—7　圆形弯头侧面图

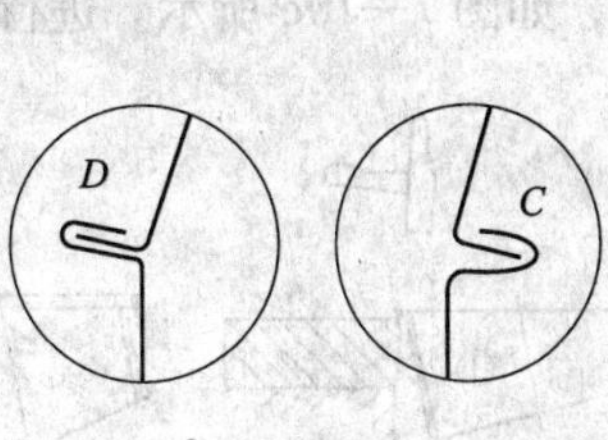

a)

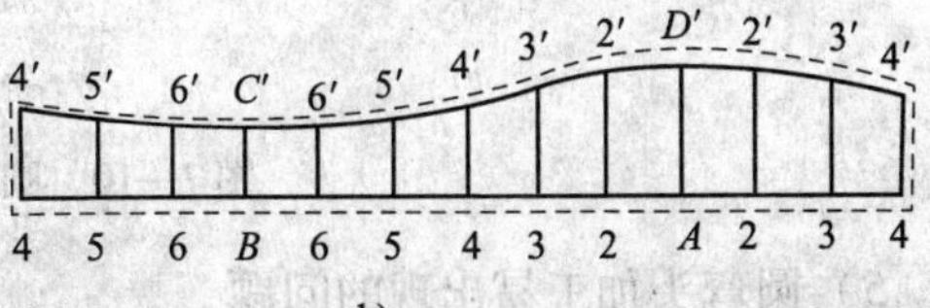

b)

图 7—8　圆弯头端节展开图

a）节点图　b）展开图

② 若圆弯头环缝单立咬口为手工加工，因弯头内圆弧单、双边錾折角度均不足 90°，加工较困难，加工咬合时不易使单、双边贴靠紧密，所以制作出来的弯头大都是“抬头”，角度不够 90°，如图 7—8 中 C 点所示。实践中，可以在端节内弧高“BC”减去 2～3 mm，即为“BC′”，然后进行展开，此法是实践中总结出来的，有一定数量的操作者这样处理，但不是必须这样做。

如果是机械加工单立咬口的单、双边，上述问题不突出，可不减 2～3 mm，但单、双边咬合时必须使之紧密贴合，否则也会因咬合不紧，仍可能使弯头“抬头”。

③ 在端节展开图上分别放出单平咬口、单立咬口和法兰翻边留量，如图 7—8b 所示。

2）剪切。经检查合格后，即可用机械或手工方法将端节裁剪，注意单平咬口的两侧端头均应剪斜角。然后用端节作样板，在板材上套裁所有的端节和中节，如图 7—9 所示，并应在展开料上划出 *BC*′、*AD* 及 44′线。

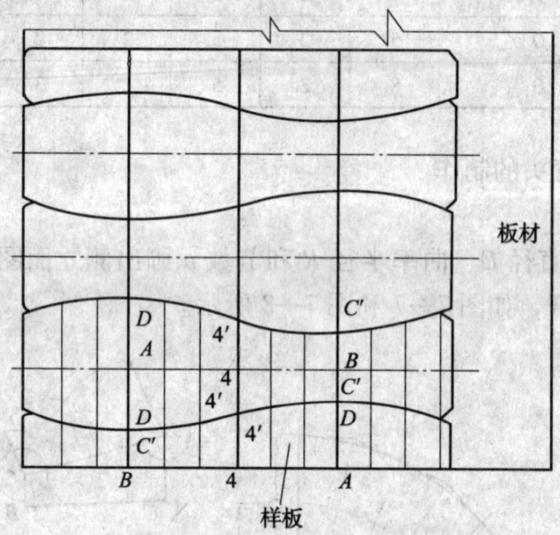

图 7—9 圆弯头下料图

3）加工咬口。用机械或手工方法先将端节和中节单平咬口加工好并卷圆咬合，然后加工单立咬口的单、双边。

4）组对咬合。检查单、双边的加工情况，必须使单、双边在同一个平面内，如图 7—10a 和图 7—10b 所示。再将单边放入双边中，核对背弧线，待对正后，即可用方锤进行包边咬紧，如图 7—10c 所示。进行里弧包边压实时，一定要到位。

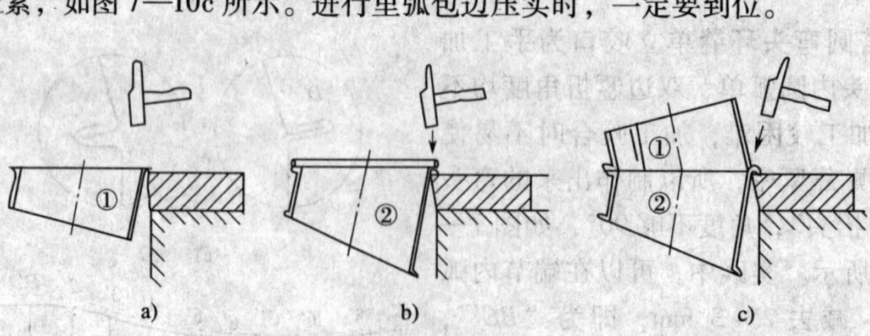

图 7—10 圆弯头组对装配

5）圆弯头加工易出现的问题

① 由于单、双边里弧均小于 90°，单、双边的加工及咬合都较困难，90°弯头制作后往往不够 90°角。因此，制作中务必注意这一点，工序要做到位、做好。

② 咬合后的弯头歪扭不正，主要原因是单、双边包边咬合前没有对正背弧线。

③ 单、双边的包合不好，不仅外表难看，且易漏风，弯头内弧板面出现麻点，外观质量不好。

6）圆弯头焊接加工工艺。

① 当弯头板厚 $\delta > 1.2$ mm 时，可采用焊接。1.2 mm < δ < 1.5 mm 时，应当采用折边焊，折边宽度为 6 ~ 8 mm，展开下料后应放出留量，端节平口还需放出翻边留量。此种折边焊用的是气焊，若不折边，板材受热后变形一定很大。

② 1.5 mm ≤ δ ≤ 3 mm 时，弯头可以采用对接焊，其环缝、纵缝以及套法兰后也不需要翻边，展开下料时均不需再放加工留量。但要注意的是，若 δ = 3 mm，展开周长即为 $\pi D_{中}$（$D_{中}$为中径，即外径减去一个壁厚）。

采用焊接的弯头节点，如图 7—11 所示。

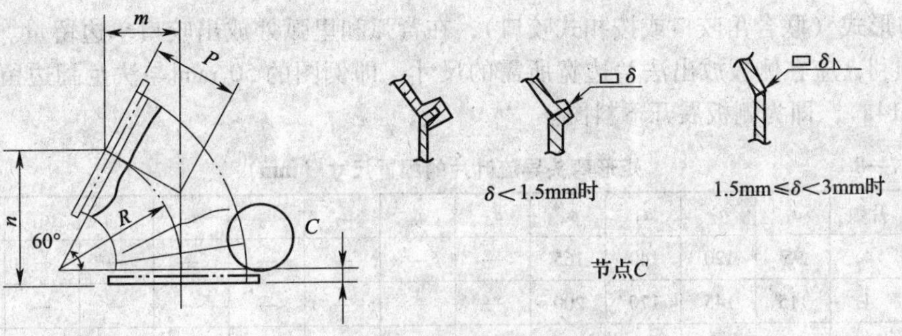

图 7—11　焊接弯头节点图

（3）90°矩形弯头的制作：矩形弯头有内外弧弯头、内弧形弯头和内斜线弯头，弯头的形状如图 7—12 所示，工程中最常用的是图 7—12a 所示的弯头。

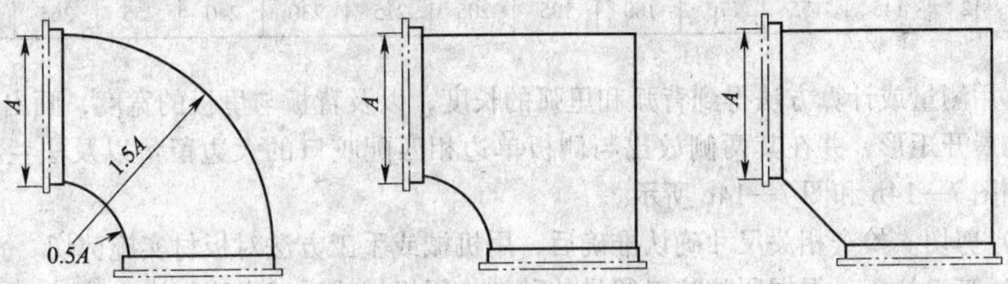

图 7—12　矩形弯头形式

a）内外弧弯头　b）内弧形弯头　c）内斜线弯头

矩形弯头是由前、后两块侧板、弯头背板及弯头里板共四块板料组成的。侧板的宽度以 A 表示，背板及里板的宽度以 B 表示。

矩形弯头的连接有咬口连接和焊接。咬口连接有单角咬口、联合角咬口和按扣式咬口三种，最为常用的是联合角咬口。焊接同圆弯头连接一样，有折边焊与对接焊两种。

如图 7—12 b 和 c 所示两种弯头，当 A≥500 mm 时，应当在其内部设置导流叶片，目的是使气流分布均匀。导流叶片在弯头内的配置应符合设计要求，若无要求，可执行图 7—13 及表 7—8 规定。

导流叶片的材质、厚度要与风管一致；导流叶片的角度与弯头的角度一致；同一弯头内导流叶片弧长一致，且导流叶片的迎风侧边缘应圆滑。

导流叶片是用拉铆与弯头的侧板连接在一起的，铆接要牢固。

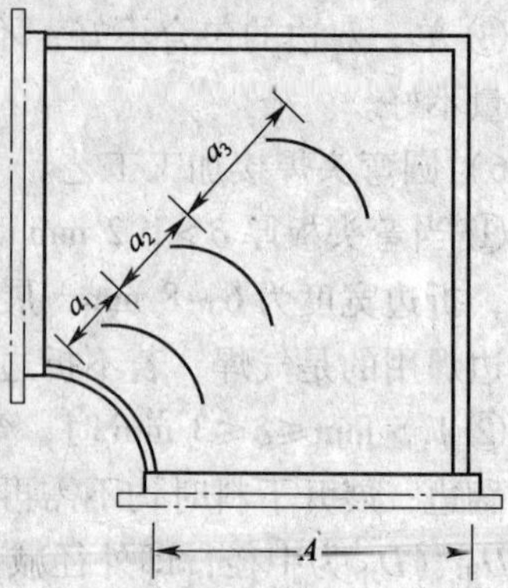

图 7—13　矩形弯头导流叶片的配置

1）展开放样

①根据已知尺寸，画出弯头的侧板图，并依照咬口形式（联合角咬口或按扣式咬口），在背弧和里弧处放出咬口单边留量。为使套法兰顺利，应在侧板放出法兰边宽所需的尺寸，即例图的 50 mm 与法兰翻边留量（见图 7—14a），即为侧板展开下料图。

表 7—8　　矩形弯头导流叶片的配置尺寸（mm）

边长	片数	a_1	a_2	a_3	a_4	a_5	a_6	a_7	a_8	a_9	a_{10}	a_{11}	a_{12}
500	4	95	120	140	165	—	—	—	—	—	—	—	—
630	4	115	145	170	200	—	—	—	—	—	—	—	—
800	6	105	125	140	160	175	195	—	—	—	—	—	—
1 000	7	115	130	150	165	180	200	215	—	—	—	—	—
1 250	8	125	140	155	170	190	205	220	235	—	—	—	—
1 600	10	135	150	160	175	190	205	215	230	245	255	—	—
2 000	12	145	155	170	180	195	205	215	230	240	255	265	280

②用测量或计算方法得到背弧和里弧的长度，以及背板与里板的宽度，画出背板和里板的展开矩形，并在其两侧放出与侧板单边相匹配咬口的大边留量以及法兰翻边留量，如图 7—14b 和图 7—14c 所示。

2）剪切。检查相关尺寸确认准确后，用机械或手工方法对板材实施剪切。

3）咬口加工。根据所放咬口留量的种类，用机械或手工方法加工出咬口。

4）煨制背、里板弧度。背板和里板加工好咬口后，用手工方法分别将其依次煨制成与弯头侧板弧度一致的 1/4 圆，煨制是将板料放置在大直径的圆钢管上，两手徐徐加力向下揿按并转动板料，使之均匀弯曲，圆弧圆滑，并与侧板弧度基本一致。不可过猛用力，以免造成局部死弯。

注意板材咬口的煨制方向，煨制反了，咬口无法组装。

5）组装咬合。把侧板单边插入煨制好弧度的背板或里板的双边中，并用方锤轻击单边，使之插入到位后即可用方锤将包边扣倒包实，用同样方法在 1/4 圆弧上选择 3 ~ 5 处，待单边插入到位后用方锤扣倒包边；待检查并确认所有单边插装到位后，用木方尺或方锤将包边扣倒包实，并使包边平实、紧贴。

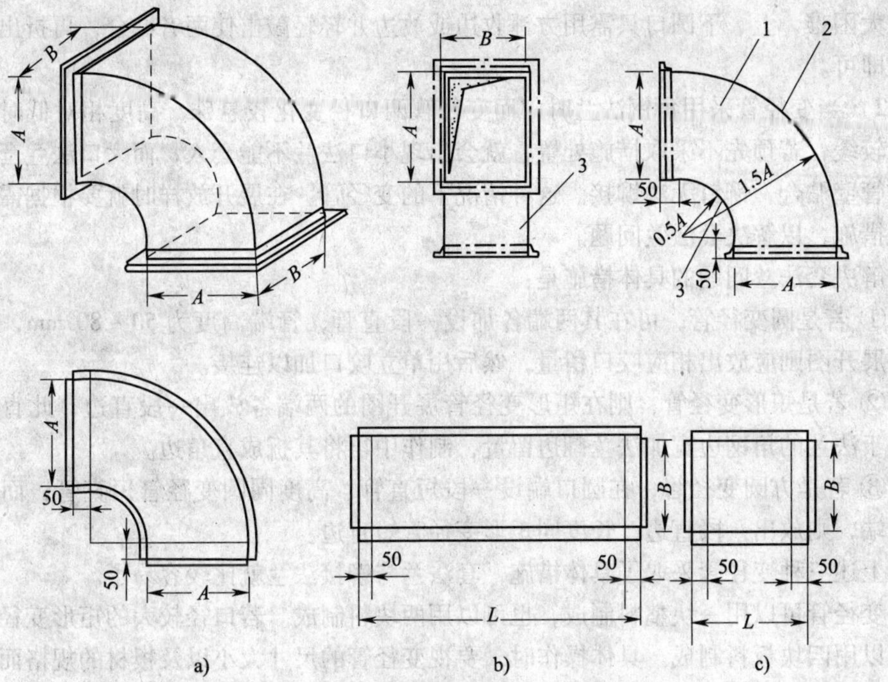

图 7—14　矩形弯头展开及咬口设置

a）侧板展开图　b）背板展开图　c）里板展开图

1—侧板　2—背板　3—里板

6）矩形弯头加工中易出现的质量问题

①单边组装不到位，局部出现的“放边”现象或膨胀缺陷。

②内、外圆弧单双边组装后不圆滑，局部出现硬棱状，严重时圆弧出现多边形、多处棱角隆起。

出现上述质量问题，主要是单双边插入时操作过急。若局部弧度不合适，可用方锤轻击和用力挤压，待单边插入到位后才能包边咬实。

2. 变径管制作

变径管在系统中是用来连接两个不同口径或不同断面的接口的配件。

(1) 变径管种类。变径管从外形可分为：圆形变径管、矩形变径管（俗称大小头）；圆形断面变矩形断面的方圆变径管（俗称天圆地方）；矩形上下口扭转换向的连接管等。此外，所有变径管还有正心和偏心之分，偏心还有单面和双面之分，具体形式很多。

(2) 变径管高度。变径管在制作时一般高度应等于大口径尺寸（大直径或大边尺寸）减去小口径尺寸（小直径或小边尺寸）乘以 1.5 再加 100 mm，使变径管的扩散角控制在 25°~35°之间。

(3) 变径管套法兰问题。变径管在按具体尺寸画出实样时，应根据变径管坡度变化之缓急，决定是否采取相应措施来解决套法兰问题。

1）当变径管采用扁钢法兰时，因扁钢厚度为3～5 mm，变径管在套法兰时不会发生太大困难，上、下圆口只需用方锤收边或放边并轻轻敲击使两者贴合，再折出法兰的翻边即可。

2）当变径管采用角钢法兰时，而变径管两口径变化较悬殊，高度相对低时，此时坡度较缓，若预先不采取措施处置，就会出现小口法兰不能套入，而大口法兰套入后不能与管壁贴合，铆钉无法铆接。这种情况下的变径管，在展开放样时就要根据需要采取有效措施，以解决套法兰问题。

解决套法兰问题的具体措施是：

① 若是圆变径管，可在其两端各加设一段直管，管端高度为50～80 mm，而圆变径管展开图则应放出相应咬口留量，然后用单立咬口加以连接。

② 若是矩形变径管，则在矩形变径管展开图的两端各放出一段直边，此直边长度应大于法兰的角钢边宽加法兰翻边留量，制作中再将其折成直角边。

③ 若是方圆变径管，在圆口端设一段短直管，高度同圆变径管短直管；而在矩形口一端，则放出一段直边，长度同矩形变径管短直边。

上述三种变径管采取了具体措施，套法兰与铆接法兰就比较容易了。

变径管可以用一块整料制成，也可以用两块料制成。若口径较大的矩形变径管，有时可以用四块板料制成。具体操作时，要视变径管的尺寸大小以及板材的规格而定，既要考虑工效，也要兼顾节约材料。

（4）圆变径管的制作

1）展开放样。圆变径管的展开方法有放射线法、样板法和三角形法。

① 放射线法适用于变径管尺寸相对较小，且口径变化大、高度又较低、素线延长后容易得到交点的场合。用放射线法作展开图速度快，省工省时。但实际工程中很少有这种条件，因为工程所用的管径尺寸都较大，即使得到交点，常因长径规尺寸不够而无法作图。

② 样板法用于正圆变径管的展开，在实际工程中应用较为广泛，操作也较为简单。其方法是：用计算法分别求出上、下两个口径的周长，即 πD 与 πd，再分别用 $\pi D/12$ 与 $\pi d/12$ 作样板梯形的上下底，而梯形高则是变径管的斜边长。然后用此等腰梯形作样板，在板材上画出12块，且一定要用不锈钢板尺检查所画周长和计算结果是否相同，若有差异，需作调整，修改无误后即得此圆变径管的展开图。

③ 三角形法适用所有圆变径管展开，主要是偏心（单面或双面偏心）圆变径管的展开。其作图步骤是：按已知尺寸画出圆偏心变径管的平面投影图，并进行12等分，再将12个小梯形对角连线，分割为24个小三角形，然后分别求出每条线段的实长，依次画出展开图。有关圆变径的展开放样的方法，第5单元已作较详尽的介绍，此处不再赘述。

运用上述三种展开方法将圆变径管展开后，再在展开图两侧放出单平咬口留量；展开图扇形上下放出相应留量（若不需采取措施套法兰，只分别放出法兰的翻边留量；若需加设直管，则应分别放出单立咬口的单、双边留量）。

2）剪切。检查展开图确认正确且已放出相应咬口和翻边留量后，用机械或手工方法实施剪切。注意内、外圆弧的剪切一定要圆滑，否则，咬合后上、下口不平。

3）咬口加工。圆变径管的展开图一般取1/2，将纵缝单平咬口用机械或手工方法加工好，注意咬口应一反一正。

4）卷圆。因是圆变径管，两端口径不一样，在钢管上卷制时，应控制好力度和圆弧度，且揿按时应沿放射线方向用力。

5）咬合压实。将卷制好的1/2圆变径管单平咬口钩挂后，用木方尺或木榔头使其咬合压实。

6）整形。手工卷制因用力过猛或卷制时未沿放射线方向施力，会出现少许硬棱或斜棱，需用木方尺加以修整。

7）若变径管需加设直管，在整圆后再进行单立咬口的单、双边加工，将两端短直管用同样方法加工好咬口，再组对咬合，圆变径管的制作才告完成。

（5）矩形变径管的制作

1）展开放样。矩形变径管的展开常用三角形法，即根据矩形风管大小口尺寸及偏心距画出平面图，然后用四条线对角连线的方法，将四个梯形分割成八个三角形，再利用直角三角形法求出每条线段的实长，依次画出展开图。

矩形变径管展开可以是一块板料、两块板料，也可以由四块板料，实践中往往根据风管口径板料的规格决定。

展开图画出后，大多需要在展开图两端放一段直边，直边高度应大于法兰角钢宽度再加法兰翻边留量。另外，在展开图的侧边需放出咬口留量，大多为联合角咬口或按扣式咬口，在展开图的两侧分别留出大边和单边。

2）检查相关尺寸后再用手工或机械方法剪切。

3）用机械或手工方法将咬口加工好。

4）若下料为一块板材或两块板材还需用折边机或手工进行折边，并将套法兰直边揿压出棱线。

5）咬口包边咬实。

6）将变径管口径修整周正，并将套法兰所用直边加工好。

二、部件的制作

在通风空调系统中，部件担负着系统空气的收集、分布、调节与控制等项任务，主要是由各类送（吸）风口、阀门、罩类、风帽、检查门、测定孔以及柔性短管等组成。

随着通风空调技术的发展，系统所用的部件大多由通风空调设备的专业厂家生产。由于工厂化生产，不仅产品质量好，而且生产效率高，生产成本也相对较低。因此，目前工程上所用的部件有相当部分已经改由外购。通风工对部件的制作任务一般仅限于罩类、风帽及柔性短管等少量品种的生产。

1．部件的制作要求

（1）风管部件制作前应编制详细的加工清单，标明制作部件的规格、加工数量、质量要求以及其他的特殊工艺要求等。

（2）施工时所需要的标准图集、设计院院标及相关的参考资料应准备齐全。

（3）制作部件所选用的钢板的厚度、规格应符合设计和有关规范的要求。

（4）罩类制作尺寸应准确，连接要牢固，其外壳不应有尖锐的边缘。

（5）风帽的支撑条长度应相等，弯制角度应一致，装配后的帽顶不得歪斜。

（6）柔性短管接合缝制缝或咬接时均应保证其严密、牢固，且长短尺寸要符合要求。

2. 罩类的制作

（1）排气罩的形式。排气罩是通风系统局部排气装置。其形式很多，根据生产工艺的要求，主要有以下4种基本类型：

1）密闭罩（见图7—15a）。用来把生产有害物的局部地点完全密闭起来。

2）外部排气罩（见图7—15b）。外部排气罩应安装在产生有害物的附近。

3）接受式局部排气罩（见图7—15c）。接受式排气罩须安装在有害物运动的前方或上方。

4）吹吸式局部排气罩（见图7—15d）。这种排气罩利用吹气气流将有害物吹向吸气口。

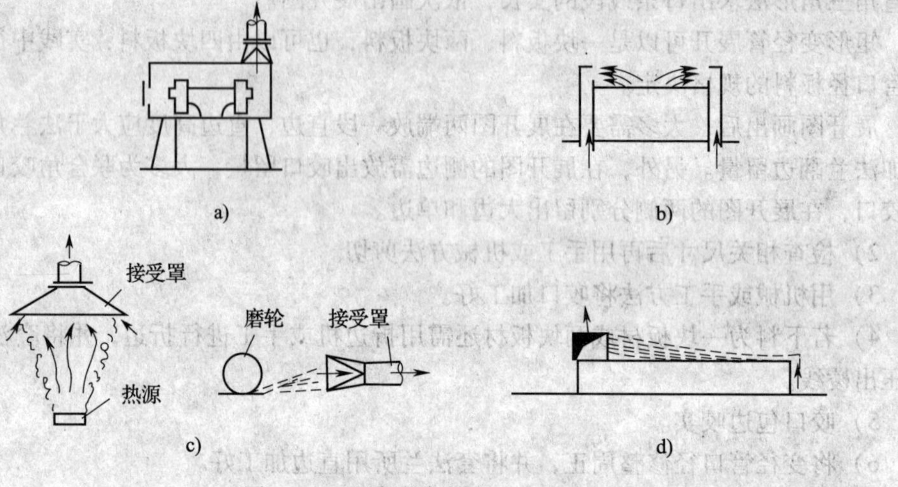

图7—15　局部排气罩的基本类型

a）密闭罩　b）外部排气罩　c）接受式局部排气罩　d）吹吸式局部排气罩

（2）排气罩制作要求

1）排气罩组合连接时，各部分尺寸要准确，连接牢固，外形平整、美观。

2）若是升降或回转排气罩，其活动件应灵活，便于操作。

3）用于排水蒸气或其他潮湿气体的伞形等排气罩，应在罩口内边设置排除凝结液体的沟槽，并用管子引出。

4）一般排气罩，为使其排气速度分布合理、均匀，扩散角应小于等于60°。

5）排气罩的安装高度，在不影响操作的前提下，为提高排气效果，最好使安装高度 $H \leqslant 0.5A$（D）。

（3）排气罩的制作。罩类主要用于排风系统，其形状大多数为伞形，有圆形变径、矩形变径和方圆变径的排气罩。其工艺是：

展开放样→剪切→咬口加工→卷圆或折方→咬口咬合→整形

1）展开放样。根据设计或标准大样图给定的尺寸和形状，选用合适的展开方法，将其在板材上画出。若是咬口连接，应根据所选用的咬口形式，分别放出咬口留量。因罩类呈伞形，因此，还需根据尺寸和罩类的具体形状，考虑是否要解决上口套法兰的问题，并采取相应措施解决。

2）剪切。检查复核展开图及咬口设置放边情况后，用机械或手工方法剪切板材。

3）咬合加工。按设置的咬口形式用机械或手工加工出合格咬口。

4）卷圆或折方。卷圆揻按施力要均匀，力度要合适，不得揻按出诸多硬棱；折方要按线操作，棱线要清晰。

5）咬合及整形。咬合前，一定要仔细检查加工的咬口折边钩挂有无抵碰，确认合适后即可用木榔头或木方尺将其拍实咬紧。最后修整罩的上、下口。圆口应圆滑、基本不失圆，矩形则应方正。

3. 风帽的制作

风帽是装于排风系统的末端，利用风压的作用加强排风能力的一种通风装置，同时可以防止雨雪流入风管内。

（1）风帽的形式。在排风系统中一般使用伞形风帽（通用标准图集 T609）、锥形风帽（T601）和筒形风帽（T611）向室外排出污浊空气。

1）伞形风帽（见图 7—16a）。伞形风帽适用于一般机械排风系统。伞形风帽可按圆锥形展开，咬口制成。当通风系统的室外风管厚度与 T609 标准图所示风帽不同时，可按室外风管厚度制作。伞形风帽按 T609 标准图所绘共有 17 个型号。支撑用扁钢或角钢制成，用以连接伞形风帽。

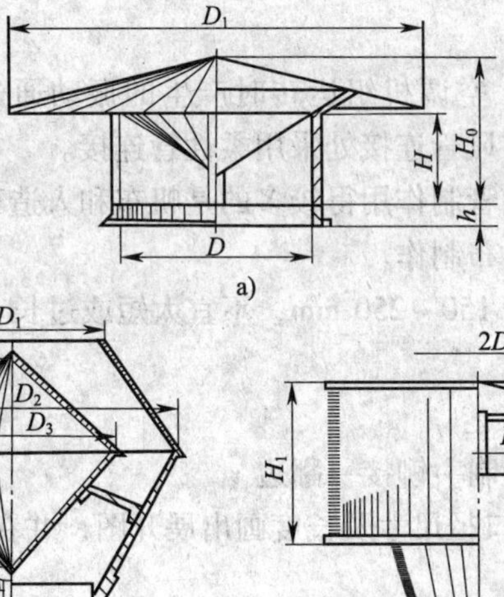

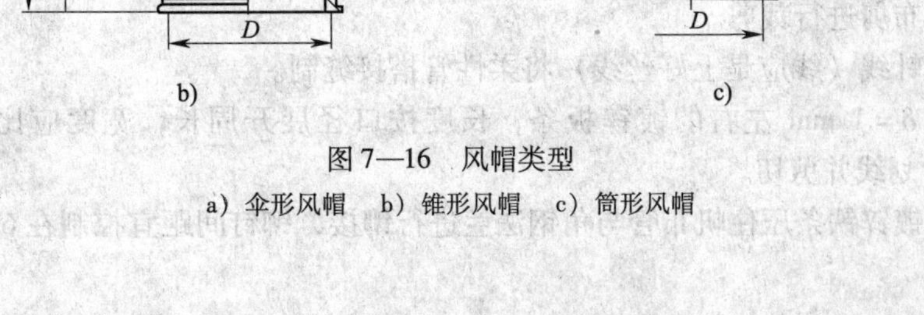

图 7—16　风帽类型

a）伞形风帽　b）锥形风帽　c）筒形风帽

2）锥形风帽（见图7—16b）。锥形风帽适用于除尘系统。$D=200\sim1\ 250$ mm，共17个型号。制作方法主要按圆锥形展开下料组装。

3）筒形风帽（见图7—16c）。筒形风帽比伞形风帽多了一个外圆筒，在室外风力作用下，风帽短管处形成空气稀薄现象。促使空气从竖管排至大气中，风力越大，效率就越高，因而适用于自然排风系统。

筒形风帽可能产生凝结水滴，在其下部设置滴水盘，并用水管把滴水引至排放地点。

（2）筒形风帽的制作。筒形风帽主要是由伞形罩、外筒、扩散管及支撑四部分组成。其制作工艺是：

展开放样→剪切与切割→咬口加工→卷制加固筋→划线钻孔→卷圆与煨弯→咬口咬合→组装

1）按放射线法分别将伞形罩、扩散管及挡风圈展开，并放出相应的咬口留量。圆筒按平行线法展开，并放出咬口（单平）留量与卷制铁丝或圆钢直径 d 的留量。支撑按标准大样图给定的尺寸划出切割线。

2）钢板用机械或手工方法剪切。扁钢或角钢用砂轮切割机等切断。

3）将伞形罩、扩散管、挡风圈及圆筒分别加工好咬口。

4）将圆筒两端分别包制铁丝或圆钢。

5）将支撑与伞形罩、圆筒连接孔位置划出，并在台钻上钻好孔。

6）将圆筒、伞形罩、扩散管及挡风圈卷圆；支撑在台虎钳上弯制成所需角度后，应进行防腐处理。

7）将圆筒、伞形罩、扩散管及挡风圈咬口咬合并整形。

8）将伞形罩、圆筒与支撑用螺栓连成一整体。

4．柔性管制作

（1）为了防止风机、空调机组运转时产生的振动通过风管传到室内并引起噪声，因此，在风机、空调机与风管连接处采用柔性管连接。

通风与空调系统柔性管制作用得较多的是帆布和人造革，输出腐蚀性气体时选用耐酸橡胶或软聚氯乙烯塑料布制作。

柔性管的长度一般为150～250 mm，不宜太短或过长，太短伸缩量不够，过长又易吹鼓或缩颈。

（2）帆布管的制作工艺：

展开放样→裁剪→缝制→铆接→翻边

1）按已知柔性管的口径尺寸及长度画出展开图，并在其接合缝处放出15 mm左右的搭接量。

2）用布剪进行裁剪。

3）用针线（线应是上好丝线）将柔性管搭接缝制。

4）用 $\delta=1$ mm左右的镀锌板条，长度按口径展开周长，宽度应比角钢边宽大6～8 mm，划线并剪切。

5）用镀锌铁条压住帆布管与角钢法兰进行铆接，铆钉间距宜控制在60～80 mm之间，待全部铆接后，再将翻边全部敲出（见图 7—17a），使之与法兰平面贴平。

另外一种加工方法是，把展开好的帆布两端先与 60 ~ 80 mm 宽、长度为展开周长的镀锌铁条咬上，然后卷圆或折方，再将帆布缝好、铁条咬上。最后用软管两端的铁条与法兰铆接，再将铁皮翻边，如图 7—17b 所示。

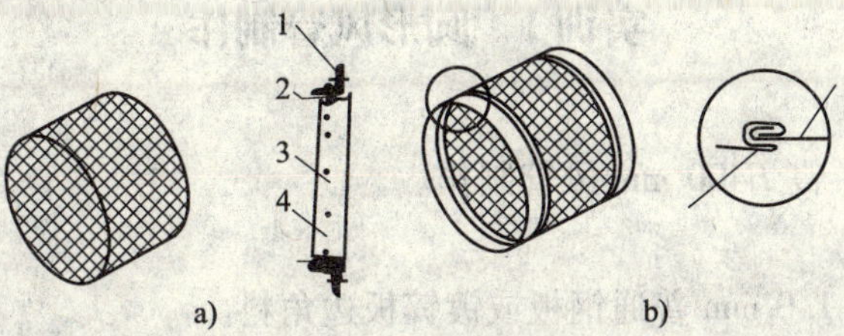

图 7—17　帆布连接管

1）法兰　2）帆布管　3）镀锌薄板　4）铆钉

三、质量标准

配件的质量标准同金属风管的制作。

1. 风罩的制作应符合的规定

（1）尺寸正确、连接牢固、形状规则、表面平整光滑，其外壳不应有尖锐边角。

（2）槽边侧吸罩、条缝抽风罩尺寸应正确，转角处弧度均匀，形状规则，吸入口平整，罩口加强板分隔间距应一致。

（3）厨房锅炉排烟罩应采用不易锈蚀的材料制作，其下部集水槽应严密不漏水，并设置坡向排放口，罩内油烟过滤器应便于拆卸和清洗。

2. 风帽的制作应符合的规定

（1）尺寸应正确，结构牢靠，风帽接管尺寸的允许偏差同风管的规定一致。

（2）伞形风帽伞盖的边缘应有加固措施，支撑高度尺寸应一致。

（3）锥形风帽内、外锥体的中心应同心，锥体组合的连接缝应顺水，下部排水应畅通。

（4）筒形风帽的形状应规则，外筒体的上、下沿口应加固，其不圆度不应大于直径的 2%，伞盖边缘与外筒体的距离应一致，挡风圈的位置应正确。

（5）三叉形风帽三个支管的夹角应一致，与主管的连接应严密，主管与支管的锥度应为 3° ~ 4°。

3. 柔性管应符合的规定

（1）应选用防腐、防潮、不透气、不易霉变的柔性材料。用于空调系统的应采取防止结露的措施；用于净化空调系统的还应是内壁光滑、不易产生尘埃的材料。

（2）柔性管的长度，一般宜为 150 ~ 250 mm，其连接处应严密、牢固可靠。

（3）柔性管不宜作为找平、找正的异径连接管。

（4）设于结构变形缝的柔性管，其长度宜为变形缝的宽度再加 100 mm 以上。

安全环保措施与施工注意事项同风管、配件的制作。

实训　金属风管、配件及部件制作技能训练实例

实训1　圆形风管制作

【实训内容】

直径 D300 mm、高 H400 mm 风管制作。

【准备要求】

材料：δ=0.5～1.0 mm 普通钢板或镀锌板边角料。

工量机具：划针、1m 钢板尺、90°角尺、剪刀、木方尺、钢管、工作台。

【质量标准】

1. 风管直径 D300 mm，允许偏差为 1.5 mm。
2. 风管高度 H400 mm，允许偏差为 1 mm。
3. 椭圆度应小于 1.5 mm。

【操作步骤】

步骤 1　按 D300 mm、H400 mm 画出展开矩形，且四个角的角度均应保证为90°。

步骤 2　在矩形的两侧放出单平咬口留量。

步骤 3　用手工按线剪切并在纵缝上剪出斜面。

步骤 4　用木方尺加工好两边的单平咬口。

步骤 5　在钢管上手工卷圆，并使咬口钩挂。

步骤 6　用木方尺将咬口拍实咬紧，并作修整。

【质量验收】

1. 用尺测量 D 与 H 及椭圆度尺寸，应符合要求。
2. 圆管圆弧圆滑，无硬棱。
3. 咬口宽度基本一致，咬合严实、平整。
4. 圆管上、下口平行。

【注意事项】

使用剪刀当心夹手，拍制咬口折边时要防止木方尺伤手。

实训2　矩形风管制作

【实训内容】

边长 160 mm×200 mm、高 300 mm 风管制作。

【准备要求】

同圆形风管制作。

【质量标准】

1. 边长 160 mm 及 200 mm，允许偏差为 1 mm。

2. 高度 300 mm，允许偏差为 1 mm。

3. 上、下口平行，棱线清晰，矩形口方正。

【操作步骤】

步骤 1 按给定尺寸画出展开矩形，且四个角的角度保证为 90°。

步骤 2 按联合角咬口连接形式画出咬口留量。

步骤 3 用手工剪切好板料。

步骤 4 分别加工好联合角咬口的单边与大边咬口。

步骤 5 在型钢上手工折方。

步骤 6 钩挂咬口并咬实后稍作修整。

【质量验收】

1. 用尺测量边长、高度尺寸，应符合要求。

2. 用 90°角尺校验四个角的角度均应为 90°。

3. 矩形管棱线垂直、清晰，无弧状。

4. 咬口包边尺寸基本一致、平整，基本无明显凹凸现象。

【注意事项】

同圆形风管制作。

实训 3 圆变径管制作

【实训内容】

大口 D200 mm、小口 d120 mm、高 H230 mm 变径管制作。

【准备要求】

同前。

【质量标准】

1. 口径 D200、d120 mm，允许偏差为 1.5 mm。

2. 高度 H230 mm，允许偏差为 1.0 mm。

3. 椭圆度允许偏差为 1 mm。

4. 上、下口平行。

【操作步骤】

步骤 1 按给定尺寸画出展开扇形，并用钢板尺侧立分别校验测量 πD 与 πd 扇形弧长。

步骤 2 在扇形展开图的两侧，画出单平咬口的留量。

步骤 3 用手工直把剪剪切板料。

步骤 4 用手工方法加工好两侧单平咬口。

步骤 5 按放射线的特点，在圆钢上煨制好圆弧，并使单平咬口钩挂。

步骤 6 用木方尺将单平咬口拍实。

步骤 7 修整上、下口与外表面的棱线。

【质量验收】

1. 用尺测量上、下口径及高度尺寸，应符合要求。

单元 7

2．上、下口均应与检验平台基本贴合。

3．上、下口平行

4．外表面无明显斜棱，上、下口在同一轴线上。

【注意事项】

同前。

实训4　矩形变径管制作

【实训内容】

边长250 mm×160 mm、高为200 mm变径管制作。

【准备要求】

同前。

【质量标准】

1．口径250 mm×160 mm，允许偏差为1 mm。

2．高度200 mm，允许偏差为±1 mm。

3．上、下口平行，矩形口方正。

【操作步骤】

步骤1　用直角三角形法画出1/2展开图，并放出单平咬口接缝留量。

步骤2　用手工剪刀剪好板料。

步骤3　按折边线折出两块板料两边的斜棱线。

步骤4　修整折边并使咬口钩挂。

步骤5　用方木尺将咬口拍实。

步骤6　修整上、下口，使之方正。

【质量验收】

1．用尺测量上、下口径与高度尺寸，应符合质量标准。

2．用90°角尺校验上、下口是否方正。

3．检查上、下口是否平行，有无翘角现象。

4．四角折线清晰。

5．单平咬口平直，宽度一致。

【注意事项】

同前。

单元测试题

一、填空题（请将正确的答案填在横线空白处）

1．风管的密封，应以________的密封为主，可采用密封胶嵌缝和其他方法密封。

2．用塑料复合钢板制作风管，除要求其表面涂层均匀、厚度一致外，表面不得有起波、分层或部分________等现象。

3. 板材的拼接缝与圆形风管的纵缝采用________咬口连接。

4. 风管、配件的制作，其外径与外边长的允许偏差一般应以________控制，当 D 为 320 mm 时，应当为________较好。

5. 矩形风管制作时，两条对角线长度之差应________。

6. 风管展开放样时，应严格控制长方形的四个角的垂直度，以防咬口咬合后出现________现象。

7. 风管长度一般取板材的长度，而当某一区段缺一节 D 为 500 mm、长度为 1 200 mm 的风管时，展开矩形做出后，还应在长度上放出两倍________。

8. 制作较大直径的圆风管，操作时可以省去________工序，照样可以生产出合格成品。

9. 当矩形风管边长大于 630 mm、保温风管边长大于 800 mm 时，应当采取________措施，以防止其变形。

10. 风管的强度和严密性能，是风管加工和制作质量的重要指标之一，强度应能满足在________倍工作压力下接缝处无开裂。

11. 制作矩形有直角边的弯管时，当平面大于 500 mm 时，弯管必须设置________。

12. 使用镀锌钢板制作风管，要求镀锌层表面不得有大面积白花、________等现象。

13. 使用咬口机轧制咬口，手指距辊轮护壳约为________，平稳推进板材紧贴进料靠尺。

14. 圆弯头通常是由两个________与若干________组成的。

15. 矩形弯头的制作，若采用手工加工咬口方法，常用的咬口连接形式是________。

16. 圆变径管的制作，当出现上、下口径变化大，而高度又较低时，采用角钢法兰连接形式，此时必须采取措施解决________问题。

17. 矩形变径管的制作时，展开放样最为常用的方法是________。

18. 风帽是装于排风系统的________，利用风压的作用加强排风能力的一种通风装置。

二、判断题（下列判断正确的请打“√”，错误的打“×”）

1. 通风空调工程风管、配件制作三种连接形式，最为常用的是咬口连接。（ ）

2. 矩形风管及配件的制作，其纵缝采用单角咬口与按扣式咬口形式最为普遍。（ ）

3. 风管、配件制作时，一般是以其外径与外边长控制其偏差值，可以为正负值。（ ）

4. 空气洁净系统的风管、配件的咬口缝要严密，而且还要求板材尽可能减少拼接，当大边大于 800 mm 时不得有接缝。（ ）

5. 制作圆形或矩形风管，展开后的矩形板料四个角的角度要作一般的测量，基本保证接近 90°就行。（ ）

6. 用 $\delta=2.0$ mm 板材制作圆风管，其工艺是展开放样→剪切→倒角→咬口加工→卷圆→咬合→整形。（　）

7. 制作矩形风管只要保证展开矩形的四个角是 90° 即可，折方线有些跑线歪斜关系不大。（　）

8. 用不锈钢板料制作风管，当 $\delta<1.0$ mm 时选择咬口连接，当 $\delta>1.0$ mm 采取焊接时应选择氩弧焊。（　）

9. 铝板风管的连接，不得采用按扣式咬口、插条连接以及无法兰连接方式。（　）

10. 矩形风管的加固时，目前工程上最为常用的是滚槽与角钢加固方法。（　）

11. 施工验收规范中关于圆形风管有基本与辅助两个系列，实际使用应优先采用辅助系列。（　）

12. 圆弯管由两个端节和若干中节组成，带一个斜口的管节叫中节，带两个斜口的叫端节。（　）

13. 圆弯头手工加工时，因内弧一端小于 90°，折边与咬合都较困难，往往制作后的成品达不到要求的角度。（　）

14. 矩形弯头内部设置导流叶片，目的是使流经其中的气流分布均匀。（　）

15. 变径管在系统中是用来连接两个不同的口径或不同断面的接口配件，如方圆变径管等。（　）

16. 矩形变径管实际制作时，因尺寸大小的不同，可以由一块板、两块板或四块板组合而成，较多的是用一块板制成。（　）

17. 工程上使用的部件，大都改为外购，通风工现场制作仅限于罩类、风帽及柔性管等少数品种。（　）

18. 筒形风帽主要用于自然排风系统的末端，它依靠室外风力使风帽短管处形成空气稀薄现象，促使室内空气从竖管中排至大气中。（　）

三、单项选择题（下列每题的选项中，只有 1 个是正确的，请将其代号填在横线空白处）

1. 圆形或矩形风管的制作尺寸是以其________为准来计算展开料长度的。

A. 外径或外边长　　B. 内径或内边长　　C. 中径或中边长

2. 金属风管的密封，是以________的密封为主，再辅以其他方法密封。

A. 密封胶嵌缝　　B. 板材连接　　C. 焊锡

3. 用铝板制作风管配件，搬运时只宜抬动，而不得________，否则会使表面的氧化膜被破坏。

A. 移动　　B. 掀起　　C. 拖动

4. 目前工程上制作矩形风管、配件时，其连接形式主要是________。

A. 单角咬口　　B. 按扣式咬口　　C. 联合角咬口

5. 制作较大直径圆风管时，一般不需要________，只需将咬口加工好后钩挂打紧打实即可。

A. 撖按圆弧　　B. 卷圆　　C. 整形

6. 咬合的圆风管纵缝单平咬口出现疵口开裂现象，一般是咬口钩挂时有________问题未被发现便咬合所致。

A. 抵碰　　B. 不平行　　C. 边宽不一

7. 一节矩形风管由两块板料组合而成，它需________折方才能组合连接成产品。

A. 一次　　B. 两次　　C. 四次

8. 在不锈钢板或铝板上划线，应选用________，目的是保护两种金属表面的钝化膜或氧化膜不被破坏。

A. 划针　　B. 色笔　　C. 石笔

9. 用塑料复合钢板制作方圆变径管，一般是用其他材料展开放样制作好________后，再在塑料复合钢板上套裁下料。

A. 样板　　B. 样杆　　C. 展开图样

10. 用镀锌钢板等含有复合保护层钢板制作风管配件时，在正常情况下不得采用________连接方法。

A. 熔焊　　B. 接触点焊　　C. 铆钉

11. 防火风管是建筑物中的安全救生系统，当局部起火后，仍能维持一定时间正常功能，一般设置为________不同要求级别供选用。

A. 5 min, 10 min, 15 min

B. 0.1 h, 0.5 h, 1.0 h

C. 1 h, 2 h, 4 h

12. 排风系统的圆弯头，为降低空气流经其中的局部阻力，采取________的措施便可达到目的。

A. R 大、n 少　　B. R 大、n 多　　C. R 小，n 多

13. 某除尘系统使用的板厚 $\delta = 2.0$ mm 制作圆弯头，其环缝与纵缝连接应当选用________连接形式。

A. 搭接焊　　B. 折边焊　　C. 对接焊

14. 某系统制作如图 7—12 所示矩形弯头时，设置的导流叶片与弯头侧板的连接常选用________连接，铆接应牢固。

A. 液压铆接　　B. 手工冷铆　　C. 拉铆

15. 为降低变径管的阻力，选择其制作高度时，用大口径尺寸减去小口径尺寸之差乘以 1.5 再加 100 mm，以使扩散角控制在________之间。

A. 10°～15°　　B. 10°～25°　　C. 25°～35°

16. 圆变径管有正心、一面偏心和双面偏心三种形式，其展开方法适用最广的是________，可以对任何形式的变径管展开。

A. 样板法　　B. 三角形法　　C. 放射线法

17. 风帽装在排风系统的末端的一种装置，其作用是利用风压加强排风。机械排风系统选用的是________。

A. 伞形风帽　　B. 筒形风帽　　C. 锥形风帽

18. 柔性短管制作长度一般在________之间，太短伸缩量不够，而太长又易被吹鼓

或缩颈。

A. 100～150 mm　　B. 150～250 mm　　C. 300～500 mm

四、简答题

1. 目前工程上常用的金属板材有哪些？其连接有何特点？
2. 某区段缺一节 D500 mm、L1 500 mm 风管，如何制作？
3. 矩形风管加固有何规定？
4. 制作风管配件使用机械时应注意哪些问题？
5. 制作矩形变径管的操作过程有哪些？
6. 简述伞形风帽的制作程序。

单元测试题答案

一、填空题

1. 板材连接　2. 塑料涂层脱落　3. 单平　4. 负偏差　－3～0 mm　5. 不大于 3 mm　6. 歪扭翘角　7. 法兰翻边量　8. 卷圆　9. 加固　10. 1.5　11. 导流叶片　12. 锌层粉化　13. 50 mm　14. 端节　中节　15. 联合角咬口　16. 套法兰　17. 直角三角形法　18. 末端

二、判断题

1. √　2. ×　3. ×　4. √　5. ×　6. ×　7. ×　8. √　9. √　10. √　11. ×　12. ×　13. √　14. √　15. √　16. ×　17. √　18. √

三、单项选择题

1. A　2. B　3. C　4. C　5. B　6. A　7. B　8. B　9. A　10. A　11. C　12. B　13. C　14. C　15. C　16. B　17. A　18. B

四、简答题

1. 答：

目前工程上常用的金属板材有普通钢板、镀锌钢板、塑料复合钢板、不锈钢板以及铝板等。其连接特点是：

（1）普通钢板、镀锌钢板及塑料复合钢板，当 $\delta \leq 1.2$ mm 时采用咬口连接；当 $\delta > 1.2$ mm时，普通钢板采用焊接；而镀锌钢板及塑料复合钢板则采用铆接。

（2）不锈钢板 $\delta \leq 1.0$ mm，采用咬口连接；$\delta > 1.0$ mm，可采用氩弧焊接或铆接。

（3）铝板 $\delta \leq 1.5$ mm 时，采用咬口连接；$\delta > 1.0$ mm 时，可采用焊接。

2. 答：

制作应当这样进行：

（1）以计算的 πD 作展开矩形的一条边长，矩形的另一条边长为 L，并以 90°角尺严格校验四角的垂直度。

（2）在展开 L 边上放出单平咬口留量，而在管两端必须放出 2 倍的法兰翻边留量。

（3）用机械或手工剪切板料后，在单平咬口留量上剪出斜角。

（4）用机械或手工方法加工好单平咬口（注意应一反一正）。

（5）将咬口两侧在圆钢管上稍加揿按，做出圆弧，咬口钩挂后拍实咬紧即可。

3. 答：

矩形风管无论采用何种加固形式，必须符合下列规定：

（1）棱筋或棱线的加固，排列应规则，间隔应均匀，板面不应有明显的变形。

（2）角钢、加固筋的加固，应均匀对称，排列整齐，其高度应小于风管法兰的宽度；铆接应牢固，间距应小于等于220 mm，两相交处应连成一体。

（3）管内支撑与风管的连接应牢固，各支撑点之间与风管的边沿或法兰的间距要均匀，且应小于等于950 mm。

（4）中压与高压系统的风管长度大于1 250 mm时，还应有加固框补强；而高压系统金属风管的单咬口缝，还要有防止咬口胀裂的加固或补强措施。

4. 答：

使用机械时应注意的问题是：

（1）使用剪板机，调整板料的进出，手不得伸入上、下剪刃内或机械压板的空隙中，两人配合动作应协调。

（2）使用咬口机加工咬口，应罩好辊轮防护壳，手指距其距离不得少于50 mm，平稳进料。

（3）使用卷圆机，手不得大力推进板料，尤其是当卷圆即将完成时，手不能推拉板料。

（4）用折方机折边时，操作者应互相配合，并与折方机保持合适距离，防止被翻转的板料或配重击伤。

（5）使用砂轮切割机，应有防护罩，施力应适当。

（6）使用台钻钻孔，严禁戴手套操作。

5. 答：

制作矩形变径管的步骤是：

（1）根据变径管上、下口径尺寸画出平面图后，按顺序对应连线，将四个梯形分割为八个小三角形。

（2）求线段实长，即以矩形变径管制作高度作为直角三角形的高，分别将未反映实长线段作三角形另一条边，三角形斜边即实长。

（3）分别以上、下口径尺寸和求出的实长线作图，画出展开图后放出选用咬口的留量。

（4）用机械或手工方法进行裁剪、咬口加工与折方。

（5）将咬口钩挂并拍紧咬实后，再将上、下口整形为正方形。

6. 答：

伞形风帽制作应当这样进行：

（1）先按已知尺寸用放射线将伞形罩、扩散管展开，然后放出相应的咬口留量，再用机械或手工方法剪切板料，并加工好咬口。

（2）将支撑选用的扁钢或角钢按大样图给定的尺寸划线切割。

（3）将伞形罩、扩散管及支撑上连接孔位置划出，并在台钻上钻好孔。

（4）伞形罩、扩散管分别卷圆后把咬口咬实。支撑在台虎钳上弯制好角度后进行防腐处理。

（5）将伞形罩、扩散管及支撑用螺栓连成一个整体后，校验其端正情况，确认无误后再将螺母紧固到位。

第8单元

硬聚氯乙烯及玻璃钢风管与配件的制作

目前用于通风与空调工程的非金属材料有多种，这里仅介绍硬聚氯乙烯与玻璃钢两种非金属材料制作加工风管与配件的方法、步骤及质量掌控的方法。

第一节　硬聚氯乙烯风管与配件的制作

培训目标

- 了解硬聚氯乙烯板特性
- 熟悉加工制作硬聚氯乙烯板风管工艺过程
- 掌握制作圆形与矩形风管一般方法

一、风管及配件制作规定

1．圆形弯管的曲率半径（以中心线计）和最少分节数量同金属弯管的规定。圆形弯管以弯曲角度及圆形三通、四通支管与主管（干管）夹角的制作偏差不得大于3°。

2．风管外径与外边长的允许偏差：

当 D 或 $b\leqslant300$ mm 时，为 2 mm；当 D 或 $b>300$ mm 时，为 3 mm。

管口平面度允许偏差为 2 mm。

矩形风管两条对角线长度之差不应大于 3 mm。

圆形法兰任意正交两直径之差不应大于 2 mm。

3．风管法兰的焊缝应熔化良好，饱满，无假焊和孔洞；法兰平面度的允许偏差为2 mm，同一批量加工的相同规格法兰的螺钉孔排列应一致，并具有互换性。

4．风管的两端面平行，无明显扭曲，表面平整，圆弧均匀，凹凸不应大于5 mm。

5．焊缝的坡口形式和角度应符合规定。

6．焊缝应饱满，焊条排列应整齐，无焦黄、断裂现象。

7．用于洁净室时，制作完成的风管与配件，应进行第二次清洗，经检查达到清洁要求后应及时封口。

8．板材的品种、规格、性能及厚度等均应符合设计与现行国家产品标准的规定。当设计无规定时，要按 GB50243—2002 的规范执行。硬聚氯乙烯风管板材的厚度，圆形风管不得小于表 8—1、矩形风管不得小于表 8—2 的规定。

表 8—1　　中低压系统硬聚氯乙烯圆形风管板材厚度（mm）

风管直径 D	板材厚度
$D\leqslant320$	3.0
$320<D\leqslant630$	4.0
$630<D\leqslant1\,000$	5.0
$1\,000<D\leqslant2\,000$	6.0

表 8—2　中低压系统硬聚氯乙烯矩形风管板材厚度（mm）

风管长边尺寸 b	板材厚度
$b \leq 320$	3.0
$320 < b \leq 500$	4.0
$500 < b \leq 800$	5.0
$800 < b \leq 1\ 250$	6.0
$1\ 250 < b \leq 2\ 000$	8.0

二、施工准备

1. 材料要求

（1）板材表面应光滑平整，无裂纹、无气泡以及未塑化的杂质，颜色为灰色，允许有轻微的色差、斑点及凹凸，物理性能应符合相关标准。

（2）塑料焊条应符合下列要求

1）焊条外表应光滑，不允许有突出物与其他杂质。

2）焊条在室温 15℃进行 180°弯曲时，不得断裂，但允许弯曲处出现发白现象。

3）焊条应具有紧密、均匀的结构，不得含有气孔。

4）焊条搬运、储存及使用过程中，应避免阳光直接照射及雨淋，置放在相对清洁的室内。

2. 主要工量机具与机械

（1）不锈钢板尺、钢卷尺、90°角尺、量角器、红蓝铅笔及划规等。

（2）木工锯、手板锯、鸡尾锯、钢丝锯、木工刨及木工锉。

（3）剪板机、圆盘锯床、塑料坡口机、手提式小盘锯、折边机，塑料焊接机具。

（4）管式加热器及电烘箱。

3. 作业场地及条件

（1）风管、配件制作前，应有经过会审过的施工图，施工方案已获批准，现场复测并绘制了草图与加工目录明细，并进行过技术交底。

（2）焊接时的场地环境温度最好在 10 ~ 25℃之间。

（3）作业场地地面应平整、宽敞，光线充足，若为临时搭设的工棚，应具有防雨雪、防风、结构牢固的设施。

（4）作业场地应有满足加工工艺要求的机具设备，可靠的电源、安全防护装置及消防器材等。

三、圆形与矩形风管制作

1. 风管制作工艺

展开放样→切割→坡口加工→加热→卷圆或折方→焊接

2. 展开放样

（1）用硬聚氯乙烯板制作风管与配件时，展开放样的方法与金属风管、配件相同。

（2）放样划线时，应选用红蓝铅笔，禁止使用锋利的金属划针或锯条，以避免在板材表面产生划痕后加工出现折裂。

（3）划线应按风管、配件的具体尺寸、板材规格及加工设备的条件，合理布排，并应尽量减少切割与焊缝，注意节约材料。

（4）风管的纵缝应交错设置：

1）圆形风管制成后，在组配延长段时其纵缝应错开设置，不得在一条线上；

2）矩形风管则要在展开划线时，就应考虑焊缝交错设置的问题，并不得将焊缝设置在转角处，如图8—1所示。

（5）风管展开划线时，同金属风管一样，要严格对板材矩形四角及折方线校验90°，以避免成形后风管出现歪扭翘角现象。

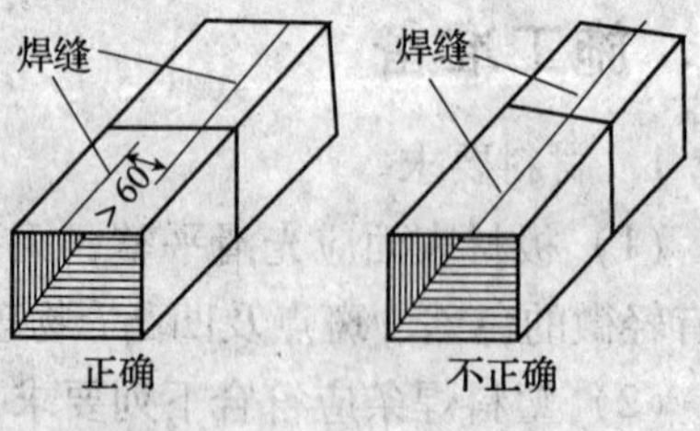

图8—1　矩形风管纵缝的设置

（6）板厚应按设计要求选用，若无要求，则应按表8—1、表8—2选用。

（7）划线时若发现板材局部出现轻微裂缝等缺陷，应避让开位置或弃之不用。

（8）硬聚氯乙烯板厚度较大，制作圆形风管与配件时，展开放样要进行壁厚处理，方法是计算展开周长时要按中心径计算，即由圆形风管外径减去一个板厚再乘圆周率。

（9）硬聚氯乙烯板成型后内部残余应力的存在，冷却时会出现收缩，收缩量的大小因材料厚度的不同，材料批次的不同，数值会出现变化。因此，工程上常用的方法是将同一批次同一厚度板先作一次成型试验，以获得收缩余量的具体数值，供展开放样与计算使用。

（10）管段长度

1）圆形风管的长度一般等于板宽，展开周长则在板材长度上划出；当管径较小时，可以在板宽上划展开周长，而管段长度等于板长。

2）矩形风管的长度一般取板材长度。

3. 板材的切割

板材可用剪板机、圆盘锯床、普通木工锯、鸡尾锯等工机具进行切割。

（1）若使用剪板机剪切时，当板厚 $\delta<5$ mm时可在常温下进行；而当板厚 $\delta>5$ mm或在冬天季节室温较低时，应把板材稍作加热至约20℃，再进行剪切，以防止板材剪切因冷脆而碎裂。

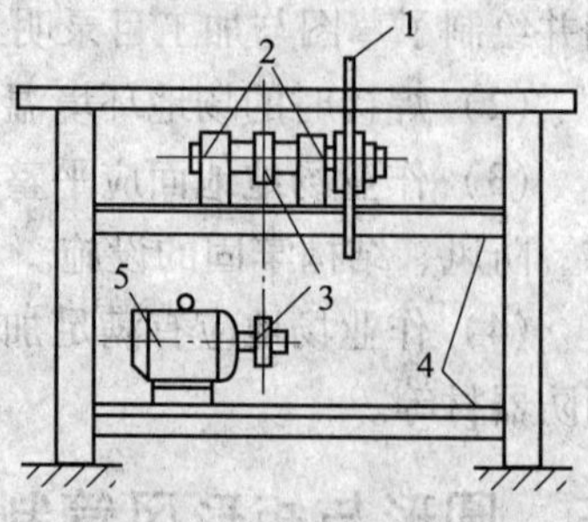

图8—2　圆盘锯床

1—锯片　2—轴承架　3—带轮

4—机体支架　5—电动机

（2）如使用圆盘锯床如图8—2所示进行剪切时，锯齿应锋利，锯路应均匀，不得太宽。

在圆盘锯床锯切板材：

1）要用手撤压板材与工作台平面贴合后，再徐徐加力推进，使之均匀地沿切割线移动。

2）推进板料的速度放缓，过快易使板材切割区域过热，切割线两侧有烧焦现象。

3）为防止板材锯切时被粘住，推进板材过程中应间隔把板材后撤再进锯；如有条件可用压缩空气对锯切区域进行局部冷却。

4）当锯切板材至边缘时，要减小进锯推力和放缓推进速度，以避免板材崩裂。

（3）为保证板材切割质量和工作效率，应尽可能选用机械进行切割，若因加工量少又远离加工制作中心，也可用普通木工锯、手板锯或其他小型电动工具进行切割。

（4）锯割曲线与锯割圆弧半径很小或在板内锯穿缝时，可用如图 8—3 所示的鸡尾锯或钢丝锯进行。

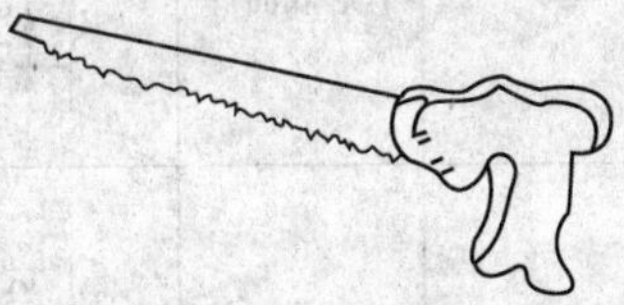

图 8—3　鸡尾锯

4．板材坡口

用硬聚氯乙烯板制作风管与配件，因厚度较大，要保证焊口有足够的强度，必须对板材拼接边缘开坡口；

当板厚 $\delta>3$ mm 时，开单面 V 形坡口。

当板厚 $\delta>5$ mm 时，要开双面 V 形坡口。

坡口角度 50°～60°，并留钝边 1～1.5 mm，坡口对缝间隙 0.5～1.0 mm，如图 8—4 所示。

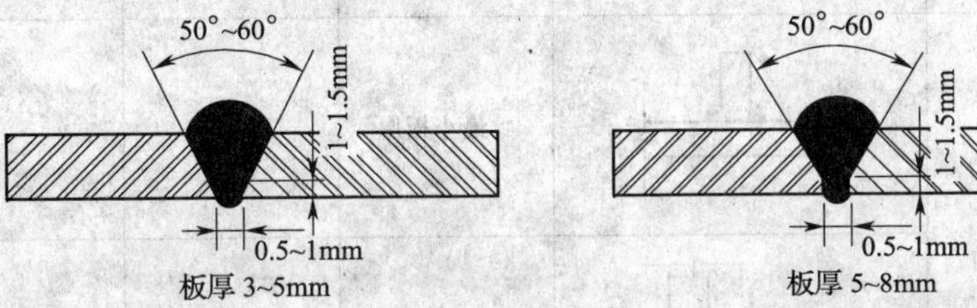

图 8—4　坡口及焊缝形式

开坡口常用如图 8—5 所示塑料坡口机加工，也可用普通木工刨刨削坡口。如使用木工刨，起刨时应由远处向自己身边拉刨，而不能向外推刨，否则易使远处掉角。

无论选用机械或手工加工坡口，均应保证开坡口的角度与尺寸均匀一致。焊缝坡口形式及相关尺寸见表 8—3。

5．加热成型

硬聚氯乙烯板为热塑性材料，当将其加热至 100～150℃时，即呈柔软状态，稍加外力即可进行折方或弯曲，加工成工程所需的风管或配件的形状。

（1）因板材导热系数较低，故在加热时应注意两个问题：

1）无论是折方的局部加热还是制作圆管、配件的整体加热，一定要使板材表面均匀受热。

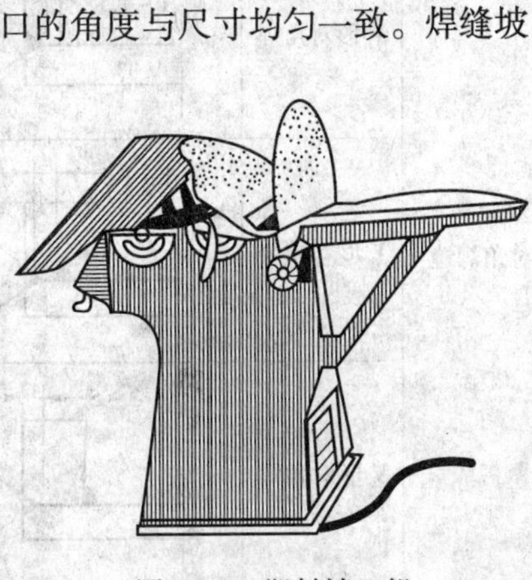

图 8—5　塑料坡口机

表8—3　　焊缝形式及坡口

焊缝形式	焊缝名称	图形	焊缝高度/mm	板材高度/mm	焊缝坡口张角 α（°）
对接焊缝	V形单面焊	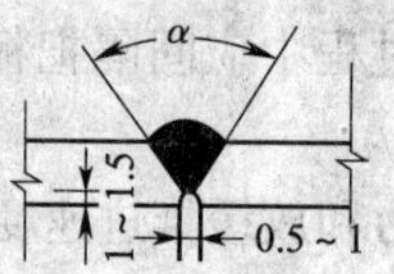	2~3	3~5	70~90
	V形双面焊	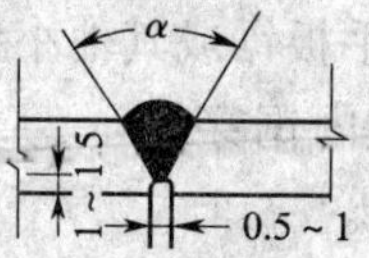	2~3	5~8	70~90
对接焊缝	X形双面焊	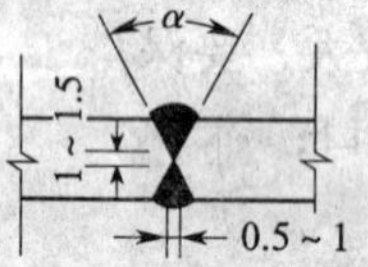	2~3	≥8	70~90
搭接焊缝	搭接焊	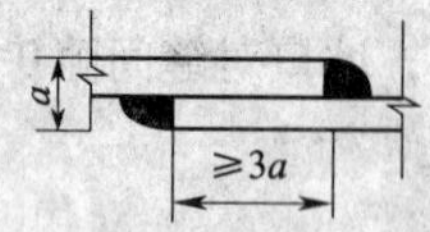	≥最小板厚	3~10	—
填角焊缝	填角焊 无坡角	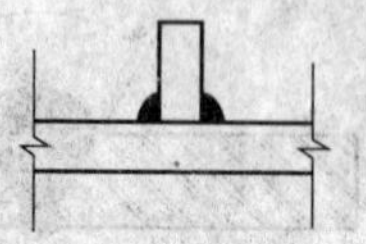	≥最小板厚	6~18	—
		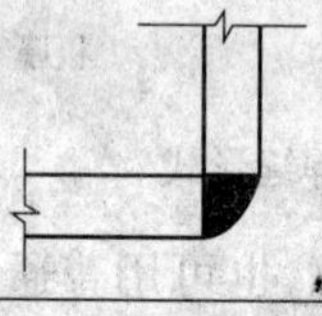	≥最小板厚	≥3	—
对角焊缝	V形对角焊	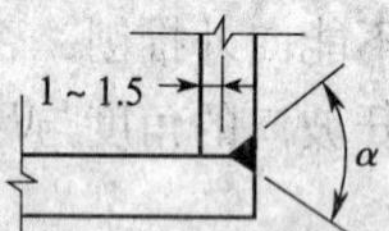	≥最小板厚	3~5	70~90
	V形对角焊	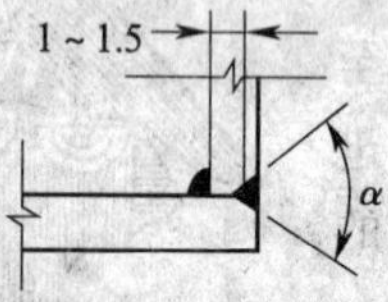	≥最小板厚	5~8	70~90
	V形对角焊	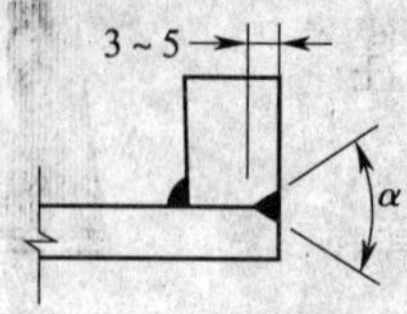	≥最小板厚	6~15	70~90

2）控制好加热温度与时间，折方或卷圆加热温度不得超过150℃。板材在高温状态下呈流动状态，随时间推移，板材会出现气泡、分层和碳化现象。

（2）板材加热方法。常用电加热、电烘箱空气加热以及蒸气加热，工程上较常用的是前两种加热方法。

1）局部加热。如制作矩形风管需对折方线进行局部加热，常使用如图8—6所示管式加热器将板材加热至合适温度后即可进行折方加工。

2）整体加热。制作圆风管、变径管、弯管、三通管等要将板材送入如图8—7所示电烘箱内进行整体加热后再在胎模上加工成所需形状。

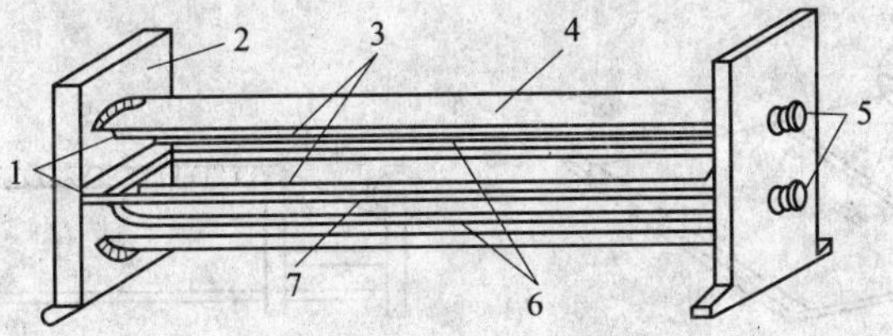

图8—6　折方用管式加热器

1—绝缘套管　2—支座　3—板材支架　4—上反射罩　5—电源接线柱
6—管式电加热器　7—下反射罩

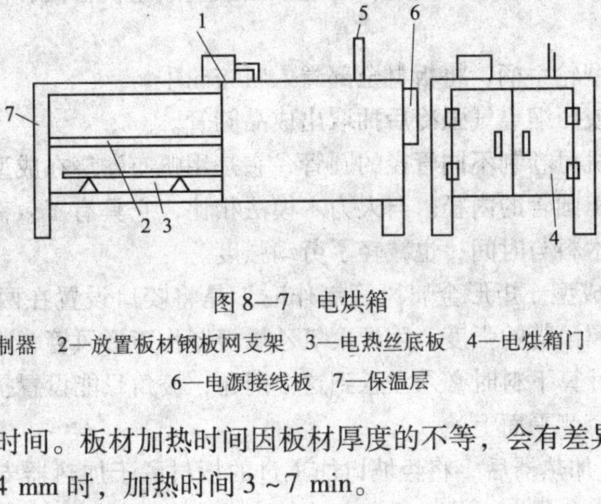

图8—7　电烘箱

1—恒温控制器　2—放置板材钢板网支架　3—电热丝底板　4—电烘箱门　5—温度计
6—电源接线板　7—保温层

（3）板材加热时间。板材加热时间因板材厚度的不等，会有差异：

当板厚$\delta=2\sim4$ mm时，加热时间3～7 min。

当板厚$\delta=5\sim6$ mm时，加热时间为7～10 min。

当板厚$\delta=8\sim10$ mm时，加热时间为10～14 min。

（4）圆形风管成型

1）先启动电烘箱，当电烘箱内温度升至130～150℃时，将需要卷制的板料放置箱内加热。

2）根据板厚所需加热时间，迅即将温控定时器调至所需时间。

3）加热结束后，迅速将板材取出放置如图8—8所示木模上进行卷制成圆管。

4）待完全冷却后抽取出成品圆管。工程上常常在圆管卷制好后，用压缩空气进行强冷，以缩短冷却周期，提高工效。

卷制圆管的木模一般是用松木，最好是红松木料做成空心的圆管，木模的外径应略小于风管的内径约 2 ~ 3 mm，长度要比风管长 200 mm 左右。木模的圆弧要均匀、圆滑，否则会影响到圆管的卷制质量。

卷制圆管的帆布要用铁条将其钉在木模上，铁钉密度要相对密些，这样受力时不致被拉脱；帆布的另一端也要用铁条覆盖牢固钉制在地板上。

在卷制圆管时，一定要将帆布拉紧，并把塑料板与木模的一端对齐，再用力使木模滚动卷圆。

卷制圆管还可在如图 8—9 所示简易成型机上加工，具体方法是：

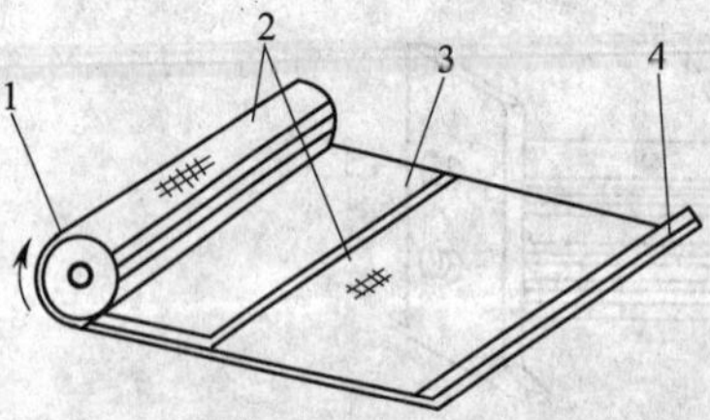

图 8—8　卷制圆管示意图
1—木模　2—帆布　3—板材
4—固定帆布木条

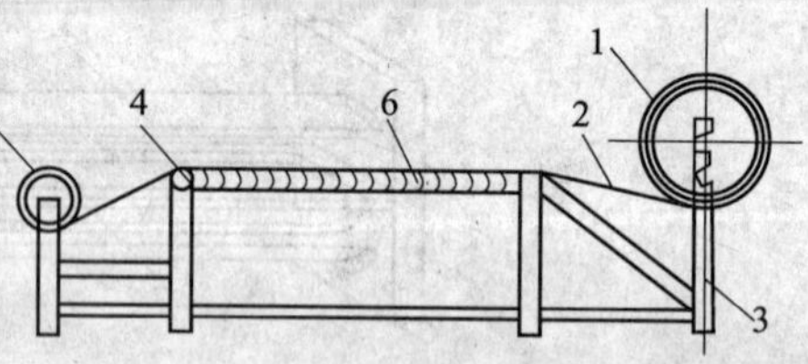

图 8—9　简易成型机
1—成型轮　2—帆布　3—型钢支架
4—惰轮　5—存储轮　6—木板台面

①将卷制板材加热到合适温度后，迅速取出放置成型机台面，使板材一端与成型机端头平齐。

②用力摇动成型轮手柄，将板材全部卷入帆布轮中。

③用常温冷却或压缩空气强冷后抽取出成品圆管。

使用简易成型机可卷制不同管径的圆管，它是用帆布卷绕在成型轮上，调整成型轮外径略小于将要加工圆管的内径。与人力木模法相比，它具有工效高，卷制仅需3 min；还节约木模加工的木料与时间；也减轻了劳动强度。

（5）矩形风管成型。矩形金属风管制作时，是将咬口设置在两个对称棱角或四个棱角处，以提高金属风管的强度。用硬聚氯乙烯板制作矩形风管，则不允许将焊缝设置在棱角处，因此，计算下料时必须注意到这个问题，棱角只能设置折方。而焊缝只能设置在上下平面或两个侧平面上。

1）启动管式电加热器后，将经坡口加工过的板材置于加热器支板上，并使折方线位于电加热管中间。

2）根据板厚设定加热时间，并将温控定时器调至同步时间。

3）把加热好的板材迅速放置折边机上，使折方线与折边机棱线对正并将板材压紧。

4）抬动折边机横管至限位挡块时止。抬动折边横管动作要轻一些，不能同折曲金属风管那样用力。

5）待冷却后取出折边的板料，为提高工效，凡条件允许，可用压缩空气对折边区域进行冷却。

圆形与矩形风管经卷圆或折方后，下道工序要进行组对焊接以及系统安装等内容，则属于更高一级通风工应当掌握的操作技能，留待后面讲述。

第二节 玻璃钢风管的制作

培训目标

- 了解有机玻璃钢与无机玻璃钢材料特性
- 熟悉有机与无机玻璃钢风管与配件加工成型的工艺过程
- 能把握有机与无机玻璃钢风管与配件制作技术要求

一、玻璃钢风管与配件的制作要求

1. 玻璃钢风管与配件的制作，所用的合成树脂、氯化镁、氯氧镁、玻璃布及填充料等，应按设计要求选用。

2. 玻璃钢中玻纤布的含量与规格要符合设计要求，并应干燥、清洁，不得含蜡。玻纤布的铺设应错开接缝，不得有数层重叠现象。

3. 玻璃钢风管与配件的壁厚，应符合表 8—4 和表 8—5 的规定。

表 8—4　　中、低压系统有机玻璃钢风管板材厚度（mm）

圆形风管直径 D 或矩形风管长边尺寸 b	壁　厚
D（b）≤200	2.5
200 < D（b）≤400	3.2
400 < D（b）≤630	4.0
630 < D（b）≤1 000	4.8
1 000 < D（b）≤2 000	6.2

表 8—5　　中、低压系统无机玻璃钢风管板材厚度（mm）

圆形风管直径 D 或矩形风管长边尺寸 b	壁　厚
D（b）≤300	2.5 ~ 3.5
300 < D（b）≤500	3.5 ~ 4.5
500 < D（b）≤1 000	4.5 ~ 5.5
1 000 < D（b）≤1 500	5.5 ~ 6.5
1 500 < D（b）≤2 000	6.5 ~ 7.5
D（b）> 2 000	7.5 ~ 8.5

4. 玻璃钢风管与配件不得扭曲，内表面应平整光滑，外表面应整齐美观，厚度应均匀，边缘无毛刺，不得有分层、气泡现象。

5. 法兰与风管或配件应成一整体，应与风管或配件轴线保持90°。法兰内径或内边长尺寸的允差为 +1 ~ +3 mm，平面度允差为2 mm；矩形风管两对角线的允差不大于3 mm。

玻璃钢风管法兰材料应符合表8—6的规定。

表8—6　有机、无机玻璃钢风管法兰规格（mm）

圆形风管直径 *D* 和矩形风管长边 *b*	材料规格（宽×厚）	连接螺栓
D（*b*）≤400	30×4	M8
400<*D*（*b*）≤1 000	40×6	M8
1 000<*D*（*b*）≤2 000	50×8	M10

6. 矩形玻璃钢风管的加固同金属风管的几何尺寸，加固筋与风管应为相同材料并成一整体。

7. 玻璃钢风管与配件安装前，应放置于无阳光暴晒的地方。在安装与搬运过程中，不得碰撞与扭曲，也不能敲击，以防破坏其结构，对已造成轻微缺陷应及时修补。

8. 制作玻璃钢风管支、吊架时，应增大与风管的接触面积，以防止其变形情况的发生。

二、有机玻璃钢风管制作

有机玻璃钢生产可分为手糊成型、模压成型、机械缠绕成型及层压成型等方法制作风管。这里以手糊成型这种加工方法作简单介绍。

1. 工艺流程

制浆、剪裁→支模→成型→检验→固化

2. 制作要点

（1）剪裁

1）玻纤布剪裁前应先进行脱蜡，有需要化学处理的先进行处理。

2）简单形状的制件，可直接按实际尺寸裁剪；复杂形状的如配件等则应展开放样先制成样板后再剪裁。可以单层或多层重叠剪裁。

3）玻纤布要留有搭接余量，一般为50 mm；若壁厚要求均匀严格的制件可以采用对接；各层布接缝必须错开。

4）应尽量减少布的开剪处，对表面要求严格的制件，表层布的布边应在铺层前剪去。

5）圆形风管，应沿着与布的经向成45°角的方向剪成布带，利用45°方向布的形变性来糊成环形。

6）机械性能要求比较高的制件，应尽量用整块布，以保持纤维的连续。

（2）支模及上胶布

1）制作风管与配件的模具尺寸必须准确，结构牢固，糊制用力时不得变形，模具表面必须光洁。模具使用前表面必须清理干净后，再在其表面均匀涂刷一层脱膜剂。

2）待脱模剂完全干燥后再上胶衣，涂刷或是喷涂要均匀。一般需涂两层，第一层涂刷后间隔 40 ~ 60 min，待初凝后再涂第二层。

3）胶衣涂刷后，如需快速凝结，可放置阳光直射或用红外线灯照射均可，应保持温度的均衡。

（3）风管糊制成型

1）胶衣初凝后，可立即铺层糊制。铺第一层时要格外仔细，待成型后可停一般时间，以不粘手时为准再铺第二层。成型时要反复挤刮，使树脂含量越小越不易变形。

2）树脂固化收缩易引起布纹凸起，使表面感观质量不平滑。可用 0. 06 ~ 1. 0 mm 的薄布、表面毡、纸或有机纤维布来做表面，可以解决不平滑问题。

3）糊制时如需中途停下要多次成型时，只有将前次已固化的含蜡表面磨去才能继续，若中途停顿时间较短，一定要在固化前继续糊制。

4）转角、法兰、人孔等受力处，可增加布层，但布的尺寸应由小到大。搭接尽量不在棱角处，铺层必须逐层进行，严禁同时铺两层以上的布。

5）如需提高制件的刚度，可在制件中埋入加强筋。但加强筋必须在铺层达 70% 以上后再埋入，才不会影响制件的表面质量。埋入件无论是何种材料，必须清除油渍。

6）糊制时应顺布的经向与纬向一个方向赶气泡，或由中间往两头赶气泡，以使布层贴紧，含胶量均匀。

7）拐角处的圆角 R，内侧 $R>5$ mm，外侧 $R>2$ mm。

三、无机玻璃钢风管制作

无机玻璃钢风管主要是氯氧镁水泥添加氯化镁胶结材料等，用玻璃纤维布作增强材料而制成的复合材料风管。一般是采用手糊成型的方法，制作方法基本同有机玻璃钢风管，区别在于用氯化镁或氯氧镁等替代了合成树脂胶黏剂。

1. 工艺流程

同有机玻璃钢工艺流程。

2. 操作要点

（1）无机玻璃钢风管可分为整体普通型（非保温）、整体保温型（内、外表面为无机玻璃钢，中间为绝热材料）、组合型（由复合板、专用胶、法兰、加固角件等连接成风管）和组合保温型四类，其制作参数应符合表 8—7、表 8—8、表 8—9 的规定。

表 8—7　　整体普通型风管制作参数（mm）

风管边长 b 或直径 D	风管管体			法兰					
	壁厚	玻璃纤维布层数		高度	厚度	玻璃纤维布层数		孔距（L）	螺栓规格
		C_1	C_2			C_1	C_2		
b＜D≤300	3	4	5	27	5	7	8	低、中压 L≤120	M6
300＜b（D）≤500	4	5	7	36	6	8	10		M8
500＜b（D）≤1 000	5	6	8	45	8	9	13		M8
1 000＜b（D）≤1 500	6	7	9	49	10	10	14	高压 L≤100	M10
1 500＜b（D）≤2 000	7	8	12	53	15	14	16		M10
b（D）＞2 000	8	9	14	52	20	16	20		M10

注：$C_1=0.4$ mm 厚玻璃纤维布层次。
　　$C_2=0.3$ mm 厚玻璃纤维布层次。

表 8—8　　整体保温型风管制作参数（mm）

风管边长 b 或直径 D	风管管体		法兰			
	内壁厚	外壁厚	净高度	厚度	孔距（L）	螺栓规格
b（D）≤300	2	2	31	5	低、中压 L≤120	M6
300＜b（D）≤500	2	2	31	6		M8
500＜b（D）≤1 000	2	3	40	8	高压 L≤100	M8
1 000＜b（D）≤1 500	3	3	44	10		M10
1 500＜b（D）≤2 000	3	4	48	15		M10
b（D）＞2 000	3	5	47	20		M10

表 8—9　　组合保温型风管制作参数（适用压力≤1 500 Pa）

风管边长 b（mm）		玻璃纤维布层数		内壁厚（mm）	外壁厚（mm）	风管总壁厚（mm）	连接方式	法兰孔距
		内壁	外壁					
保温	b≤1 250	2	2	2	3	5＋保温层	PVC 或铝合金 C 形插条	—
	b＞1 250		3				L36×4 角钢法兰	≤150
普通	b≤630	5		—		5	L25×3 角钢法兰	≤150
	b≤1 250						L30×3 角钢法兰	
	b＞1 250						L36×4 角钢法兰	

（2）玻璃纤维网格布相邻层之间的纵横搭接缝应大于 300 mm，同层搭接缝距离不小于 500 mm，搭接长度大于 50 mm。

（3）风管表面浆料厚度以压平玻璃纤维网格布为宜（可见布纹），表面不得有密集气孔和漏浆。

（4）整体型风管法兰处的玻璃纤维网格布应延伸至风管管体处。法兰与管体转角处的过渡圆弧半径应达壁厚的 0. 8 ~ 1. 2 倍。

（5）风管制作完毕应待胶凝材料固化后除去内模，并置于干燥、通风处养护 6d 以上，才可安装。

（6）矩形风管管体的缺棱不得多于两处，并应不大于 10 mm × 10 mm；风管法兰缺棱不得多于一处，并应不大于 10 mm × 10 mm；缺棱深度不得大于法兰厚度的 1/3，并不得影响法兰的连接强度。

（7）风管壁厚、整体成型法兰高度与厚度的偏差应符合相关规定，相同规格的法兰应具有互换性。

（8）组合型风管黏合的四角处应涂满无机胶凝浆料，组合与连接部分的法兰角缝、槽口、加固螺栓与法兰孔隙处都要加以密封。组合型保温式风管保温隔热层的切割面，要用与风管材质相同的胶凝材料加以密封。

（9）组合型风管采用角形金属型材加固四角边时，加固件的间距应不大于200 mm，法兰与管板紧固点的间距应不大于 120 mm。

（10）整体型风管采用与本体材料或防腐性能相同的材料加固，加固件应与风管成为一整体。加固点数及间距应符合相关规定，还需用与风管本体机上的胶凝材料封堵。

第三节　质量标准、质量缺陷及预防措施

培训目标

→ 了解硬聚氯乙烯及有机、无机玻璃钢风管质量标准

→ 熟悉聚氯乙烯及有机、无机玻璃钢风管质量通病产生的原因与防范措施

一、质量标准

1. 主控项目

（1）非金属风管的材料品种、规格与厚度等应符合设计和执行国家产品标准的规定。当设计无规定时，硬聚氯乙烯风管板材的厚度，不得小于表 8—1 或表 8—2 的规定；有机玻璃钢风管板材的厚度不得小于表 8—4 的规定；无机玻璃钢风管板材的厚度应符合表 8—5 的规定。相应的玻纤布层数也需符合相关规定，其表面不得出现返卤或严重泛霜。

用于高压风管系统的非金属风管厚度应按设计规定。

（2）非金属风管加固

1）圆形风管直径不小于 800 mm，管段长度大于 1 250 mm 或总面积大于 4 m^2 均应采取加固措施。

2）矩形风管边长大于 630 mm，保温风管边长大于 800 mm，管段长度大于1 250 mm

或低压风管单边面积大于1.2 m²，中、高压风管大于1.0 m²，均匀采取加固措施。

3）硬聚氯乙烯风管的直径或边长大于500 mm时，其风管与法兰的连接处应设加强板，间距不得大于450 mm。

4）有机及无机玻璃钢风管的加固，应为本体材料或防腐性能相同的材料，并与风管成一整体。

2. 一般项目

（1）硬聚氯乙烯风管。同风管与配件制作的（1）~（8）的规定要求。

（2）有机玻璃钢风管

1）同风管与配件制作（1）、（2）规定内容。

2）风管不应有明显扭曲，内表面平整光滑，外表面整齐美观，厚度均匀，边缘无毛刺也无气泡与分层现象。

3）风管外径或外边长允差3 mm，圆形风管的任意正交两直径之差不大于5 mm；矩形风管两对角线之差不大于5 mm。

4）法兰与风管成一整体，并应有过渡圆弧，并与风管轴线成直角，管口平面度的允差为3 mm。

5）矩形风管的边长大于900 mm，管段长度大于1 250 mm时，应加固，加固筋的分布应均匀、整齐。

（3）无机玻璃钢风管

1）同有机玻璃钢风管的（1）内容。

2）风管的表面光洁、无裂纹、无明显泛霜与分层现象。

3）风管的外形尺寸的允许偏差应符合相关规定。

二、质量缺陷及预防措施

1. 硬聚氯乙烯圆形风管圆弧不均匀

（1）现象。风管明显的不平直，有凹凸不平及圆周上有直边段等现象。

（2）原因

1）风管成型木模表面不光滑，圆弧不均匀、不准确。

2）硬聚氯乙烯板整体加热温度低或时间未达到要求。

3）硬聚氯乙烯板整体受热不均匀。

（3）预防措施

1）成型后的圆管圆弧是否圆滑、均匀，主要取决于成型木模的圆滑程度。木模一般要经车床车削，并用砂布打磨。

2）硬聚氯乙烯板加热前先启动电热箱，并使炉温升至130~150℃后再将板材整体送入电热箱，加热时间的长短要根据板厚来选定，以保证板材不仅能均匀整体受热，又保证其呈柔软状态适中。

3）电热箱内的电热丝应均匀设置，以保证箱内温度分布均匀，区域温差小，使受热板材均匀受热柔软状态趋于一致，就能防止板材在卷制过程中出现不均匀的局部变形。

2. 硬聚氯乙烯板矩形风管扭曲、翘角

(1) 现象。风管表面不平，风管两端面不平行；对角线不相等，相邻表面互不垂直。

(2) 原因

1) 在展开下料时，没有严格测量矩形板料的四个边保持90°。

2) 风管两个对应边的长度与宽度不相等。

3) 折方线与管边不平行，加热时折方线与加热管轴线歪斜或折方时折方线未对正。

4) 刨削坡口不正确，导致焊接时的歪斜。

(3) 预防措施

1) 矩形风管展开划线时，一定要用90°角尺严格测量，保证两个边相互垂直；折方线应与管口端线垂直，而与边线平行。

2) 板料划线下料时，应保证两个对应边的长度与宽度相等。

3) 在管式加热器上对折方线局部加热时，应尽量使折方线与加热管在一条轴线上均匀受热，折方时应使折方线与折方机下模在一条线上。

4) 加工板材坡口时，应尽可能使坡口的尺寸与角度均匀一致，以保证组焊时焊缝在一条直线上。

3. 玻璃钢风管歪斜，表面不平整

(1) 现象。圆形风管圆弧度不够，矩形风管扭曲，四角不垂直，风管表面凹凸不平。

(2) 原因

1) 风管成型后未达到固化程度过早的脱模。

2) 风管成型脱模后，存放在不平整的场地上。

3) 铺覆玻璃丝布与涂胶方法不当。

(3) 预防措施

1) 玻璃钢风管成型一般较多的采用是在模具上用手糊法，即多次在木模上边铺覆玻璃丝布边涂刷胶料，固化后才能脱模。若过早脱模，风管固化时间不够，必然会引起风管本体变形。

2) 风管或配件脱模后，必须将其置放在平整的场地上，且应立放，防止风管本体重力不均而出现变形。

3) 为方便风管、配件固化后脱模，应先在模具的外表面包一层透明玻璃纸，然后再一层布一层胶铺覆刮平，待最后一层玻璃布的外面，再均匀的涂刷一层树脂胶料，以保证成型后的外表光滑平整。

三、安全措施与文明施工

1. 使用圆盘锯切割塑料板时，应在操作前检查锯片有无裂纹，紧固螺钉上紧；操作者要戴防护眼镜，且应站立锯片一侧，手臂不得跨越锯条切割。

2. 使用剪板机剪切塑料板，应将板材平稳放置；剪切时当上剪刀口未复位不得送料，调整板料的进出，严禁将手伸入刃口内或板下；不得在剪板机工作台面上堆放其他杂物，以免送料时卷入刃口，造成刃口崩裂。

3. 现场使用的设备，必须有良好的接地。

4. 施工场地设备布置合理，材料码放整齐，成品、半成品放置有序。

5. 边角料回收应及时，尤其是玻璃钢风管制作现场要做到及时清扫，工完场清。

单元测试题

一、填空题（请将正确的答案填在横线空白处）

1. 制作风管配件的非金属材料有__________与__________。

2. 硬聚氯乙烯制作圆形弯管其曲率半径与最少分节数同__________的规定；而三通的主、支管夹角偏差不大于__________。

3. 矩形风管两条对角线长度应不大于__________mm；而管口平面度允差__________mm。

4. 在硬聚氯乙烯板上划线如果使用金属划针划线，必然会在其表面产生__________，导致板材加工过程出现__________。

5. 在圆盘锯床上锯切塑料板，推进速度应__________，过快易使切割线两侧产生__________现象，至板材边缘时还会造成板边__________。

6. 塑料板坡口角度一般控制在__________，并留有1.0～1.5 mm的__________。

7. 加工制作塑料板风管必须控制好加热温度，当温度大于__________℃时，板材会出现气泡、__________和碳化现象。

8. 制作矩形塑料板风管折方线加热属于__________加热，是将其置于管式加热器的__________之间进行的加热。

9. 整体加热是将电烘箱先启动待箱内温度达__________时，再把板材放置箱内，待加热结束后，迅速取出板料，在__________煨制成所需形状。

10. 制作玻璃钢风管与配件，玻纤布的铺设应__________接缝，不允许有__________现象。

11. 有机玻璃钢制作风管与配件的方法，可分为__________、模压成型、机械缠绕及__________等几种方法。

12. 有机玻璃钢生产风管的工艺流程是制浆、剪裁、__________、__________检验及__________等。

13. 有机玻璃钢制件的胶黏剂是__________，而无机玻璃钢制件则是__________。

14. 玻璃钢制件成品，表面不得出现__________或严重__________。

15. 玻璃钢风管及配件成型后，不得__________，若因固化时间不够，必然导致风管本体__________。

二、判断题（下列判断正确的请打"√"，错误的打"×"）

1. 硬聚氯乙烯板制作风管、配件，工艺性能不及金属板材，因此，其外径与外边长出现较大偏差是允许的。（ ）

2. 塑料板焊缝坡口形式及角度，无论是机械加工或是手工刨削，均应符合相关规定。（ ）

3. 制作矩形塑料板风管，其折方线必须经电烘箱整体加热后，再在折边机上折方。（　）

4. 塑料板制作风管工艺流程是展开放料、坡口加工、切割、加热、成型、焊接。（　）

5. 塑料板圆形风管组对延长时，可以将纵缝组对在一条直线上，看起来美观。（　）

6. 用塑料板制作矩形风管，连接焊缝不得设置在转角处。（　）

7. 制作塑料板风管其收缩余量的数值是经过试验得到的，然后供展开放样及设计时使用。（　）

8. 控制好塑料板加热温度与时间，是制作合格风管与配件的前提和条件。（　）

9. 在木模上煨制或卷制塑料板，要求二者紧密贴合往往不易做到，实践中常将木模外径做的略小于风管的内径 2 ~ 3 mm 较为合适。（　）

10. 制作玻璃钢风管与配件，必须选用与之相匹配的黏结剂，如无机玻璃钢风管应选用合成树脂。（　）

11. 玻璃钢风管制作工艺相对麻烦，只要其表面基本光滑，厚度相差不大，有点分层、气泡现象也属正常。（　）

12. 制作玻璃钢风管裁剪玻璃布可以数层重叠进行，为提高制作效率，也可以一次多层敷设糊制。（　）

三、单项选择题（下列每题选项中，只有一个是正确的，请将其代号填入横线空白处）

单元 8

1. 制作硬聚氯乙烯风管外径与外边长的允许偏差，当 D 或 $b \leqslant 300$ mm 时，其值为________。

A. 5 mm　　B. 4 mm　　C. 2 mm

2. 为保证塑料板焊接强度，要求塑料焊条不含有其他杂质，表面光滑，在室温 15℃时将其弯曲________后，不得出现断裂。

A. 90°　　B. 120°　　C. 180°

3. 用硬聚氯乙烯板制作圆形风管时，计算其展开周长应选用其________，否则制作出的口径肯定会出现较大误差。

A. 外径　　B. 中径　　C. 内径

4. 制作硬聚氯乙烯圆形风管的长度一般取板宽，而制作矩形风管的长度则等于________。

A. 板宽　　B. 板长　　C. 板宽 + 板长

5. 硬聚氯乙烯板开坡口要根据板厚来选择坡口形式，当板厚大于 5 mm 时，应选择________形式。

A. 双面 V 形坡口　　B. 单面 V 形坡口　　C. 任选一种均可

6. 硬聚氯乙烯板厚度不同，加热时间也随之变化。当板厚 $\delta = 2 \sim 4$ mm 时，其加热时间应选择________ min。

A. 3 ~ 7　　B. 7 ~ 10　　C. 10 ~ 14

7. 制作玻璃钢风管，玻纤布要留有搭接余量，一般不少于__________ mm，且各层布的接缝必须错开。

A. 200　　B. 100　　C. 50

8. 无机玻璃钢风管有四种类型，其中整体保温型风管的特点是内外表面为无机玻璃钢，中间为__________。

A. 阻燃材料　　B. 绝热材料　　C. 隔热阻燃材料

9. 玻璃钢风管、配件制作完成后，应放置干燥、通风处养护__________后，才可以进行安装。

A. 6 d　　B. 10 d　　C. 15 d

10. 玻璃钢组合型风管当采用角形金属型材加固四角时，加固件的间距应不大于 200 mm，而法兰与管板紧固点的间距应不大于__________ mm。

A. 300　　B. 200　　C. 120

11. 硬聚氯乙烯风管当 d 或 $b>500$ mm 时，在风管与法兰连接处要设置加强板，间距应不大于__________ mm。

A. 800　　B. 600　　C. 450

12. 硬聚氯乙烯风管的两端面应当平行，无明显扭曲，表面应平整，凹凸应不大于__________ mm，圆弧应均匀圆滑。

A. 20　　B. 10　　C. 5

四、简答题

1. 什么是硬聚氯乙烯板的收缩余量？有何作用？如何获得？
2. 为什么硬聚氯乙烯板对接缝板边要开坡口？若用普通木工刨开坡口操作有何要求？
3. 用硬聚氯乙烯板制作圆形风管成型过程怎样？
4. 玻璃钢风管与配件质量有何要求？在搬运与安装过程中应注意哪些问题？

单元测试题答案

一、填空题

1. 硬聚氯乙烯板　有机、无机玻璃钢　2. 金属弯管　3°　3. 3 mm　2 mm　4. 划痕　折裂　5. 放缓　烧焦　崩裂　6. 50°～60° 钝边　7. 150℃　分层　8. 局部　上下加热管　9. 130～150℃　模具上　10. 错开　数层重叠　11. 手糊成型　层压成型　12. 支模　成型　固化　13. 合成树脂　氯化镁　14. 返卤　泛霜　15. 过早脱模　变形

二、判断题

1. ×　2. √　3. ×　4. ×　5. ×　6. √　7. √　8. √　9. √　10. ×　11. ×　12. ×

三、单项选择题

1. C　2. C　3. B　4. B　5. A　6. A　7. C　8. B　9. A　10. C　11. C　12. C

四、简答题

1. 答：由于硬氯乙烯板制作风管、配件成型后内部还有残余应力的存在，冷却过

程中会出现收缩，而收缩量的大小会随板厚的不同，材料批次的不同，数值会出现变化，这便是收缩余量。

若不能准确地掌握收缩余量的数值大小，便不能准确的计算下料，也无法制作出合格产品。

收缩余量的来源只能根据不同板厚、不同批次的板材给定一具体尺寸，制作一成品，推算出数值大小，这一方法只能通过成型试验才能获得。

2. 答：因为用硬聚氯乙烯板制作风管与配件，因板厚较大，为保证焊缝有足够的连接强度，必须对接缝开坡口。

若选用普通木工刨刨削坡口，不能推刨，而只能由远处向自已身边拉刨。若向前推刨，容易造成刨边远处的板材边缘掉角。

3. 答：用硬聚氯乙烯板制作圆形风管，其成型过程是这样的：

①先启动电烘箱，待箱温升至 130～150℃时，将板料整体放入箱内加热；

②根据板厚选定加热时间，并将温控定时器调至所需时间；

③加热结束后，把板料取出，迅速放置如图 8—8 所示木模上卷制或在如图 8—9 所示简易成型机上摇动手柄至成型结束；

④待冷却结束后抽取出成品圆管。

4. 答：玻璃钢风管与配件成品质量要求是：不得扭曲，内表面应平整光滑，外表面整齐美观，厚度均匀，边缘无毛刺，不得有分层、气泡现象。

在搬运与安装过程中，不得碰撞与扭曲，也不得随意敲击，以防破坏其结构。对已造成的轻微缺陷应及时进行修补。

第9单元

通风与空调系统风管安装

系统风管安装，主要包括支、吊架制作与安装，风管、配件与法兰的装配、管路系统的组对与安装，系统支、吊架的防腐以及管路的绝热施工等内容。

第一节　支、吊架制作及安装

培训目标

- 了解支、吊架的类型及结构特点
- 熟悉各种支、吊架的适用范围
- 能根据图样要求计算出支、吊架的具体尺寸
- 能将支、吊架所需的型材进行组对焊接
- 能按图样要求进行涂料的手工涂刷
- 能按技术要求对支、吊架进行栽埋操作

风管支、吊架是通风与空调系统重要的附件，起着控制风管位置、保证风管安装的水平度与垂直度、坡度、支撑风管荷载的重要作用。其制作与安装质量将直接影响风管系统安装和运行的稳定性和可靠性。同时，支、吊架的安装又是风管安装的头道工序，是风管安装重要的组成工作。

一、风管支、吊架的类型与结构

风管常沿建筑物的墙、梁、柱敷设，或吊装于楼板、屋架下，或集中安装于技术夹层（设备层）内，各种敷设安装均需支、吊架支撑及定位。按结构形式不同，分为托架（支架）和吊架两种类型。

1. 托架

托架为一端固定的悬臂结构，一般是由支撑横梁、斜撑和卡环组成，如图 9—1b 所示。托架适用于沿墙、柱敷设的风管安装。当风管沿墙安装时，对自重较小的不保温风管或断面积较小的保温风管，托架形式可省去斜撑，改为单独横梁的悬臂结构，如图 9—1a 所示。

当风管沿柱敷设时，其支架形式如图 9—2 所示。如图 9—2a 所示为横梁采用抱柱法安装，如图 9—2b 所示为横梁采用预埋件焊接法安装，两种结构均为单横梁悬臂形式。

2. 吊架

吊架为吊挂型结构，单条风管的吊架为双吊杆型吊架，如图 9—3 所示。图中，对矩形风管的吊架结构是由双吊杆、横担和螺母组成；对圆形风管，其吊架结构是由双吊杆、对开卡箍和螺母组成。并排安装的矩形风管常采用三根吊杆的安装形式，如图 9—4 所示。上、下双层安装的风管，常采用多根吊架的吊装形式，如图 9—5 所示。

3. 托、吊混合型支架结构

直径较小的圆形风管沿墙安装时，可采用一端固定的悬臂横梁下吊挂方法安装，如图 9—6 所示。较大断面的风管沿墙安装时，其混合支架形式，如图 9—7 所示。

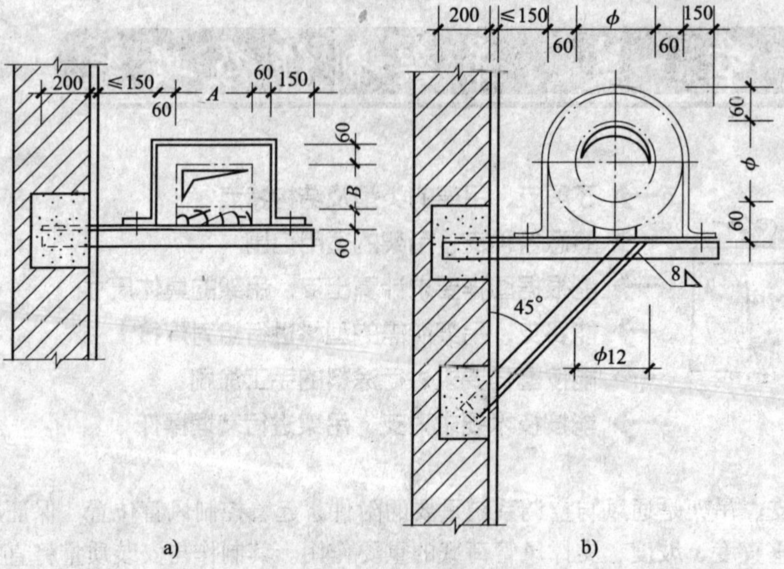

图9—1　托架（支架）结构特点及安装方法

a）单横梁悬臂型　b）带斜支撑的悬臂型

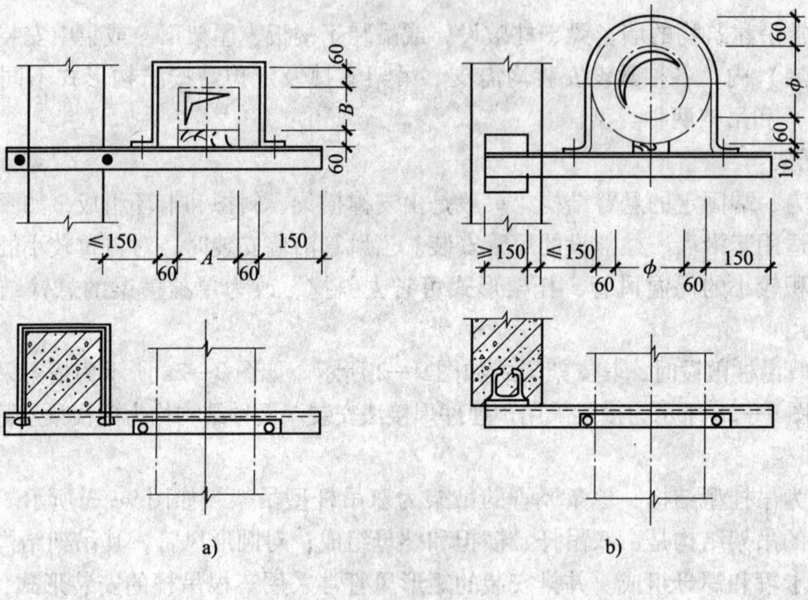

图9—2　沿柱安装的托架结构及安装方法

a）抱柱法　b）预埋件焊接法

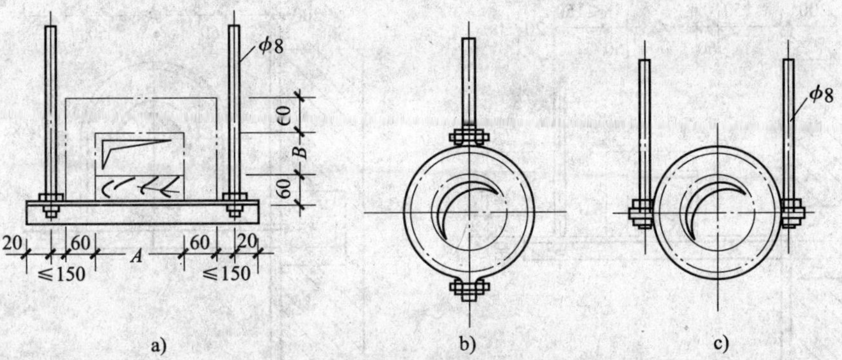

图 9—3　单条风管吊架结构及安装方法

a）矩形风管吊架　b）圆形风管的单杆吊架　c）圆形风管的双杆吊架

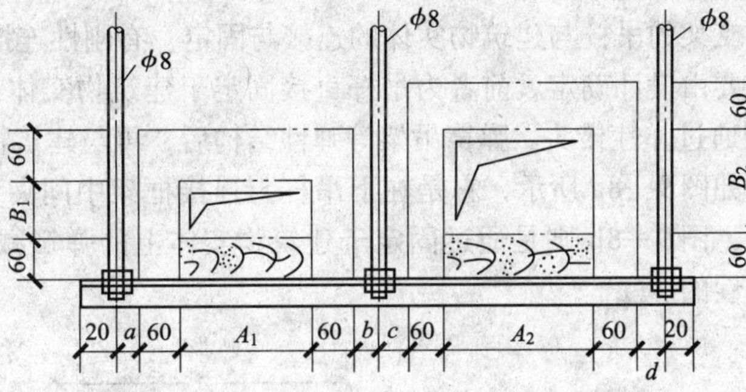

图 9—4　并排风管三单杆型吊架

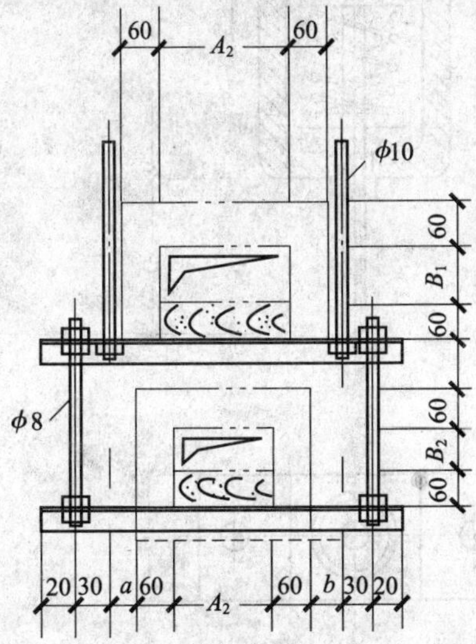

图 9—5　双层风管多吊杆型吊架

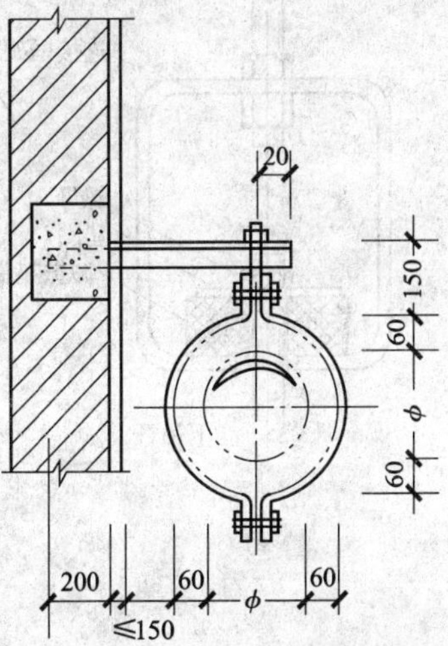

图 9—6　托、吊架混合型支架结构及安装方法（一）

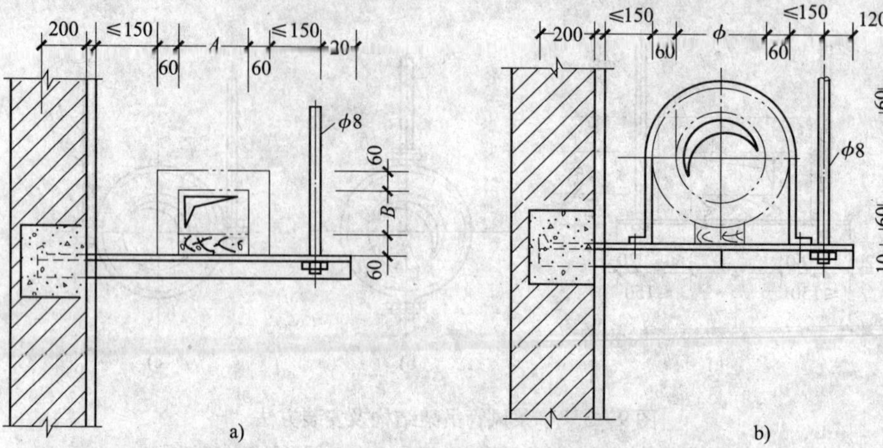

图 9—7　托、吊架混合型支架结构及安装方法（二）

吊架及混合型支架的吊杆与建筑物实体的连接与固定，有刚性连接和弹性连接两种形式，可依工程需要由设计确定。前者为吊杆直接固定于建筑物实体（楼板、屋面板、梁等）上，后者则通过弹性接头、弹簧吊架等弹性结构后，再与建筑物实体相连接。

弹性连接框架如图 9—8a 所示，它是在下吊杆与连接框架中间夹装橡胶减振垫圈，使吊架具有弹性的，图 9—8b 则是通过固定于建筑物实体上的弹簧减振器与吊杆相连接，使吊架具有弹性的。

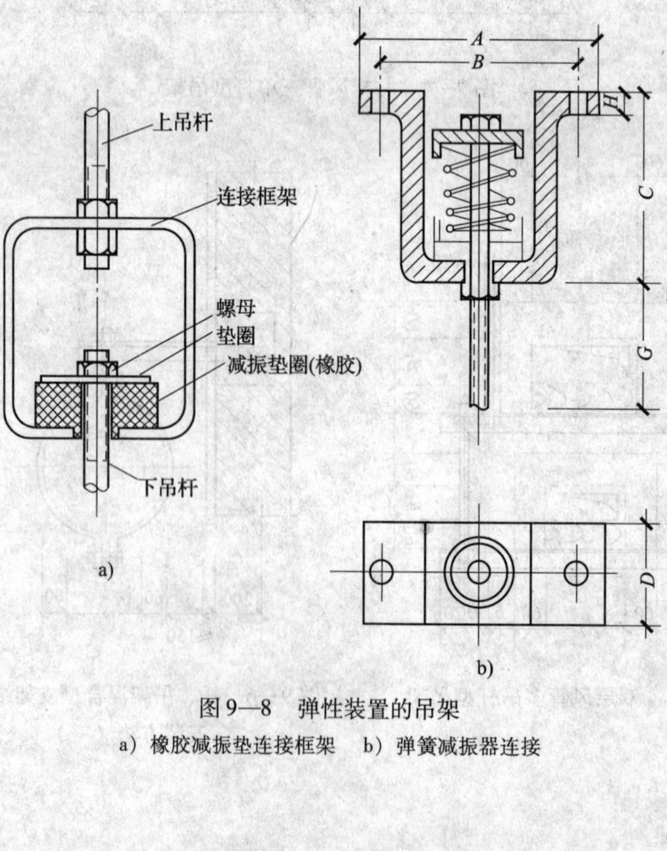

图 9—8　弹性装置的吊架

a）橡胶减振垫连接框架　b）弹簧减振器连接

二、支架吊架的制作

各种类型的支、吊架较多的是用角钢、扁钢及圆钢等型钢，按设计或标准图集规定的结构形式及尺寸，在加工厂或施工现场加工制作而成。

其工艺过程是：调直、划线、切断、钻孔、套螺纹、卷圆、折方、焊接等工序。

1. 横梁、横担的制作

（1）型钢的调直

1）圆钢的调直。将圆钢置放平台上并把弯曲的凸起部位朝上，用锤子直接锤击凸起部位，凸起部位因受压纤维缩短，下层受拉而伸长，直至圆钢能在平台上自由滚动。最后再用锤子在圆钢上轻轻击打几下以消除应力。

2）扁钢的矫正。扁钢由于搬运、存放不当或加工过程受热受压等原因产生的变形，主要有弯曲与扭曲两种，二者矫直方法是不一样的。

①当扁钢在厚度方向弯曲时，同矫正圆钢方法一样，直接将凸起部位置于平台上，用锤直接击打该部位，直到与平台贴合为止。

②当扁钢在宽度方向弯曲时，如图 9—9a 和图 9—9b 中箭头所示部位纤维比其相反部位纤维短，此时用锤依次锤击扁钢的内层（箭头部位），使此处纤维伸长，而相反部位受压纤维缩短而得到矫直。

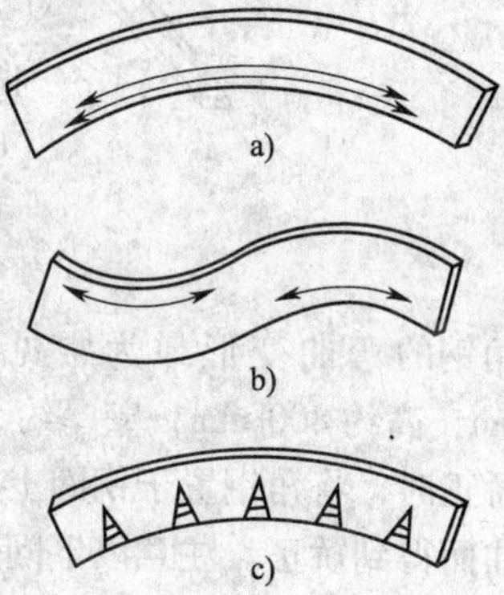

图 9—9　扁钢在宽度方向弯曲的矫正
a)、b）锤击扁钢内层
c）锤击内层的三角形区域

③当扁钢在宽度方向弯曲较严重时，还可以在弯曲的内层三角形区域内如图 9—9c 所示进行锤击，使之伸长而得到矫直。

若扁钢度弯曲不是太严重，可将其垫放在钢圈上，直接锤击凸起处，同样可以将其矫直。

④当扁钢扭曲变形时，矫正的方法是将其一端夹入台虎钳或固定在其他地方，然后用活扳手或自制的叉形扳手夹持扁钢的另一端，进行反方向的扭转，如图 9—10a 和图 9—10c 所示。待扭曲变形消除后，再用锤击法将其矫正。

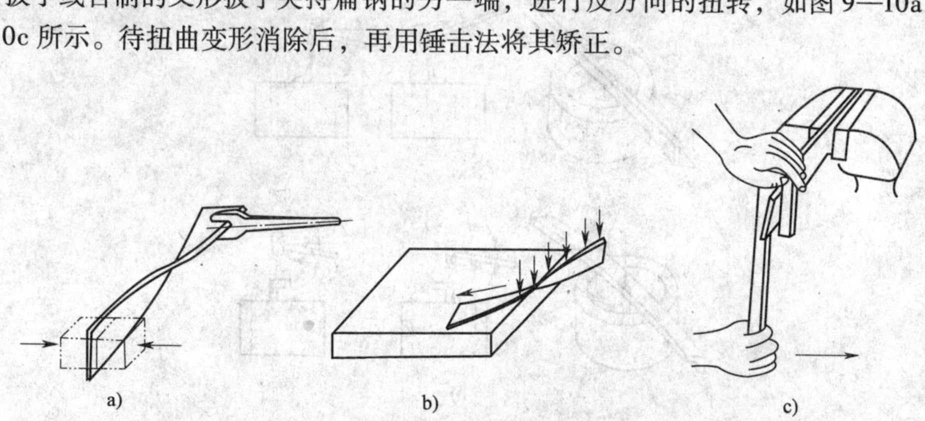

图 9—10　扁钢扭曲矫正

如果扁钢有轻微的扭曲，也可以直接用锤击矫正。锤击时把扁钢斜置于平台上，使平的部分放置于台面上，而扭曲翘起的部分伸出平台之外，如图9—10b所示。用锤子击打稍离平台外向上翘起的部分，锤击点离台边的距离约为板厚的两倍左右，边锤击边将工件向平台移动，然后翻转180°，再用同样方法进行矫正，直到矫平为止。注意此法不如反扭法效率高，只有当变形很小，只几锤便能解决问题时方可采用，否则不应使用此法。

3）角钢的矫正。角钢由于长度大而断面小，易于产生变形，角钢变形主要有外弯、内弯、扭曲和角度变形等几种形式，如图9—11所示。

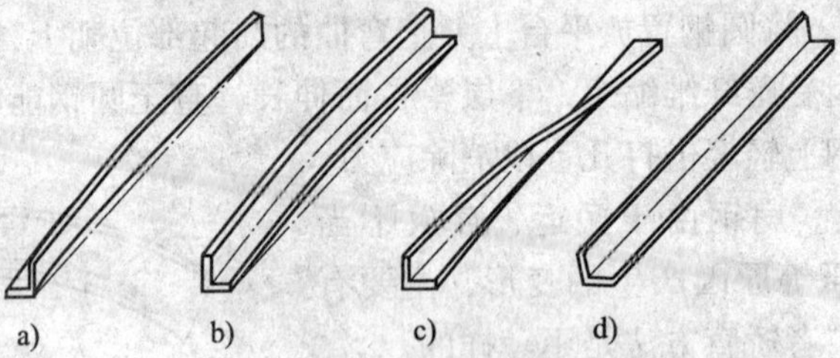

图9—11　角钢的变形式样

a）外弯　b）内弯　c）扭曲　d）角变形

角钢的弯曲变形最为常见，矫正可选用一合适的钢圈；最好是直径约600～800 mm，高约800 mm，壁厚约50～80 mm的铸铁圈，在铸铁圈上矫正噪音小，不易弹动。矫正时，将角钢置于钢圈上，并使弯曲凸起部位向上，用锤击打凸部，使之发生反向弯曲而得到矫正。注意以下问题：

①当角钢慢弯，即圆弧变化较缓时，角钢垫放于铁圈的最大直径处，由于两支点间的距离较大，锤击力度不用太大；

②当角钢有急弯，即圆弧突变时，角钢垫放位置则应向一侧靠拢，使两个支点距离靠近，施力时应加大力度。

③当矫正角钢外弯时，角钢平放在钢圈上，锤击时为了不致使角钢翻转，锤柄应稍微抬高或放低一点。并在锤击的瞬间，除用力打击外，若锤击者站立于角钢内侧，则应向内拉；若锤击者站立于角钢外侧，则需往外推，如图9—12a所示。

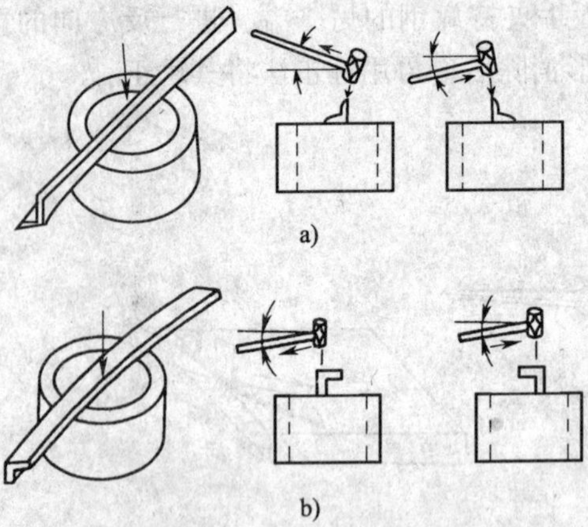

图9—12　角钢弯曲矫正

④当矫正角钢内弯时，应把角钢背面朝上立放，然后锤击矫正。如矫正外弯一样，为不致锤击时角钢翻转，锤击时锤柄后手高度也需抬高或压低，并在施力的瞬间略带推拉，具体应视锤击者站立位置而定，如图9—12b所示。

⑤当角钢扭曲变形矫正时，同扁钢扭曲一样，可将一端用虎钳夹持或其他方法固定，另一端用扳手或专用工具夹持作反方向扭转，如图9—13所示，待扭曲变形消除后，再以锤击法略作修正。

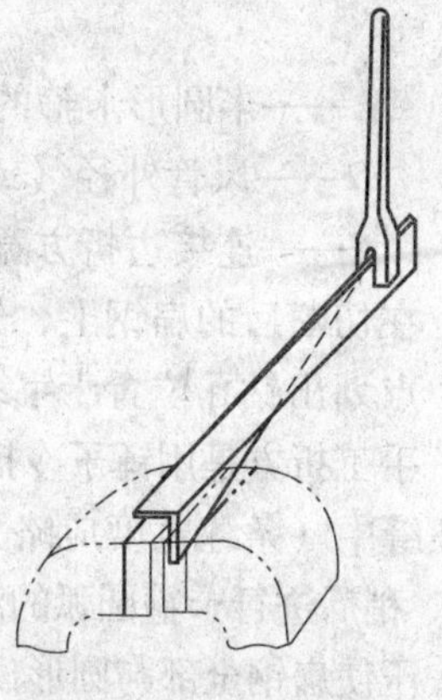
图9—13 角钢扭曲矫正

当角钢发生角变形时，矫正可将角钢置于V形槽铁内或将角钢边斜立于平台上，用锤击打外斜部分，使其夹角变小而得到矫正。如图9—14a和图9—14b所示。

当角钢变形小于90°时，可将角钢仰放平台上，然后在角钢的内侧垫放上型钢后再施力锤击，如图9—14c所示，使其角度扩张。

角钢因其长度大而断面小出现的几种变形，其矫正次序一般应先矫正变形较大的部位，后矫正变形小的部位。当角钢既有弯曲，又有扭曲变形时，应先矫正扭曲，然后再矫正弯曲。矫正次序很重要，若不是依次进行，往往因后面的矫正面影响前面矫正的质量和效果。

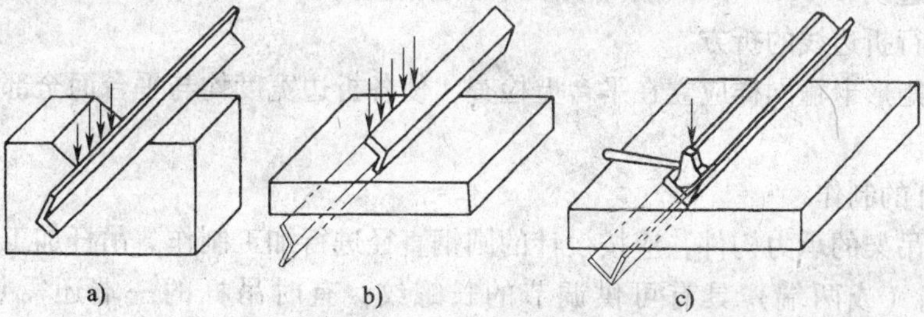

图9—14 角钢角变形的矫正

（2）划线与切割。按所需尺寸，用宽座角尺在角钢面上划线，并用手工锯、砂轮切割机或型钢切割机切断。为确保切断面平齐，角钢的切断线应在两个垂直面上均划出切断线。

（3）划线钻孔。在角钢面上划出钻孔位置的十字线，并用样冲冲打出定位孔，使钻孔时不跑位、不滑动。钻孔时，应正确地选择标准麻花钻头，且钻速要相对较高，钻削省力，使钻孔孔径符合设计要求。

托架和加固斜撑的焊接应牢固，使焊缝要求不低于设计或标准图的规定。

2. 卡箍的制作

圆形风管用半圆卡箍固定于托架横梁上或用两个半圆卡箍合成对开卡环悬吊；矩形风管用半个矩形卡箍固定于托架横梁上或吊架横担上。扁钢卡箍的制作按扁钢的调直、划线、切断、钻孔、折方（或卷圆）的操作工序进行。

（1）圆形卡箍的制作。在调直的扁钢上划出切断线。切断长度按下式计算：

$$L=1/2\ [\pi\ (D+2)]\ +2A$$

式中 L——半圆形卡箍的切断长度，mm；

D——风管外径（或保温后外径），mm；

A——连接边折方宽度，一般50～80 mm。

在切断后的扁钢上，先划出两等分中分线，再从两端各量取进行折方宽度A，在A的中点划出钻孔位置十字线，打冲定位孔眼后进行钻孔。

手工折方是用锤子冷打，先将扁钢一端对准折边线A夹持在台虎钳上或插入钢板平台的条缝中（条缝宽度应略大于扁钢厚度），用锤子加力锤打折方。用同法将另一端折方90°。稍后进行卡箍圆弧的滚圆加工。加工方法是将扁钢中点线对准钢模具中心，垂直向下按压使扁钢全部与圆形模具贴合，取出后再复压一下，使卡箍内圆弧等于风管外圆弧。

制作后的半圆卡箍应立在平台上检查，如两端90°折边全部贴合在平台上，则为合格，否则应修整折边，使其与平台全部贴合。

（2）矩形卡箍的制作。扁钢矩形卡箍的制作按扁钢的调直、划线、切断、划线钻孔、划线折方的操作步骤进行。

划线切断时，应使制成的卡箍两垂直边的长度略小于矩形风管（或矩形保温风管）的高度，水平边等于风管（或保温风管）的平面宽度。考虑到风管安装的需要，卡箍各边长度应略大于风管（或保温风管）各边2～3 mm。在卡箍切断长度划线后，划出两端连接折边线A（30～50 mm），并在A的中点划出钻孔中心线并打样冲眼后进行钻孔。最后进行折边线的折方。

制成的矩形卡箍同样应立在平台上检查，使各折边宽度均与平台面全部贴合，否则应修整折边。

3. 吊杆的制作

吊杆是吊架的承力构件，应按设计的圆钢直径进行加工制作。吊杆加工应按设计要求使其一端（或两端）具有可供调节的长螺纹；有时吊杆的一端还需加工成圆环（圈），或一头为圆环一头为钩等。因此，吊杆的制作应由圆钢的调直、划线切断、套螺纹、打圈、打钩等操作工序完成。

（1）划线切断。调直后的圆钢按计算长度划出切割线，并用手工锯或砂轮切割机切断。切断的切口必须保证平齐，吊杆长度须按风管安装坡度计算，而不能切成相同长度。

（2）圆钢外螺纹的加工（套螺纹）。将板牙镶入板牙架用手工加工。套螺纹前先将圆钢端部尖锐切割棱角在砂轮机上倒角，或锤打成锥状，使套螺纹时易于入扣。选用板牙必须与设计的吊杆直径相符。套螺纹时还需用机油润滑和冷却，以保证螺纹牙型不断扣紧，减少板牙的磨损，保证螺纹的加工质量。螺纹的加工长度应符合设计要求，一般为60～80 mm。加工好的螺纹，应戴上螺母，既检查螺纹加工质量（松紧度），又可保护螺纹。

目前工程上较多场合使用的吊杆是由市场直接采购的全丝吊杆，也称通丝吊杆，不需再进行套螺纹加工，直接按需用的尺寸划线切断。

（3）打圈、打钩。打圈是将圆钢平齐的一端加工成圆环，以备穿入吊环螺杆；打钩是将圆钢平齐的一端加工成钩状，以备挂入一端带圈的升降螺杆中。

圈、钩的制作加工过程，如图9—15所示。即用两锤将圆钢打成近于90°的圆圈折边线，用一锤将端部打成折角，一锤将折边线的旁侧打折，用三锤收圆，打成的圈平放在铁砧上，轻轻地用半锤将圆打平，如图 9—15a 所示。

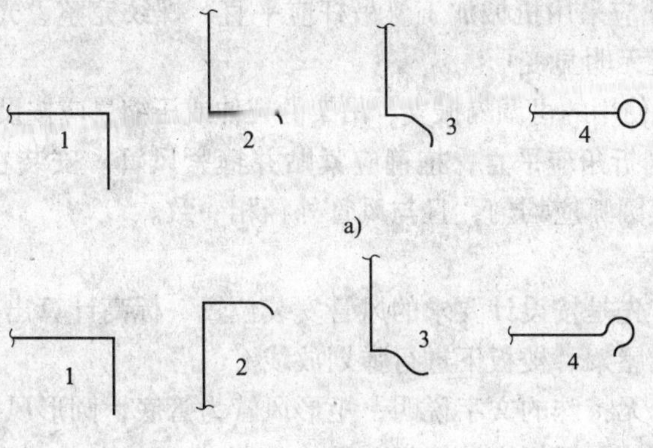

图 9—15　圆钢圈、钩加工过程
a）打圈　b）打钩

打钩，应先将圆钢用锤子捻尖，即用六锤将圆钢端部打成平方尖头（打一锤握钢筋的手翻转 90°一次），用两锤将起钩边线打折近 90°，一锤将尖部打折，一锤再将起钩边线旁侧打折，用三锤收钩的圆弧。这样，一个吊架的挂钩就可加工好，如图 9—15b 所示。

圈、钩的加工应用热加工法即用地炉烧红圆钢，使加工在近于 850 ~ 900℃状态下进行（烧成橙黄色），更易于加工。

4. 支、吊架的防腐处理

支、吊架的防腐处理。目前工程上应用最多的主要是在其表面用手工或机械方法涂刷或喷涂防腐涂料，把空气、水分等腐蚀性介质隔离开来，以保护支、吊架表面不被腐蚀。

制作支、吊架时若型材表面基本没有锈斑或有轻微锈迹，可不用除锈，按设计要求选用的涂料，直接在型材表面均匀涂刷或喷涂一遍或二遍底漆，最为常用的防锈底漆是红丹防锈漆与铁红防锈漆，待干燥后最后再涂刷或喷涂面漆。

涂刷或喷涂涂料的时候，一是要均匀，不要起皱，涂刷到位，没有空漏现象；二是若是栽埋支架，栽入端不得涂刷涂料。

三、支架吊架的安装技术要求及安装

1. 风管支、吊架安装应符合下列规定

（1）风管水平安装，直径或长边尺寸小于等于 400 mm，间距不应大于 4 m；直径或长边尺寸大于 400 mm，间距不应大于 3 m。螺旋风管的支、吊架间距可分别延长至 5 m和 3. 75 m；对于薄钢板法兰的风管，其支、吊架间距不应大于 3 m。

（2）风管垂直安装，间距不应大于 4 m；单根直管至少应有 2 个固定点。

（3）风管支、吊架宜按国标图集与规范选用强度和刚度相适应的形式和规定。对于直径或边长大于 2 500 mm 的超宽、超重等特殊风管的支、吊架应按设计规定。

（4）支、吊架不宜设置在风口、阀门、检查门及自控机构处，离风口或插接管的距离不宜小于 200 mm。

（5）当水平悬吊的主、干风管长度超过20 m时，应设置防止摆动的固定点，每个系统不应少于1个。

（6）吊架的螺孔应采用机械加工。吊杆应平直，螺纹完整、光洁。安装后各副支、吊架的受力应均匀，无明显变形。

风管或空调设备使用的可调隔振支、吊架的拉伸或压缩量应按设计的要求进行调整。

（7）抱箍支架，折角应平直，抱箍应紧贴并箍紧风管。安装在支架上的圆形风管应设托座和抱箍，其圆弧应均匀，且与风管外径相一致。

2. 支架吊架安装

支架吊架安装首先是按设计要求的风管安装位置、标高计算出的具体尺寸，把安装中心线在墙、柱上及屋架、楼板下进行弹划放线。

标高在图纸上若无特殊的文字说明，矩形风管为管底，圆形风管则指风管中心，若有文字说明，一定要按图纸规定计算相关尺寸。

如安装的是空调系统，有冷凝水的排放要求，应把风管安装坡度一并考虑进去，使所放中心线既是安装中心线，又是安装坡度线，以此控制风管及支、吊架安装位置的准确。

（1）托架的安装

1）沿墙的托架采用栽埋法安装

①首先根据风管位置、标高计算出风管中心线位置和托架表面高度，在风管系统的两端最好先栽埋固定点，拉一根细钢丝，使之既是风管安装中心线，又是托架的高度线。所有托架的栽埋均以此线为基准。

②把已作防腐处理并已划中心线的托架放入预留的墙洞内，固定托架时应使托架中心线与钢丝对正，并使托架的型钢表面与钢丝略低1~2 mm。

③先以水浇透墙洞后，再以细石混凝土捣实墙洞，此时应随时观察托架与钢丝对线情况，并适时以水平尺校验托架长度方向的水平度，若有偏差应随即修整，捣实墙洞的混凝土，并应略低于墙的平面，最后再以砂浆抹平墙面。

托架的栽埋应使横梁平面平正，长度方向水平，并与墙面垂直不歪斜，混凝土捣实无空洞，洞口平整，如图9—1所示。

2）沿柱托架采用抱柱法或与预埋件焊接法安装。这两种方法安装，均先要挂一根基准钢丝。

①抱柱法安装，先是用抱柱螺栓固定托架横梁，并将其预紧到一定程度后，再调整托架横梁平面与基准钢丝低1~2 mm，再以水平尺校验托架横梁长度方向的水平度，最后待确认无问题后，将螺杆紧定到位。调直托架横梁上下时应以锤子轻轻击打，徐徐加力，切忌用力过猛，碰撞基准钢丝。

②在预埋件焊接时，首先应将风管安装中心线在托架横梁上划出，再手持托架横梁使之上平面距钢丝1~2 mm，并对正中心线后，先点焊一点，以水平尺检验托架横梁长度的水平度，一般是以锤子轻轻击打横梁的上下，直到合适为止，再加点焊一处，最后再校验上述要求，确无问题后，再进行满焊，如图9—2所示。

托架的安装，应当特别仔细，计算尺寸要准确，不论是栽埋或焊接，一旦完成工序，有错误时不易更改纠正。

（2）吊架的安装。吊架的安装是通过吊杆顶部的固定、吊杆和底部横担（托铁）用螺母固定，而使风管安装固定的。

安装的关键一是吊杆长度的确定，二是吊杆顶部的固定。

1）吊杆长度应根据风管的标高，准确计算出吊杆顶部距横担上平面的实际尺寸，再放出 30 ~ 50 mm 的螺纹调整余量即可，容易出现的问题：

①吊杆过短，几乎戴不上螺帽或戴不满扣，使吊杆受力不够。

②吊杆过长，安装调整后螺杆外露太多，不仅浪费材料，也影响观感质量，甚至影响装饰工作的开展。

2）吊杆顶部的固定。吊杆顶部与建筑物实体的固定有刚性与弹性固定两种方法。

刚性固定方法如图 9—16 所示。图中的 9 种固定方法，可按吊装时不同的建筑物的实体情况及施工条件灵活选用。目前，工程上施工多采用膨胀螺栓胀锚方法固定吊杆，或将吊杆直接焊在膨胀栓上，或将吊杆打钩挂入由膨胀螺栓固定的短角钢的孔洞内，这种方法施工简便快速，解决了打洞多的难题。

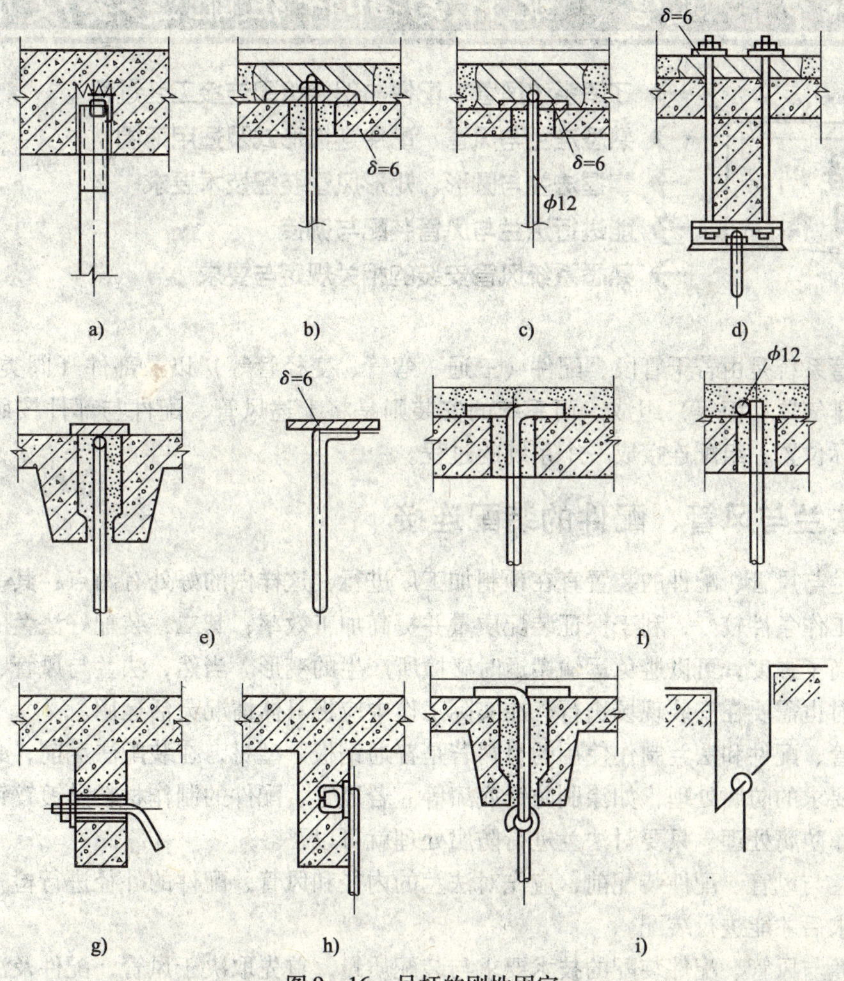

图 9—16　吊杆的刚性固定

吊杆的弹性连接如图 9—17 所示。图中弹性吊架的顶部与建筑实体的固定，都可用膨胀螺栓紧固或焊接。

吊架的安装要求吊杆固定牢固、垂直，底部横担平正，风管安装后无摆动现象。

托架、吊架安装中，卡箍对风管的固定连接也是重要的环节。安装时均要求卡接牢固且不损伤风管保温面，为此，应先进行试卡接。如发现矩形卡箍棱角不垂直，圆形卡箍圆弧不均匀，与风管或风管保温面不吻合时，应先对卡箍进行修整，修整合格后方可进行最后的螺栓紧固。同时在卡紧过程中应注重使风管底部垫块保持平正。

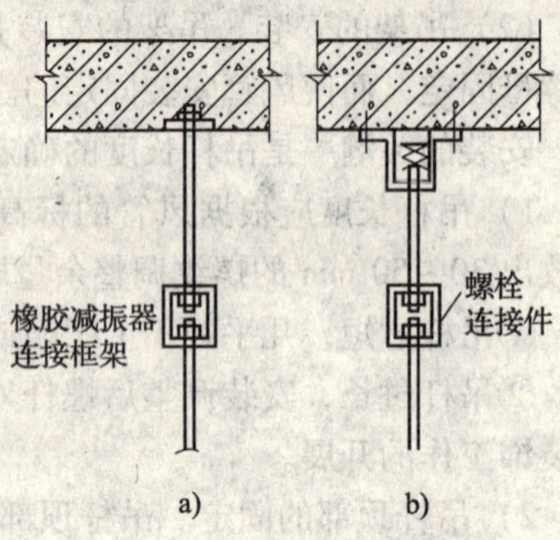

图 9—17　吊杆的弹性连接

第二节　风管、配件与部件组配连接及吊装

培训目标

- 了解系统风管、配件与部件组配连接工艺过程
- 熟悉法兰与风管、配件连接形式及适用范围
- 掌握法兰与圆形、矩形风管装配技术要求
- 能进行法兰与风管装配与铆接
- 熟悉系统风管安装的相关规定与要求

风管系统是由若干管段、配件（三通、弯管、变径管等）以及部件（阀类、风口、风帽、排气罩、柜等）组成。而系统的安装则是将上述风管、配件与部件按照其在空间的实际位置，组配连接成一个系统的过程。

一、法兰与风管、配件的装配连接

法兰与风管、配件的装置宜在预制加工厂进行，这样做的好处有两点：其一，预制加工厂工作条件较好，利于保证装配质量并提高加工效率；其二，装配好法兰的风管与配件提高了强度，可以避免运输搬运时碰撞所产生的变形。当然，法兰与风管、配件的装配有时也需要在安装现场进行，在实际工作中应视具体情况灵活运用。

风管、配件和法兰制作使用的材料若是普通钢板、型材，在装配法兰前，必须先进行设计要求的防腐处理，如涂刷防锈底漆等。若风管、配件的制作材料是镀锌钢板，一般不再作防腐处理，只要对法兰进行防腐处理就可以了。

法兰与风管、配件装配前，应先对法兰的内径和风管、配件的外径进行检查，只有符合要求后才能进行装配。

法兰与风管、配件装配的技术要求与装配质量，首先取决于风管、配件及法兰加工尺寸的准确度，即法兰内径（或内周边）应比风管、配件的外径（或外周边）大 2 ~

3 mm，超出这个范围不论是过大或过小都不符合技术要求。法兰内径（或内周边）过大，风管或配件轻松套入，管外壁不能与法兰内边贴紧，既难于铆接，又容易漏风；法兰内径（或内周边）过小，又会使风管或配件套入时发生困难，当强行插入时，容易把风管或配件的纵缝咬口推开而降低其严密度和强度，而且还会使风管或配件因此变形，影响安装质量与美观。

其次，法兰的装配质量取决于法兰与风管、配件连接形式的选择，以及装配连接的操作质量。

1. 法兰与风管、配件的连接形式

常用的连接形式有翻边、翻边铆接与焊接 3 种，如图 9—18 所示。

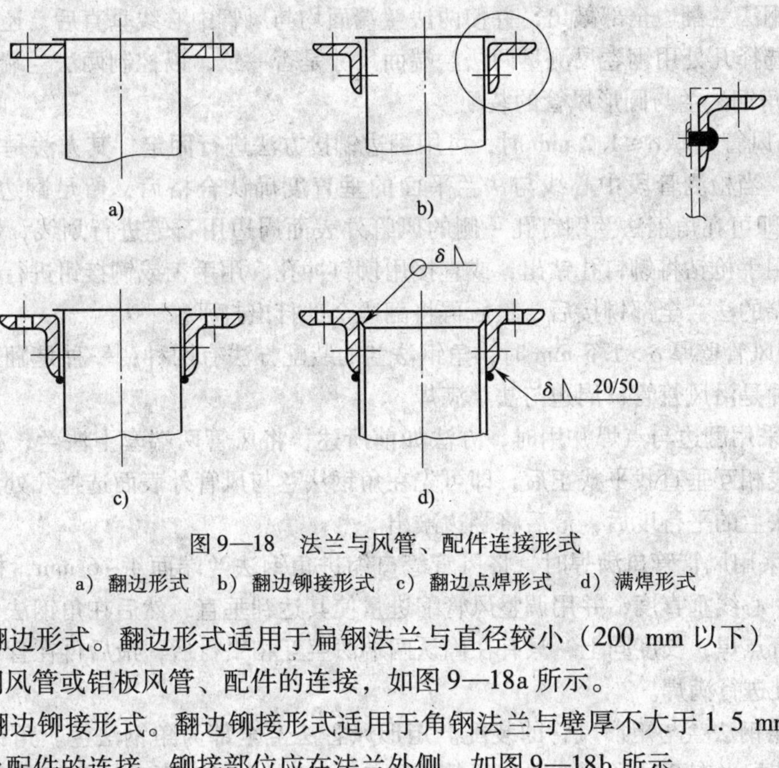

图 9—18　法兰与风管、配件连接形式

a）翻边形式　b）翻边铆接形式　c）翻边点焊形式　d）满焊形式

（1）翻边形式。翻边形式适用于扁钢法兰与直径较小（200 mm 以下）的圆风管、矩形不锈钢风管或铝板风管、配件的连接，如图 9—18a 所示。

（2）翻边铆接形式。翻边铆接形式适用于角钢法兰与壁厚不大于 1.5 mm、直径较大的风管及配件的连接。铆接部位应在法兰外侧，如图 9—18b 所示。

（3）翻边点焊形式和满焊形式

焊接形式适用于角钢法兰与风管壁厚 $\delta > 1.5$ mm 的风管和配件的连接，并依风管、配件断面的大小情况，采用翻边点焊或沿风管、配件周边进行满焊连接，如图 9—18c 和图 9—18d 所示。

2. 法兰与风管的装配

（1）扁钢法兰与圆形风管的装配

1）扁钢法兰与圆形风管装配时，先将圆风管两端套入法兰，根据风管直径的大小确定法兰翻边留量，一般为 6 ~ 8 mm，直径较大时可取上限 8 mm，直径较小时取下限 6 mm。确定翻边量后，用锤子把法兰移位至翻边位置，用衬铁顶住法兰，将翻边敲出。用同样方法在法兰周边对应地选择几处，依次敲出翻边。

单元 9

2）检查扁钢法兰平面与风管中心线是否垂直。通常检查的方法是将套入法兰的风管置于工作平台上或较平整的地坪上，用90°角尺一边靠平台或地坪，另一边靠扁钢法兰的平面，只有当90°角尺两直角边都紧贴时（即90°），方可表明此翻边量是合适的。

3）当出现少量偏差时，可用增减法兰翻边量来调整。

4）在上述检查确定法兰端面与风管中心线垂直后，即可将翻边全部敲出。

5）若有翻边遮挡住螺栓孔时应用扁錾錾去多余部分，以免影响安装。

6）风管纵缝咬口一般在制作时就应采取措施，解决翻边四层重叠的问题。当翻边时一旦出现这种情况，即用錾子将其铲去多余三层，保留一层。否则组装后的法兰接合部位就可能因这个高点而不严密，出现漏风现象。

当扁钢法兰翻边全部敲出，并使两法兰端面均与风管中心线垂直后，还应当在圆管不同位置选择几处用钢卷尺测量两法兰端面尺寸是否一致，以控制两法兰端面的平行。

（2）角钢法兰与圆形风管的装配

1）当风管壁厚$\delta \leqslant 1.2$ mm时，可用翻边铆接方法进行固定。其方法是将法兰套入管段两端，当检测管段中心线与法兰平面的垂直度确认合格后，留足翻边留量（6～10 mm），即可在角钢法兰铆钉孔一侧的风管外表面周边用石笔进行划线，铆接时可按线进行。用手枪钻将铆钉孔钻出，或直接用铆钉冲孔，用手工或铆接钳进行铆接。只有当风管两端的法兰全部铆接后，最后再将翻边全部打出打平。

2）当风管壁厚$\delta > 1.5$ mm时，角钢法兰的装配方法有两种：一种是翻边与点焊并用；另一种是沿风管管口周边与法兰满焊。

① 当采用翻边与点焊并用时，方法如前所述，将风管两端套上法兰，检查法兰与风管中心线相互垂直找平找正后，即可先在角钢法兰与风管外表面选择几处点焊，并应校验两端法兰的平行度后，最后将翻边敲出。

② 若采用风管管口满焊时，将风管管口缩进角钢法兰端面4～6 mm，检查法兰表面与风管中心线垂直度，并用调整风管缩进量使其达到垂直，然后在角钢法兰与风管外表面先进行点焊，长度同上，只有在确认两端法兰互相平行后，最后再在管口与法兰内圈的连接处进行满焊。

（3）角钢法兰与矩形风管的装配。矩形风管法兰全部为角钢法兰。角钢法兰与矩形风管的装配也有两种形式，即当风管壁厚$\delta \leqslant 1.5$ mm时，可采用翻边铆接；而当风管壁厚度$\delta > 1.5$ mm时，只能采用翻边点焊或点焊后满焊。

1）当采用翻边铆接时，矩形风管法兰的铆接应在工作平台上或较平的地坪上进行。

① 把风管两端的法兰套上，并使管端露出6～10 mm翻边留量；再用角尺的一边靠在矩形风管的纵向折角边上，用方锤轻轻敲打法兰的角钢边，使之靠在角尺的另一边上。这时，风管的中心线与法兰平面即保持垂直，如图9—19a所示。

② 用电钻先钻出两个铆钉孔，并进行铆接，使检测点处的矩形风管的一个棱边固定。

③ 在已铆好铆钉的法兰边上，用卷尺量出到另一端法兰边的距离，并先把风管一端棱角上的一个铆钉铆接好，再用角尺和卷尺测量90°和实际尺寸，使两端法兰既保持平行，又使法兰平面与棱线垂直。然后再加铆一个铆钉。

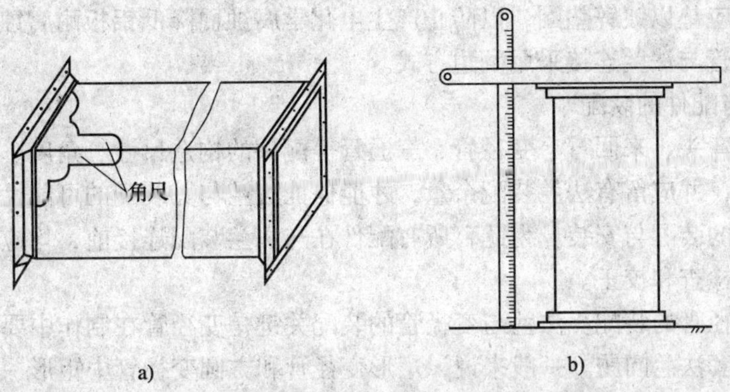

图 9—19　法兰与矩形风管装配铆接

④ 将风管翻转 180°，在已铆过两只铆钉的对应边上，先用角尺靠在风管的侧面，使法兰与风管纵向折边保持垂直，再在两端的两个法兰上各铆好两只铆钉。

⑤ 并用卷尺测量上下两个面的尺寸是否相等，两对角线是否一致，以检查两端法兰是否平行。

⑥ 此时可用手揿按法兰，凭经验判断有无翘角等现象。若有些翘角，可用锤子将法兰立边角上适当敲击振动几下，一般即可消除翘角。

⑦ 只有当上述操作全部完成并达到技术要求时，方可将铆钉孔全部钻出或冲孔，并将其铆好。

⑧ 铆接完成后，最后用方锤将管端翻边全部敲出。注意矩形风管翻边至四个角时，应用方锤窄面錾延几下，然后翻边，否则四角会出现豁口，产生漏风。

圆形或矩形风管在角钢法兰的装配铆接并把翻边全部敲出后，放置平台或地坪上，从不同方向上测量其高度尺寸都应当相等，如图 9—19b 所示，说明是合格的。

如果法兰与风管装配上下口不平行，那么装入风管系统后，使水平管不水平，竖直风管不垂直，出现歪扭，影响系统的观感质量。

2）当采用翻边加点焊装配时，先将法兰套到矩形风管的两端，并使风管端头外露 8 ~ 10 mm，然后测定检查调整法兰端面使之与风管中心线（或棱线）垂直，方法如前所述；检查合格后，先在角钢法兰与管壁外表面点焊几处，经量测风管两端法兰距离，并确认符合要求后，把另一端法兰也用同样方法点焊好。然后将风管翻转 180°，用尺量法兰边棱间距或法兰对角线长度的方法，检测法兰装配质量，达到合格后点焊若干处，点焊长度为 20 mm，间隔为 30 mm。最后再将翻边全部打出打平即可。

3）当采用满焊装配时，先在管端套上法兰，并使管端缩进法兰内约 4 ~ 6 mm，其目的是为了使法兰连接时接合面平整。经如上方法检测装配尺寸后，再在角钢法兰与风管外壁表面点焊几处；只有当全部点焊好后，最后沿风管的周边把法兰内周边与风管管口进行满焊。

矩形风管在法兰装配、铆接或焊接前，一定要认真检查法兰端面与风管中心线（或棱线）是否相互垂直，不能有误差。否则，会因此而带来整个风管系统在安装后出现横不平竖不直且无法调整的后果。

铝板风管与角钢法兰连接采用翻边铆接，铆钉应使用铝铆钉，不得用碳素钢铆钉；

在螺栓连接时应垫以镀锌垫圈，以防止产生电化学腐蚀而降低铝板耐腐蚀性能。

不锈钢风管与法兰连接采用翻边方式。

3. 法兰与配件的装配

制作后的弯头、来回弯、变径管、三通管等配件的构造尺寸、角度、平行度和垂直度等均应正确，并应留有法兰装配余量，才能保证法兰与其装配的可能性，并进而保证管路系统顺利的装配与安装。为此，所有配件在与法兰装配连接前，均应进行其自身加工质量的严格检查和校正。

法兰与变径管的装配。法兰与变径管的装配关键是变径管在制作中要根据不同情况采取措施解决套法兰问题。一般来说，矩形变径管和方圆变径管中矩形一端套法兰不会有太大问题，而圆变径管或方圆变径管中圆形一端套法兰问题，在展开下料时就应根据不同情况采取措施加以解决。圆变径管或方圆变径管当两口径尺寸比较接近，且高度较大时，变径管坡度较陡，法兰的套入不会有太大问题；但当两口径尺寸比较悬殊，且高度较小时，法兰的装配将发生困难；变径管的小端法兰套不进，而大端法兰套上后法兰内壁与变径管外表面不相贴合，铆钉无法铆接（见图9—20a）。通常解决套法兰问题的措施是加设直管段（见图9—20b），再装配法兰铆接。

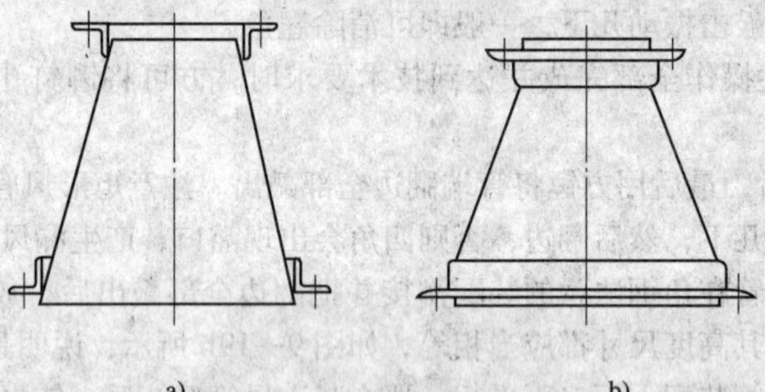

图9—20 变径管装配法兰示意图

a）小口端法兰套不进，大口端法兰套入不能贴合 b）两端加设短直管后装配

（1）圆变径管在与法兰装配时，若两口径相差不大坡度较陡时，可直接将法兰套上。其小头尺寸应比法兰内径小2～3 mm，待法兰套上后留出翻边量，在周边敲出4、5个点将法兰加以固定；再将大口法兰套上用同样方法将法兰固定。铆接前先要对上下法兰的端面是否平行加以检测，其方法有两种：一是将变径管立放于平板上，小头朝下大头朝上，用钢板尺直接测量不同方向几个点的高度；二是将变径管大头朝下放置，将直尺立放在小口上，再用钢板尺测量不同方向几个点的高度。若高度尺寸相等，表明其法兰互相平行，即可铆接；若有些不平行，则应将翻边量加以调整，然后铆接，最后将翻边全部敲出。

假若圆变径管两口径尺寸相差较大且高度较低时，在制作时未采取措施，则在法兰装配前要区别不同情况加以解决。若空间位置可能，可再制作一段直管与变径管咬接后再进行装配；如因空间位置的限制，加设直管已不可能的话，那只有将已做成的变径管弃之不用而重新制作。在重新制作时，将加设直管的长度考虑进去。

（2）法兰与矩形变径管的装配较圆变径管简单些。一般矩形变径管在制作时即已将法兰及翻边留量的棱线压制出来，装配时只需将法兰套上，变径管外壁与法兰内边贴合一般都较紧密。矩形变径管找平找正后（方法同圆变径管），即可将法兰加以铆接和翻边。

方圆变径管与法兰的装配方法同圆变径管及矩形变径管，装配与铆接法兰只要保持上下口平面相互平行和翻边量合适即可。

法兰与弯头、来回弯、三通、四通管等其他配件的装配连接，要复杂一些，这些知识与技能留待更高一级教材里讲授。

二、系统风管组对连接与吊装

当系统风管支、吊架制作并安装完好，风管、配件也已经与法兰装配连接后，即可进行风管组对连接与吊装，将分散的风管、配件及部件，按其在空间的实际位置组对连接成系统。

目前，工程上组对连接有两种方式，一种是在地面上将风管、配件及部件组对连接成一个区段，长短依风管口径的大小及现场起吊情况而定，组对连接后再用滑轮绳索等起吊工具提升至需要高度的支、吊架上再加以固定即可。第二种方法是用脚手架或高凳将风管、配件及部件逐件高举逐节连接成系统。

一般来说，若有条件以第一种方式连接较为有利，地面上连接便利且利于调整；工程上选择哪种方案还要依现场条件及起吊辅助工机具来定。

1. 风管安装应符合下列规定

（1）风管安装前，应清除内、外杂物，并做好清洁和保护工作。

（2）风管安装的位置、标高、走向，应符合设计要求。现场风管接口的配置，不得缩小其有效截面。

（3）连接法兰的螺栓应均匀拧紧，其螺母宜在同一侧。

（4）风管接口的连接应严密、牢固。风管法兰的垫片材质应符合系统功能的要求，厚度不应小于 3 mm。垫片不得凸入管内，亦不宜突出法兰外。

（5）柔性短管的安装，应松紧适度，无明显扭曲。

（6）可伸缩性金属或非金属软风管的长度不宜超过 2 m，并不应有死弯或塌凹。

（7）风管与砖、混凝土风道的连接接口，应顺着气流方向插入，并应采取密封措施。风管穿出屋面处应设有防雨装置。

（8）不锈钢板、铝板风管与碳素钢支架的接触处，应有隔绝或防腐绝缘措施。

（9）法兰垫料的材质，如设计无要求应符合下列规定：

1）输送空气温度低于 70℃的风管，应用橡胶板、闭孔海绵橡胶板等。

2）输送空气或烟气温度高于 70℃的风管，应用石棉绳或石棉橡胶板等。

3）输送含有腐蚀性介质气体的风管，应用耐酸橡胶板或软聚氯乙烯板等。

4）输送产生凝结水或含有蒸汽的潮湿空气的风管，应用橡胶板或闭孔海绵橡胶板。

5）除尘系统的风管，应用橡胶板。

2. 风管法兰连接的操作技术

风管法兰连接的操作主要由制垫、加垫、法兰组对、穿螺栓及螺母紧定等工序来完成。

（1）制垫

1）用设计选用的垫片材料，按法兰口径尺寸与法兰型钢的宽度，在垫片材料上放样裁制。

① 若是圆形法兰，直径较小时，可按法兰内外径直接在垫料上划出裁剪；若直径较大，可制成样板，由多块拼合而成。

② 若是矩形法兰，可直接按法兰长度、宽度以及型钢宽度直接划出矩形直条后裁剪，一般都是整条。

垫片若由多块拼接而成，对接处要按设计要求进行技术处理，以保证垫片的密封效果。

2）裁剪下的环状、矩形条状的垫料可划线冲孔，若同一尺寸规格数量较大，可制成样板，用空心冲冲打螺栓孔；若为石棉板等垫料，也可在台钻上钻孔。

（2）法兰组对

1）风管、配件法兰组对时，一般先在一只法兰的一端穿入螺栓，并将垫片挂在螺杆上，使垫片平贴于法兰表面，螺杆外露少许，伸出法兰端面尺寸小于10 mm。

① 矩形法兰的四角及四边的中间先穿入螺栓并使四周垫片完整地贴挂在螺杆上。

② 圆形法兰可先选择十字交叉位置再添加几处穿入螺栓，并穿入环形垫片中，法兰端面外露应小于10 mm。

2）移动与其相连的另一只法兰，使两只法兰距离约10 mm，将矩形法兰的四角，圆形法兰的十字交叉位置的螺杆穿入对应法兰孔中。并把螺母紧上几扣后，再依次把螺栓全部穿入，并用手拧紧螺母。

3）检查调整垫片位置，严禁凸入风管内壁，同时垫片外边缘也应与风管法兰外边缘平齐。

4）螺栓紧定。当法兰全部穿入螺栓，垫片也无问题时，即可用活扳手或呆扳手以十字交叉对称方法全部拧紧螺母。

5）紧定螺母需注意两个问题

① 紧定螺母时一定不可以按顺序依次拧紧，那样会使后边紧定的螺母紧定困难。如果法兰各处的螺栓受力不均可能会使法兰连接处不严密，导致走风漏气。

② 紧定螺母过程中，应随时观察校验相连接两节或多节风管的平直度，方法是用线或细钢丝紧靠连接多节风管法兰的外侧，肉眼观察或测量至风管外边缘尺寸是否一致。若有少许偏差，可用增减垫片的厚度或螺母锁紧力来进行微量调整。

（3）风管的固定

1）在托架上安装的水平管的固定。将连接好的风管吊放于托架上，若有在托架表面有垫料要求时，应先放好垫料，再将风管起吊落放在托架上，经校验水平度、平直度后，然后再用卡箍加以固定，如图9—1和图9—2所示。

2）在吊架上安装水平管的固定

① 把横担一端型钢孔穿入吊杆中，用螺母紧定至设计标高尺寸后，再将横担拨至与风管走向平行位置。

② 起吊风管使其略高于标高尺寸后，回拨横担至与风管走向垂直位置，并使吊杆穿入横担型钢孔中后紧定螺母至标高尺寸后落下风管。

③ 待整体风管吊装到位后，再精调横担的上与下，使风管达到设计标高。

3）垂直安装风管的固定方法。目前，最为常用的固定方法如图 9—21 所示，即用风管的夹箍与两侧的吊杆悬吊固定。靠墙、柱的垂直风管也可在托架横梁侧面钻孔，用卡箍与螺母固定。

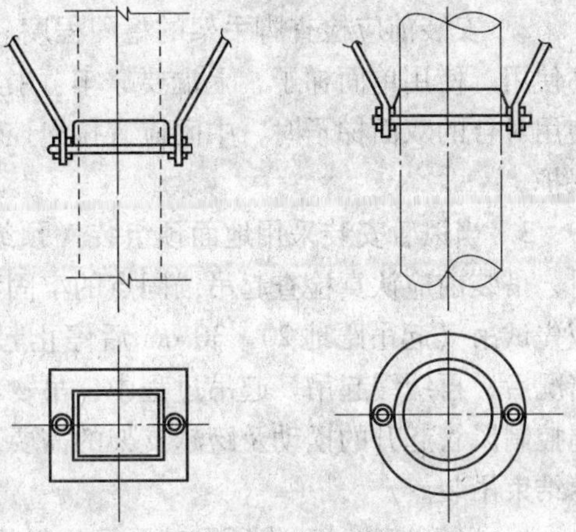

图 9—21　垂直风管（立管）的固定

三、风管系统安装技术要求

1. 风管和空气处理室内，不得敷设电线、电缆以及输送有毒、易燃、易爆的气体和液体管道。

2. 风管与配件可拆卸的接口，不得装设在墙和楼板内。

3. 排气和除尘系统的风管，宜在该系统所服务的生产设备就位后安装。

4. 风管水平安装，水平度的允许偏差每米不应大于 3 mm，总偏差不应大于20 mm；风管垂直安装，垂直度的允许偏差每米不应大于 2 mm，总偏差不应大于 20 mm。

5. 输送产生凝结水或含有蒸汽的潮湿空气的风管，应按设计要求的坡度安装。风管底部不宜设置纵向接缝，如有接缝应做密封处理。

6. 安装输送含有易燃、易爆介质气体的系统和安装在易燃、易爆介质环境内的通风系统都必须有良好的接地装置，并应尽量减少接口。输送易燃、易爆介质气体的风管，通过生活间或其他辅助生产房间必须严密，并不得设置接口。

7. 风管的支管（支立管）重量不得由干管承受，而应单独设置支、吊架。

8. 硬聚氯乙烯风管上所用金属附件和部件，应按设计要求做好防腐处理；玻璃钢风管不得碰撞和扭曲，以防树脂破裂、脱落及界皮分层；损坏处应及时修复，其支架形式、宽度应符合设计要求。

9. 风管的调节装置（多叶阀、蝶阀、插板阀等），应安装在便于操作的位置。

10. 斜插板阀垂直安装，阀板应向上拉启；水平安装，插板应顺气流方向插入。

11. 防火阀安装，方向位置应正确，易熔件应在系统安装后装入。

12. 各类风口的安装应平整，位置正确，转动部分灵活，与风管的安装应牢固。

13. 风帽的滴水盘、滴水槽安装应牢固，不得渗漏，凝结水应引流到指定位置。

14. 各类吸尘罩、排气罩的安装位置应正确，牢固可靠，支架不得设置在影响操作的部位。

15. 安装柔性短管应松紧适当，不得扭曲。

四、风管系统安装安全注意事项

风管安装大部分为高空作业，安全事故发生频率高，特别应增强安全生产意识，加强安全生产措施。施工中尤应注意以下各点：

1. 距地面 3 m 以上安装风管时，宜搭设安装平台，平台应有护栏或安全网，操作人员应系好安全带。

2. 安装前应检查脚手架的稳固程度。当采用梯子安装时，梯子不能缺档，不得垫高使用。使用单面梯子，上端要靠牢（扎牢），下端应包以破布，采取有效防滑措施；使用对合的双面梯子时，中间应有拉绳控制梯子的张大宽度。操作时梯子下面应有专人保护。

3. 当风管安装采用地面预组装（预组装长度可依吊装条件确定，一般 10 ~ 12 m）时，吊装前应认真检查起吊锚固点的牢固程度，起吊机具及绳索的完好程度。风管起吊应先试吊（起吊距地 20 ~ 30 cm 后停止起吊，检查吊具、索具工作情况）确认无异常情况后，再缓缓起吊。起吊过程中，吊物下严禁站人。为防止风管晃动，风管上须加拉绳控制风管起升的摆动及跨越支架的需要。吊装工作应在风管就位和找正后方可卸去绳索结束吊装。

4. 风管安装过程中所需工具及材料均不得上下抛掷，而应放入工具袋，用绳索上下运送。

5. 采用冲击钻钻孔装支架，电钻现场进行法兰钻孔时，电钻的电源、电线等应安全完好，并应勤于检查维护；操作者应戴手套、眼镜，按钻孔操作技术规程安全操作。

6. 采用焊接设备时，要严格按安全操作规定进行焊接操作。

7. 进行矿渣棉、玻璃棉等保温材料保温施工时，操作者应将衣领、袖口、裤角等扎好，戴防护眼镜、手套进行操作，防止保温材料接触皮肤伤人。大型风管进行内保温时，进入风管时应使用不超过 36 V 的安全行灯照明。

五、风管系统安装质量通病及防治

1. 现象

风管不平、不直、不正、中心偏移、法兰接口连接不严密，风管漏风。

2. 原因分析

（1）各风管支、吊架位置标高不一致，间距不相等或较大，风管因自重引起弯曲。

（2）圆形风管同心度差，矩形风管法兰对角线不相等。

（3）法兰与风管中心轴线不垂直，法兰互换性与平整度差，螺栓间距大，松紧度不一致。

（4）法兰垫料薄厚不均，使接口处有缝隙。

（5）法兰管口折边宽度小，风管咬口开裂等。

3. 防治措施

（1）按质量要求调整风管支、吊架标高，支架要重新埋设，吊架可调整吊杆螺帽，必要时加长吊杆丝扣长度。调整支、吊架间距使支、吊架受力均匀。

（2）用法兰翻边量的增减宽度调整圆形风管的同心度。调整或更换矩形法兰，使对角线相等，控制风管表面平整度。

（3）法兰与风管垂直度偏差较小时，可加厚法兰垫片，然后控制法兰螺栓松紧度进行校正。当偏差较大时，需对法兰重新找方铆接。

（4）增加法兰螺栓孔数量至标准要求，或加厚法兰垫片，以减少风管接口漏风。

（5）风管与法兰周围缝隙用密封胶带封闭，咬口开裂处用铆钉铆接后，再用密封胶带封闭或焊接。

第三节 风管的防腐与绝热施工

培训目标

- 了解防腐涂料及绝热施工技术要求
- 熟悉防腐涂料涂刷工艺及涂刷操作技术
- 能单独进行涂料涂刷的操作
- 熟悉绝热施工常用方法及工艺
- 能用钉贴法进行绝热施工

一、通风与空调系统的防腐

以普通薄钢板、型钢制作的风管、配件、部件及通风与空调设备，均需进行防腐处理以减少金属腐蚀。

1．腐蚀及防腐

腐蚀主要是金属材料在外部环境影响下，由于化学作用引起的化学腐蚀，以及金属与氧气、氯气、二氧化硫、硫化氢等干燥气体或汽油、乙醇、苯等非电解质接触引起的电化学腐蚀，使材料发生破坏性的质变。

金属的腐蚀对通风、空调系统的危害性大，它使大量的钢材较快地因腐蚀而报废，导致系统泄漏而丧失正常运行功能，造成经济上、使用功能上的巨大损失。因此，采取有效的防腐措施，对通风与空调系统的正常运行，延长系统的使用寿命有着十分重要的意义。

防腐的方法很多，如采取金属镀锌（例如采用镀锌钢板）、金属钝化（如采用经金属钝化制成的带有钝化膜层的不锈钢板）、阴极保护及涂料防腐等。目前，对普通碳钢薄钢板及型材制作的风管、配件、附件及设备等，多采用涂料防腐，即俗称的油漆防腐；工程上较为常用的涂料种类、性能及主要用途，见表3—12。

2．涂料的选用及涂层的要求

防腐涂料习惯的叫法是油漆。油漆是一种有机高分子胶体混合物的混合溶液，是一种有机涂料。它由成膜物质、溶剂（或稀释剂）、颜料（或填料）三部分组成。

通风与空调系统（包括空气洁净系统）常用的防腐涂料层（漆膜）一般由底层（底漆）和面层（面漆）构成，底漆打底，面漆罩面。涂料防腐的主要原理是靠漆膜（涂料层）将空气、水分（水蒸气）、腐蚀性介质隔离起来，以保护金属表面不受腐蚀。常用的涂料有红丹防锈漆、铁红防锈漆、醇酸防锈漆、腐化底漆等，多用作涂层的底漆，主要起防锈作用；还有油性调和漆、厚漆（铅油）、过氯乙烯漆、醇酸树脂磁漆等，多用于面漆，主要起保护底漆的作用。

涂料防腐的施工由金属表面处理和喷涂（或涂刷）两道工序组成。每道工序都很重要，都应按设计或施工规范的规定进行施工，否则涂料不能和被涂物表面很好结合，不要多久就会自行脱落。

3. 金属表面除锈

钢板、型钢、设备表面的锈层、油垢、灰尘等，是涂料与金属表面结合的主要障碍，应予清除干净，以保证涂料防腐效果。常用的除锈方法有手工、机械和酸洗除锈3种，可根据工程量大小和具体的施工条件选择。

（1）手工除锈。手工除锈工具简单，操作灵活方便，目前仍被广泛采用。除锈是用钢丝刷、砂轮块、砂纸、破布等刷磨钢板等金属表面，除去锈层、油垢、焊缝药皮等，显露出金属光泽即可。手工除锈劳动强度大，工效低。

一般大气环境中的风管，要求钢板表面除去浮锈，允许表面有紧密的氧化层存在，有利于涂层的附着力即可，故多采用人工除锈法。

（2）机械除锈。机械防锈可用喷砂除锈，也可用机械带动钢丝刷，清除型钢表面锈垢。通风与空调工程除尘风管、设备等常采用喷砂法除锈。

喷砂除锈是利用压缩空气将石英砂喷射在金属表面上，靠砂子的冲击力量撞击金属表面的锈层、氧化层等。

（3）金属表面经除锈处理后，应符合下列要求：

1）金属表面应呈现出均匀一致的金属光泽，不应残留金属氧化物和其他附着物。

2）金属表面不应有油垢和斑点。

3）经除锈处理后的金属应处于干燥状态，并不得再被其他物质污染。经除锈合格的金属应尽早进行防腐处理，以防受潮重新锈蚀。

4. 涂料的刷涂与喷涂

施工现场的涂料防腐施工常采用手工涂刷或压缩空气喷涂两种方法。

（1）手工涂刷是用规格为50～100 mm的毛刷、干净的棉纱头等简单工具，浸蘸涂料涂刷在钢板等金属表面上。其工效低，多适用于工程量不大的通风与空调工程。但由于其工具简单、操作灵活方便，至今被普遍采用。

（2）喷涂是以压泵或空气压缩机为动力，通过喷枪，将涂料涂在金属表面上。由于涂料是呈雾状喷出的，故能均匀地附着于金属表面上。喷涂工效高，耗料少，适用于大面积的防腐工程。和手工刷涂相比，涂层表面均匀光亮、质量易于保证，是目前广泛应用的一种施工方法。

喷涂的工作原理是压缩空气通过喷嘴时，产生高速度气流，将漆罐内的涂料液引射混合成雾状并随气流喷涂于金属表面上，使漆膜厚薄均匀，表面平整。只要调整好涂料的黏度和压缩空气的压力，并保持喷嘴距被涂物表面一定的距离和一定的移动速度，均能达到满意的操作效果。

喷枪所用压缩空气的工作压力一般为0.2～0.4 MPa。喷嘴距被涂物表面的距离，对平整表面一般为250～350 mm，对圆弧表面一般为400 mm为宜。喷嘴的移动速度一般为10～15 m/min。

喷涂的涂膜较薄，往往需要几次喷涂才能达到规定厚度。为提高一次喷涂的漆膜厚度，减少稀释剂的消耗量，提高工效，可采用热喷涂施工。热喷涂是将涂料加热至70℃左右后，注入漆罐进行喷涂。采用热喷涂比一般空气喷涂可节省2/3左右的稀释剂。工效可提高近一倍，同时还能改变涂膜的流平性。

（3）手工刷涂、压缩空气喷涂均应注意如下事宜：

1）按设计要求选定涂料，按底漆、面漆的规定遍数逐层喷刷。

2）涂料使用前应先搅拌均匀，表面已起皮的涂料，应用细纱网过滤，除去漆皮及杂质。按刷涂或喷涂不同施工方法的需要，选择适当的释释剂将涂料稀释。常用稀释剂有200号溶剂汽油或松香水。

3）喷刷均按规定遍数，先底漆后面漆依次进行，每遍厚度为0.3～0.4 mm，不得有流挂和漏涂。每涂一遍待干燥后，再喷涂下一遍。为防止漏涂（便于检查），前后两遍间涂料颜色可稍有区别。

底漆是金属防腐的基础层，应认真涂刷。

4）喷刷防腐涂料时，操作环境应保持清洁，无风沙灰尘，温度宜在15～30℃。喷刷（尤其是喷涂）应做好防护，如操作者戴口罩、防护帽、风镜；对不应喷涂处加以覆盖等。

5）喷刷涂料均应使漆膜均匀不得有堆积、漏涂、皱纹、气泡、掺杂及混色等缺陷。

6）薄钢板在制作咬接风管前，宜涂防腐涂料一遍，否则咬接口处易先腐蚀而漏风。

7）涂料及稀释剂属易燃材料，必须存放在专用库房内，挥发性稀释剂必须装在密闭的容器内保管；施工现场及库房应通风并严禁烟头。

8）性质不同的油漆、涂料，不得混合使用；大风天或有灰尘的环境不宜施工，以防漆膜粗糙、起泡。

二、通风与空调系统的绝热

1. 通风与空调系统绝热的意义

在空气调节系统中，为严格控制送风温度，确保空调房间的空调参数稳定，必须进行绝热施工。以减少热量（冷量）的损失。对通过非空调房间的风管、配件、部件和通风机的保温（保冷），尤为重要。

在排送高温空气的通风系统中，为了防止操作人员不慎被烫伤以及降低操作环境的温度，改善劳动条件，对风管也应采取保温隔热措施。

由于空调工程常常是冬、夏季共用一个空调系统，因此，保温结构应能同时满足冬季防止热量损失，夏季防止冷量损失的要求。在这种情况下，空调系统常常采用保冷结构施工。而对单纯为了减少热损失或隔热时，可采取保温结构施工。

2. 保温（保冷）结构的组成及其材料

绝热俗称保温，绝热则更为确切。绝热是减少系统热量向外传递（保温）和外部热量传入系统（保冷）而采取的一种工艺措施。绝热包括保温和保冷两层含义，习惯上通称保温。

保温结构由防锈层、保温层、防潮层（对保冷结构而言）、保护层、防腐层及识别标志层等组成。

防锈层是喷刷于风管、配件、部件及设备表面上的防腐涂料层，只有在防腐涂料层已施工完毕，并经验收合格后，方可进行保温结构的施工。

（1）保温（保冷）层。保温层由保温材料构成，是保温结构的主要部分，起保温和保冷的双重作用。保冷结构应首先考虑密度小、导热系数小、吸湿率低的保温材料；而保温结构应首先考虑材料在高温下的热稳定性。

（2）保冷结构防潮层。它所用材料有沥青及沥青油毡、玻璃丝布、聚乙烯薄膜、铝箔等防潮层，只有在有保冷要求情况下方设此结构层。这是由于保冷结构传递的方向是由外向内的，在传热过程中保冷结构内外壁之间由于温度差而产生水蒸气分压差。大气中的水蒸气在分压差作用下，随热流一起渗入绝热材料内部，并在其内部产生凝结水或结冰现象，导致绝热材料导热系数增大及结构开裂。对一些有机材料的保温材料，还会因受潮而发霉腐烂，最终完全损坏而失去保温作用。防潮层的设置就是为了防止水蒸气的渗入，以保护保温（冷）层不致因水蒸气的渗入而失去其绝热作用。

（3）保护层。保护层常用材料有石棉石膏、石棉水泥、金属薄板（镀锌钢板）、玻璃丝布等。保护层是设于保温层（或保冷结构的防潮层）外部的防护结构，其主要作用是保护保温层或防潮层不受机械损伤，是必不可少的保温结构层。

3．保温（保冷）结构的施工

保温结构的施工方法很多，应视风管断面（圆形、矩形）及保温材料规格（散装、板材、毡材、瓦块等）情况，按设计要求选定。

（1）绑扎法保温。矩形风管板材及毡材的绑扎法保温方法分别如图9—22a和图9—22b所示。

1）保温施工时，先在风管上绑扎保温材料（玻璃棉或岩棉板、玻璃棉或岩棉毡）。

①对板材，绑扎是用铝箔玻璃布贴面，再用铝箔玻璃布包角。

②对毡材，是用0.5 mm镀锌钢板包角，再用尼龙打包带绑扎牢固，绑扎可用打包机进行。

2）保温层上的铝箔贴面层必须绑扎牢固。

①对板材，是用宽60 mm的玻璃布胶带绑扎，并在贴面层上用间距不大于300 mm的加固卡子钉牢的。

②对毡材，除用上述胶带和卡子扎牢外，还要用间距不大于600 mm的尼龙打包带及包角扎牢。

3）铝箔玻璃布贴面层绑扎牢固后，用玻璃布全面缠包覆盖贴面层，玻璃布缠包时搭接宽度应为60～80 mm，

4）最后在玻璃布覆面层上涂刷两遍防火涂料。

以上保温厚度δ，对空调房间内的风管$\delta=30$ mm；非空调房间内的风管，岩棉板（毡）$\delta=50$ mm，玻璃棉板（毡）$\delta=40$ mm。

圆形风管的绑扎法保温，如图9—23所示，保温材料选用玻璃棉或岩棉管套、玻璃棉或岩棉毡。

保温施工时，先在圆形风管上缠包毡材，（或套上保温管壳），并缠包铝箔玻璃布贴面层，用宽60 mm的铝箔玻璃布胶带沿管轴方向将贴面层包缝封闭。

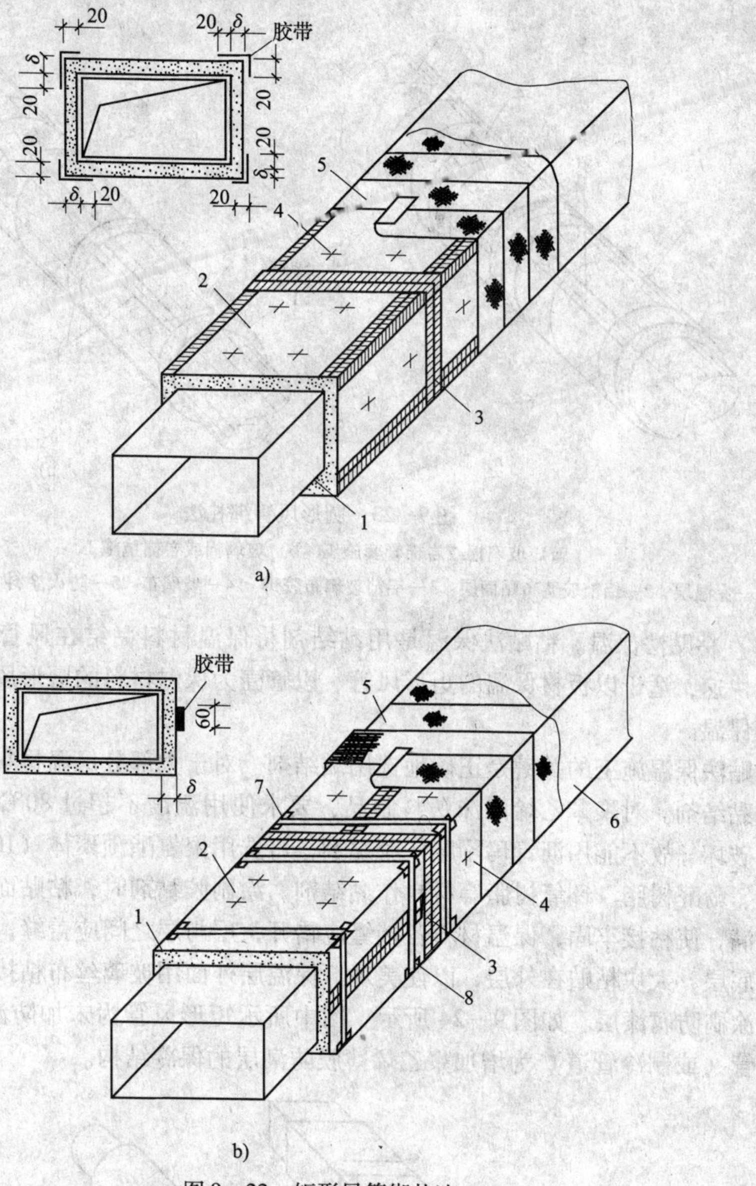

图 9—22　矩形风管绑扎法

a）板材的绑扎施工　b）毡材的绑扎施工

1—保温层　2—铝箔玻璃布贴面层　3—铝箔玻璃布胶带　4—加固卡子　5—玻璃布

6—防火涂料　7—尼龙打包带　8—包角

对管套保温时，应用铝箔玻璃布胶带做横向绑扎；

对毡材保温时，应用 18# 镀锌铁丝绑扎，绑扎间距均为不大于 300 mm，以保证铝箔玻璃布贴面层缠包的紧固；

随后在贴面层上缠包玻璃布，搭接宽度为 60 ~ 80 mm；

最后在玻璃布面上涂刷两遍防火材料。

圆形风管的以上保温结构总厚度同矩形风管的绑扎法保温厚度。

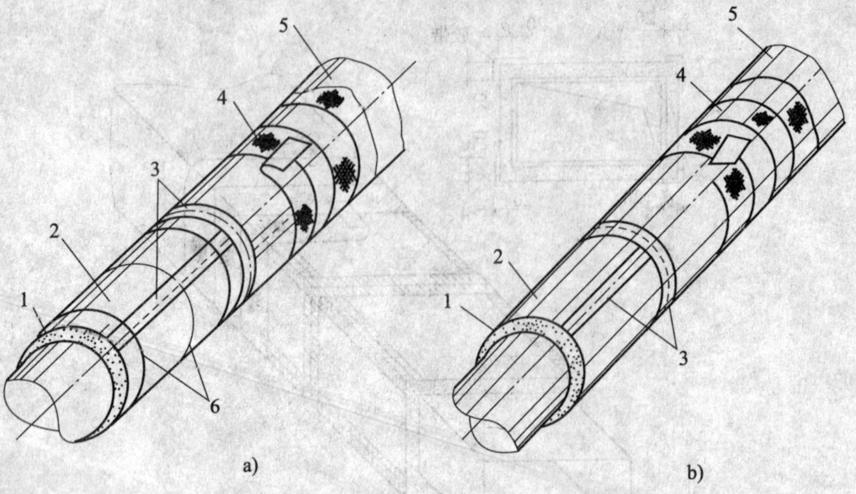

图9—23　圆形风管绑扎法

a）玻璃棉或岩棉管套施工　b）玻璃棉或岩棉毡施工

1—保温层　2—铝箔玻璃布贴面层　3—铝箔玻璃布胶带　4—玻璃布　5—防火涂料　6—镀锌铅丝

（2）粘贴法保温。粘贴法保温是用黏结剂将保温材料黏结在风管或管道上，其施工简便快速，适于以板材保温的矩形风管、以管壳为保温材料的圆形风管或制冷、热力管道的保温。

粘贴法保温施工的关键是正确地选用黏结剂。对于大部分保温材料均可选用沥青玛琋脂作黏结剂。对聚苯乙烯泡沫塑料制品，要求使用温度不超过80℃，温度过高材料会受到破坏，故不能用沥青玛琋脂作胶黏剂，可选用聚氨酯预聚体（101胶）或醋酸乙烯乳胶、酚醛树脂、环氧树脂等材料作黏结剂。涂刷胶黏剂时，粘贴面及四周接缝处应均匀饱满，使粘接牢固，保温材料各接缝应错开，层与层之间应盖缝，且使小块保温材粘贴在底层、大块粘贴在外层，以使美观。保温层外面用玻璃丝布粘接做保护层，并根据要求涂刷防腐漆层。如图9—24所示。图中所示矩形风管为未加防潮层的保温结构；圆形风管（或制冷管道）为增加聚乙烯薄膜防潮层的保冷结构。

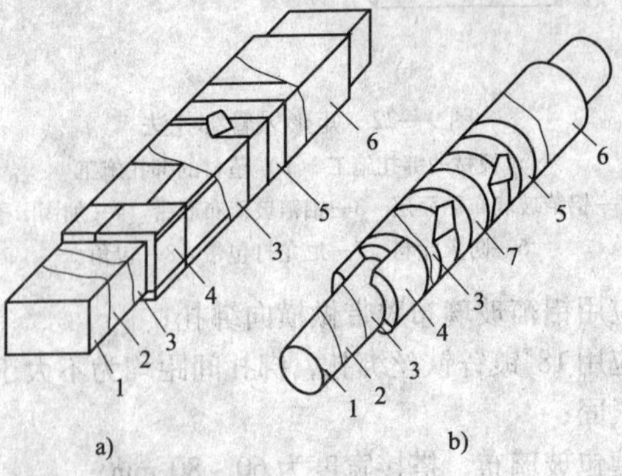

图9—24　粘贴法保温结构

a）矩形风管　b）圆形风管

1—风管　2—保锈层　3—黏结剂　4—保温材料　5—玻璃丝布　6—防腐漆　7—聚乙烯薄膜

（3）钉贴法保温。矩形风管采用较多的另一种保温方法是钉贴法。它是用保温钉代替黏结剂将泡沫塑料类保温板固定在风管表面上，这种方法操作更简便，工效高。所用保温钉有铁质的、尼龙质的，顶部垫片有一般铁垫片、自锁垫片，以及用白铁皮现场制作的保温钉等。

1）先用黏结剂将保温钉粘贴在风管表面上，粘贴的数量见表 9—1。

表 9—1　　保温钉粘贴数量（只）

使用的隔热材料	在风管侧面、下面	在风管上面
岩棉保温板	20 只/m^2	10 只/m^2
玻璃棉保温板	10 只/m^2	5 只/m^2
泡沫塑料保温板	12 只/m^2	6 只/m^2

2）保温钉粘牢后，用手或木方尺轻轻拍打保温板，保温钉便穿过保温板而露出。

3）再套上垫片并压紧，将外露部分扳倒（自锁垫片压紧即可）即将保温板固定。这种方法最大特点是节省了许多黏结剂，且使施工速度加快。其结构如图 9—25 所示。为使保温板固定更牢固，外表面也应用镀锌铁皮带或尼龙带包扎。随后在保温板面上涂刷黏结剂，缠包玻璃丝布，最后在玻璃丝布面上涂刷防腐漆。

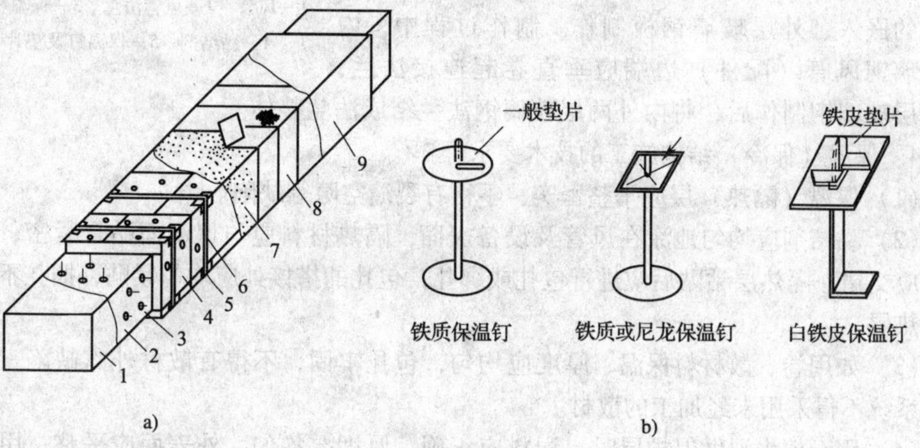

图 9—25　钉贴保温结构

a）钉贴保温结构　b）保温钉

1—风管　2—防锈层　3—保温钉　4—保温材料　5—包角　6—包扎带
7—黏结剂　8—玻璃丝布　9—防腐漆

（4）风管内保温。风管内保温能产生良好的消声效果。在空调系统有消声要求而安装消声器又有困难的情况下采用。它是将钉贴和粘贴两种方法联合使用，把保温材料贴在风管内部，其目的是增加保温板与风管的结合力，使板材不致在风力作用下脱落。

风管内保温多用毡状材料，如玻璃棉毡等。为防止棉毡被风吹成细微粉末带入空调房间，多在棉毡表面涂一层胶质保护层。保温时先将棉毡裁成块状，注意尺寸应准确，不能过大，以防棉毡凸起被风吹脱；不能过小，以防黏结缝隙过大。黏结前先将风管内部擦洗干净，然后黏结保温钉，保温钉黏结牢固后，刷黏结剂并迅速将保温材料贴合紧密，注意不可碰到保温钉，最后在钉上套好垫片，扳倒凸出钉头。黏结时注意在四角处搭接时，应用小块顶住大块，防止大块下垂；保温材表面的胶质保护层很脆，施工时注意防护不使损坏；管口及接缝处应刷上黏结剂使其密封。如图 9—26 所示。

风管内保温多在加工厂内集中预制，对保证保温质量，提高工效均有明显实效。

（5）玻璃钢保温风管。目前，在送风系统中玻璃钢保温风管得到较广泛的应用，这种保温风管是由两层玻璃板中间夹一层保温材料组成。内层玻璃钢厚度一般略薄于外层玻璃钢。夹层中的保温材料可用矿棉板或苯板，前者防火性能优于后者，后者组合刚度优于前者，保温层厚度如设计无规定一般以 25 mm 应用较多，内外层玻璃钢厚度由设计确定。

玻璃钢保温风管是在工厂中一次加工制作的，其制作步骤是：模具制作、内层玻璃风管制作、保温材料的嵌入、外层玻璃钢板制作。制作过程中，内层玻璃钢风管（配件）边端应垂直卷起连接法兰，待外层玻璃钢制作后，将内外两层玻璃钢法兰结成法兰整体。

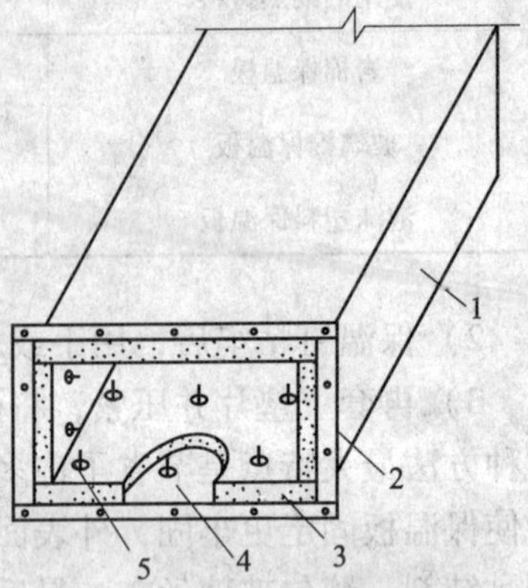

图 9—26　风管内保温结构

1—风管　2—风管法兰　3—保温材料　4—黏结剂　5—保温钉及垫片

4．保温（保冷）结构施工的技术要求

（1）保温（隔热）层应平整密实，不得有裂缝空隙等缺陷。

（2）黏结剂应均匀地涂在风管及设备表面，隔热材料应与保温面贴合紧密；纵横接缝应交错；隔热层粘贴后应进行包扎或绑扎，包扎的搭接处应均匀紧贴，捆扎不得破坏隔热层。

（3）如用卷、散材料保温，厚度应均匀，包扎牢固，不得有散材外露缺陷。空气洁净系统不得采用未经加工的散材。

（4）用石棉水泥做保护层时，配料应正确，厚度要均匀，外表面应平整；用油毡做保护层时，搭接处应顺水流方向，并以沥青粘贴，间断捆扎牢固，不得有脱壳现象；用玻璃布、塑料布做保护层时，应搭接均匀，松紧适当。

（5）室外风管用镀锌薄钢板做保护层时，连接缝应顺水流方向，以防渗漏。

（6）电加热器前后 800 mm 范围内的风管保温，应采用非燃烧材料；水管、风管与风机盘管、诱导器、空调器的接头处，以及产生凝结水的部位，均应保温良好。

（7）风管支吊架部位的保温做法，如图 9—27 所示，所用加固卡子的两种形式如图 9—28 所示。风管法兰连接处的保温做法如图 9—29 所示。

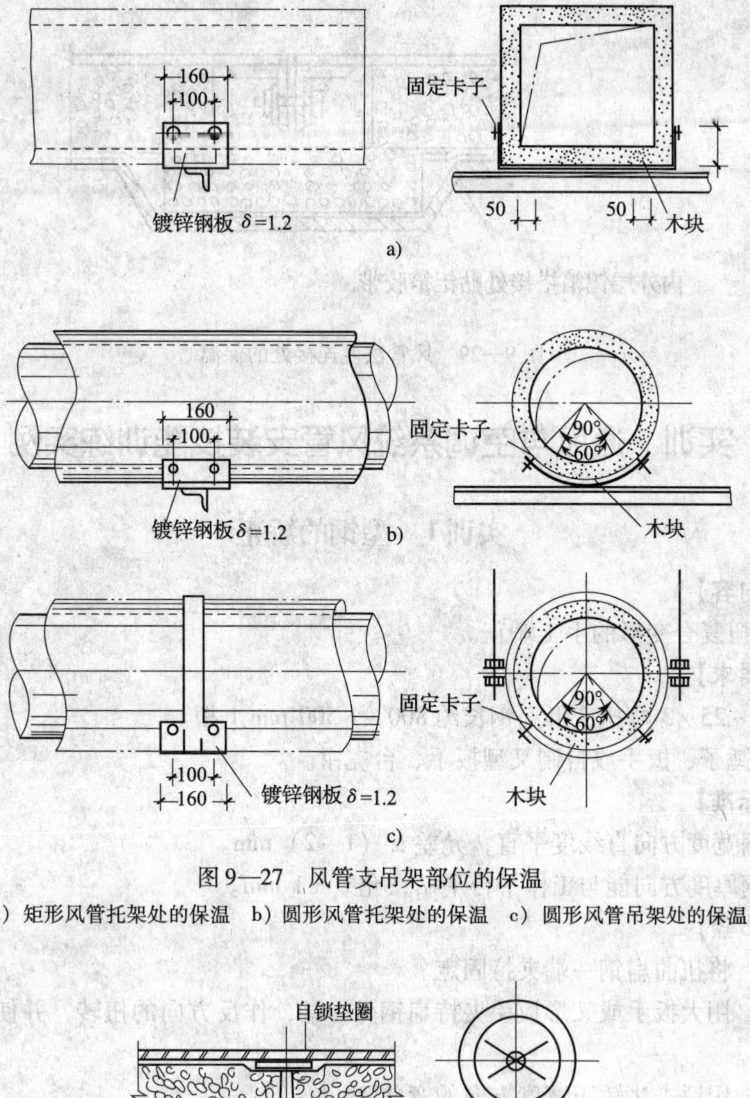

图 9—27　风管支吊架部位的保温

a）矩形风管托架处的保温　b）圆形风管托架处的保温　c）圆形风管吊架处的保温

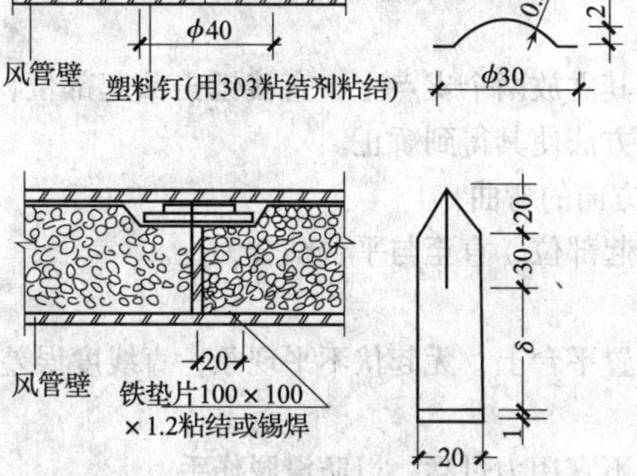

图 9—28　保温加固卡子的两种形式

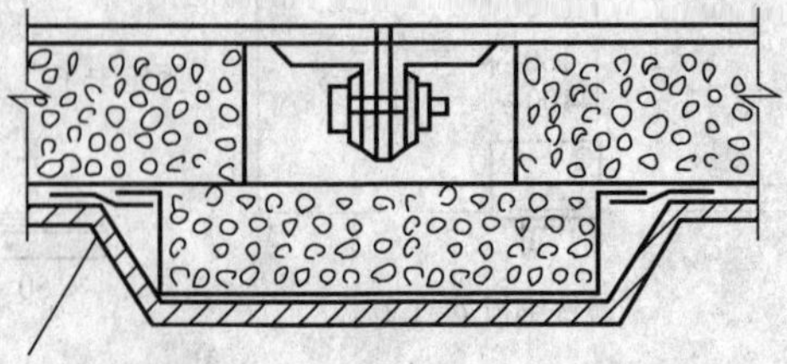

图 9—29　风管法兰连接处的保温

实训　通风与空调系统风管安装技能训练实例

实训 1　型钢的矫正

【实训内容】

扁钢弯扭复合变形的手工矫正。

【准备要求】

材料：－25×3 弯扭变形扁钢长约 800～1 500 mm 1 根。

工具：锤子、扳手或自制叉型扳手、台虎钳。

【质量标准】

1. 扁钢宽度方向直线度平直，允差±（1～2）mm。
2. 扁钢厚度方向能与工作平台平贴，允差±1 mm。

【操作步骤】

步骤 1　将扭曲扁钢一端夹持固定。

步骤 2　用大扳手或叉形扳手夹持扁钢另一端，作反方向的扭转，并使之稍过一点（矫枉过正）。

步骤 3　用锤击法矫正宽度方向的弯曲。

变形较小时，可用锤直接击打扁钢弯曲的内侧，使短纤维伸长，长纤维压缩变短。

若变形较大，可将其立放两个支点上，直接锤击凸起部位，使之产生压缩性变形；还可采用三角形的锤击方法使其得到矫正。

步骤 4　矫正厚度方向的弯曲。

用锤子直接击打凸起部位，直至与平台贴合为止。

【质量验收】

将矫正后的扁钢放置平台上，无起伏不平现象，直线度误差不大于 2 mm。

【注意事项】

用扳手扭曲扁钢时不宜用力过猛，以防滑脱伤手。

实训2　风管卡箍的制作

【实训内容】

矩形风管高为120 mm，宽为320 mm卡箍的制作。

【准备要求】

材料：－25×3长660 mm扁钢1根。

工量机量：2 m钢卷尺、1 m钢板尺、石笔、钢锯或砂轮切割机、锤子、样冲、钻头及台钻、台虎钳。

【质量标准】

1. 折边角度均为90°，孔位正确，孔径圆滑。

2. 矩形卡箍折曲后立放平台上，两带孔折边平面均与平台贴合；卡箍侧面应在同一平面内，无歪扭。

【操作步骤】

步骤1　在－25×3扁钢上量取660 mm并用石笔划出切断线，用钢锯或切割机切断。

步骤2　用钢板尺在扁钢25 mm宽度上划出中心线，并按固定孔的尺寸划出十字线，用样冲冲打定位孔。

步骤3　在台钻上钻削螺栓孔。

步骤4　在台虎钳上折曲宽为320 mm方框后，再由扁钢一端在保证高为120 mm尺寸后的定位孔部分夹持在台虎钳口内（防止孔变形）折曲成90°，另一端也以同样方法折曲成90°。

步骤5　检查并修整各部尺寸及90°，直至符合要求。

【质量检验】

1. 扁钢卡箍立放平台上平直，无歪斜，折角方正。

2. 卡箍尺寸符合120 mm×320 mm的要求。

3. 卡箍螺栓孔定位准确，折曲部分在同一平面内。

【注意事项】

在台钻上钻孔严禁戴手套。

实训3　吊架的制作

【实训内容】

横担及吊杆的制作。

【准备要求】

材料：∠30×4等边角钢1根，ϕ8圆钢1根。

工量机具：钢卷尺、宽座角尺、石笔、钢锯、锤子、样冲、台钻及ϕ8.5麻花钻头、板牙及板牙架、铁砧子。

【质量标准】

1. 横担平直、孔位准确，孔径符合要求。

2．吊杆螺纹端螺扣整齐光滑，无断扣现象，长度符合要求；吊杆吊钩形状圆度圆滑，无直边现象。

【操作步骤】

步骤1 在∠30×4等边角钢上按实际需要划线，切割。

步骤2 在角钢30 mm平面上划出中心线后，再划出吊杆螺栓孔定位十字线，并以样冲打定位孔眼。

步骤3 用ϕ8.5麻花钻头在台钻上钻出吊杆孔，横担即告完成。

步骤4 按实际需要尺寸，在ϕ8圆钢上划线切断吊杆。

步骤5 吊杆一端在砂轮机上或直接用锤击打使端头略呈锥形后，夹持台虎钳上，用板牙架双手往下用力揿按并旋转，使牙扣缓缓进入圆钢切削。

步骤6 待板牙进入圆钢后，每转动两圈，便退扣半圈，以利退屑；并用机油润滑，直至板牙切削出外螺纹长度约60 mm止。

步骤7 在吊杆的另一端，用锤子直接在铁砧上冷作锻打圆钢捻尖后，徐徐加力，如图9—15b所示，锤打成钩状。

【质量验收】

1．横担平直无歪扭现象，孔位孔径符合要求。

2．吊杆外螺纹无断扣现象，螺扣光滑，螺杆长度合适。

3．吊杆的吊钩基本呈3/4圆形，端头捻尖，利于钩挂。

【注意事项】

加工吊杆外螺纹，扳动板牙施力要适度、均匀，并不时倒扣退屑及加油润滑。

吊杆的吊钩冷作加工注意方向性，否则易将钩加工成多边形。

实训4 角钢法兰与风管的装配铆接

【实训内容】

法兰与矩形风管的装配铆接。

【准备要求】

材料：施工现场任意一节矩形风管与两只法兰、铆钉。

工量机具：方锤、垫铁、2 m钢卷尺、90°角尺、手枪电钻。

【质量标准】

1．法兰与风管贴合较紧密，无空漏现象。

2．法兰边与风管棱线垂直，法兰端面与平台垂直。

3．风管两端法兰互相平行且尺寸一致。

4．铆钉头成型饱满，翻边量基本一致，平整。

【操作步骤】

步骤1 检查将要装配的风管与法兰尺寸，风管外径应略小于法兰内径。

步骤2 将两只法兰分别套入风管两端，并使翻边量外露出法兰端面。

步骤3 检查一端法兰外露翻边量合适，即将该端头铆钉孔用手枪钻钻孔并铆接，再用角尺校验法兰90°后，将最远端铆钉孔钻削并铆接。

步骤 4 向内翻转风管 90°后，再以角尺校验法兰，并把最远端铆钉孔钻削铆接。

步骤 5 以同样方法将已铆接的对应边法兰找正铆接。

步骤 6 以同样方法把风管另一端法兰找正并铆接，铆接过程中，应当用钢卷尺测量两端法兰直线距离相等，用角尺校验法兰端面与平台垂直。

步骤 7 将两只法兰的所有铆钉孔钻削并铆接。

步骤 8 把两只法兰翻边全部敲出后，再检查铆钉铆接及翻边质量。

【质量验收】

1. 法兰铆接牢固、平正，无虚铆、歪扭现象。
2. 两只法兰互相平行，任意一点距离尺寸一致。
3. 法兰内边与风管外壁贴合较好。
4. 翻边量基本一致、平整。

【注意事项】

风管两端套法兰揿按时施力要得当，勿用力过猛，以防因风管突陷而将手指推入法兰内挤伤。

实训 5 风管组对区段的吊装

【实训内容】

风管在地面组对成区段后吊装至支架就位。

【准备要求】

材料：安装现场任意一段地面组装后的几节矩形风管。

工量机具：滑轮两只、绳索、锤子、扳手、高凳、双面合梯、2 m 钢卷尺、20 m 钢盘尺。

【质量标准】

1. 风管吊装就位后平直、水平、无歪斜现象。
2. 支架间距符合要求，风管无下坠。
3. 配件位置正确，出入口尺寸准确。

【操作步骤】

步骤 1 检查支架标高尺寸，并将横担拨至与风管走向平行位置。

步骤 2 悬挂滑轮，在风管区段的两端合适位置捆绑绳索，并将绳索另一端穿入滑轮轮槽后拽下。

步骤 3 由 1 人下令，拉动绳索起吊风管离地约 300 ~ 500 mm 后停止起吊，再由 1 人检查绳索捆绑无问题后再行起吊。

步骤 4 当矩形风管底平面起吊高度超过标高时，下令停止提升，用高凳或合梯由数人把吊架横担拨回原位后穿入吊杆并紧定螺母，使横担上平面符合设计标高。

步骤 5 下令下落风管于支架横担上。

步骤 6 检查风管水平度、平直度及标高，并作适当微调，使之符合要求。

步骤7 解下捆绑绳索，卸下滑轮。

【质量验收】

1. 风管水平度、平直度无问题，观感质量好。
2. 风管标高符合要求，横担、吊杆无歪斜。

【注意事项】

1. 滑轮吊点悬挂应牢固，绳索捆绑要牢靠且易于解扣。
2. 牵引绳索用力应适当，提升速度适中。
3. 吊杆胀锚端牢固，横担螺纹端调整合适后外露不得大于50 mm。

实训6 风管绝热施工

【实训内容】

矩形风管粘钉法保温施工。

【准备要求】

材料：安装现场任意一节矩形风管、保温板、黏结剂及保温钉。

工量机具：棉布、剪刀、2 m钢卷尺、毛刷、小油桶。

【质量标准】

1. 保温钉黏结牢固，粘钉数量、间距符合要求。
2. 保温板裁剪尺寸准确，搭接处无外露管壁现象。

【操作步骤】

步骤1 按风管几何尺寸在保温板上划线裁剪下料。

步骤2 用棉布用力擦拭风管外表面灰尘使其洁净。

步骤3 按表9—1要求数量在矩形风管四边粘贴保温钉。

步骤4 待保温钉干燥粘牢后，用手或木方尺拍打保温板，使其与风管外壁贴合，钉头外露。

步骤5 把垫片套入保温钉头并用力压紧使其自锁，使该处保温板与风管壁紧密贴合，即将保温板固定。

步骤6 选用镀锌铁带或尼龙带将外表包扎后，再在保温板上涂黏结剂，缠包玻璃丝布。

步骤7 用防腐涂料在玻璃丝布面上涂刷。

【质量验收】

1. 保温后的风管基本平直，保温板无明显凸凹不平现象。
2. 保温板与风管贴合紧密，保温钉头自锁性能良好。

【注意事项】

1. 粘钉前的板面清理一定要到位，否则钉黏结不牢固易脱落。
2. 粘钉后须待保温钉粘接牢固后再装板。
3. 安装保温钉头的垫片一定要用力揿按，使保温板与管壁紧密贴合后自锁。

单元测试题

一、填空题（请将正确的答案填在横线空白处）

1. 风管支、吊架起着控制风管位置，保证风管安装的水平度、垂直度、坡度以及支撑风管________的重要作用。

2. 托架为一端固定的悬臂结构，由________、斜撑和卡环组成；而吊架为吊挂型结构，由吊杆、________和螺母组成。

3. 型钢出现弯曲与扭曲复合变形后，矫正的顺序应先矫正________后矫正______；矫正扭曲的方法是将变形型钢一端固定，另一端用扳手或叉形扳手作________扭转后，再稍作锤击修正。

4. 在型钢上钻孔，一般先划出钻孔位置的十字线后，再用样冲冲打________，目的使钻孔时不偏移、跑位。

5. 圆形风管当采用两个半圆卡箍合成对开卡环悬吊时，制作时应使半圆卡箍________1/2 圆管，这样才能卡紧风管。

6. 若选用圆钢做吊杆，一般一端要进行________外螺纹加工，另一端需打圈或________的加工。

7. 支、吊架的防腐处理一般是涂刷或喷涂 1～2 遍________，干燥后再涂刷或喷涂________。

8. 风管系统的标高，矩形风管是指________，而圆形风管则指________，特殊情况除外。

9. 托架安装，沿墙时一般采用________安装；沿柱体时多采用________或预埋件______安装。

10. 吊架安装时若吊杆螺纹戴不满扣，使吊杆________；而吊杆过长，不仅浪费材料，也影响________质量。

11. 法兰与风管配件的连接形式有________、________及________ 3 种。

12. 法兰与风管装配铆接翻边后，测量两端法兰任意对应点端面尺寸应当______，则视为合格。

13. 法兰与风管装配铆接后，上下口不平行，出现歪扭，装入系统后会使水平管________，竖直管________。

14. 法兰与圆变径管装配所谓套法兰问题，是指小口端法兰________，而大口端套入后法兰内壁与变径管外表面________，铆钉________，因此，制作前必须采取措施解决之。

15. 风管组对连接成系统有两种方式，一种是在地面上把风管、配件及部件组对连接成________后起吊，另一种方式是________安装。

16. 法兰组对连接螺栓紧定时应用________对称紧定，使螺栓均匀受力，否则会使法兰连接处________而走风漏气。

17. 通风空调系统的防腐主要是针对________与________制成的风管、配件、部

单元 9

件或设备，工程上最为常用的措施是________防腐。

18. 绝热施工主要是针对________的，目的就是要减少________损失。

二、判断题（下列判断正确的请打“√”，错误的打“×”）

1. 托架固定一端常为栽埋法、抱柱法或焊接法，而另一端必须加设吊杆。（ ）

2. 吊架弹性连接主要是靠夹装橡胶减振圈或弹簧减振器与吊杆相连接，使吊杆具有弹性。（ ）

3. 圆钢的矫正，可以将圆钢置放平台上弯曲凸起部位朝上，直接用锤子击打凸起部位，直至圆钢在平台上能自由滚动。（ ）

4. 型钢弯曲矫正最为困难，扭曲变形的矫正相对容易。（ ）

5. 钻削较小的孔径，选择钻速应相对较高，这样钻孔时省力。（ ）

6. 卡箍的制作工序主要是划线、切断、钻孔与折方。（ ）

7. 支、托架安装，一般先根据风管标高计算出支架平面尺寸后，先弹划一条基准线，再进行栽埋。（ ）

8. 法兰与风管装配铆接，有时出现法兰强行套入风管后其纵向拼接缝被推开，原因是法兰口径大于风管口径。（ ）

9. 法兰与风管、配件的连接，最好选用翻边加点焊形式。（ ）

10. 当圆形风管直径较小，壁厚较薄时，常选用扁钢法兰与之连接，只需敲出法兰翻边即可。（ ）

11. 装配矩形法兰与风管时，一定要用90°角尺校验风管棱线与法兰边的垂直度，否则会出现歪扭。（ ）

12. 法兰与风管、配件铆接后，当风管翻边出现四层重叠时，处理或不处理都可以。（ ）

13. 风管系统组对连接在地面上操作较方便，因此，所有系统都应该在地面上组对连接。（ ）

14. 连接法兰的螺栓受力应均匀，而螺母不需要在同一侧，交叉设置利于提高其锁紧力。（ ）

15. 法兰垫片易突入风管内壁与外露，因此，制垫时可缩小其边宽，如法兰角钢边宽30 mm，垫片可以裁为20 mm。（ ）

16. 矩形法兰螺栓紧定时要十字对称顺序拧紧，而圆形法兰可按顺时针或逆时针紧定。（ ）

17. 通风空调系统的防腐是靠漆膜把空气、水分以及腐蚀性介质与金属隔离开来，使普通钢板与型材不生锈。（ ）

18. 绝热的目的在于保持空调房间的基本参数的稳定，以减少空调系统的热量损失。（ ）

三、单项选择题（下列各题中的选项中，只有一个是正确的，请将其代号填在横线空白处）

1. 沿墙或柱体敷设的风管安装，需________来支撑与定位。

A. 托架　　B. 吊架　　C. 桁架

2. 吊架使用的横担其制作工序是调直、划线、切断以及________。

A. 套螺纹　　B. 折方　　C. 钻孔

3. 变形圆钢矫正后，检验时以其能在平台上自由________为合格。

A. 滑动　　B. 滚动　　C. 移动

4. 一根角钢，弯曲变形严重又有点扭曲，此时的矫正顺序首先是________。

A. 弯曲　　B. 扭曲　　C. 弯扭交替

5. 型钢出现慢弯的变形，锤击矫正时应使两支点距离________，而锤击力量要小，才有较好的矫正效果。

A. 较小　　B. 较大　　C. 任取一种

6. 在钻台上钻削法兰螺钉孔或铆钉孔，因孔径较小，钻床的钻速应选择________，这样既省力，又不易折断钻头。

A. 低速　　B. 中速　　C. 高速

7. 圆扁钢卡箍的制作应按调直、划线、切断、钻孔、________的操作工序进行。

A. 折方　　B. 卷圆　　C. 折方后卷圆

8. 托架防腐处理时其栽埋端的处理要求是________。

A. 只刷底漆　　B. 只刷面漆　　C. 不得涂刷

9. 有冷凝水排放要求的空调系统的支、吊架安装的基准线，既是安装的中心线，又是安装________。

A. 风管棱线　　B. 坡度线　　C. 风管边线

10. 吊架的安装要求吊杆固定牢固、平直，底部横担平正，风管安装后无______。

A. 摆动现象　　B. 窜动现象　　C. 振动现象

11. 较小口径法兰与风管配件的装配的基本要求是：法兰的内径应比风管配件外径______较为合适。

A. 大 2 ~ 3 mm　　B. 大 5 ~ 10 mm　　C. 小 2 ~ 3 mm

12. 矩形法兰与风管的装配连接，当壁厚 $\delta \leqslant$ ________mm 时采用翻边加铆接形式。

A. 0.5 ~ 1.0　　B. 1.2　　C. 1.5

13. 矩形风管与法兰装配铆接，若法兰边与风管棱线不垂直，装在水平系统上必然会使风管系统________。

A. 不垂直　　B. 歪扭　　C. 不水平

14. 方圆变径管采取措施套法兰的方法是：圆口端加设短直管，而矩形口直接放出直边即可，短直管长度在________mm 之间较为合适。

A. 20 ~ 30　　B. 35 ~ 50　　C. 50 ~ 100

15. 装于设备层或吊顶内的可伸缩金属或非金属软风管的长度一般________m，并不得有死弯或塌凹现象。

A. 1.0 ~ 1.5　　B. 2.0　　C. 2.5 ~ 3.0

16. 水平安装的风管水平度每米允差不大于 3 mm，垂直安装的垂直度每米允差不大于 2 mm，二者总偏差不大于________mm。

A. 5　　B. 15　　C. 20

17．安装使用对合的双面梯时，中间应有拉绳控制梯子的________，以防止其滑脱。

A．高度　　B．张合宽度　　C．张力宽度

18．施工现场有一批型钢表面要进行除锈，较为合理的除锈方法是________。

A．喷砂除锈　B．机械带动钢丝刷　C．手工除锈

四、简答题

1．支、吊架形式有几种？各有何特点？

2．弯扭复合变形的角钢怎样矫正？

3．栽埋墙体内的托架如何安装？

4．法兰与风管、配件装配连接形式有几种？各有何特点？

5．风管系统法兰组对工艺过程及技术要求是什么？

6．支、吊架防腐涂料的手工涂料怎样进行？

7．矩形风管用保温板采用绑扎法施工怎样进行？

单元测试题答案

一、填空题

1．荷载　2．支撑横梁　横担　3．扭曲　弯曲　反方向　4．定位眼　5．略小于　6．套螺纹　打钩　7．底漆　面漆　8．管底　管中心　9．栽埋法　抱柱法　焊接法　10．受力不够　观感　11．翻边　翻边加铆接　焊接　12．相等　13．不水平　不垂直　14．套不进　不能贴合　无法铆接　15．某一区段　逐节　16．十字交叉　不严密　17．普通钢板　型钢　涂料　18．空调系统　能量

二、判断题

1．×　2．√　3．√　4．×　5．√　6．×　7．√　8．×　9．×　10．√　11．√　12．×　13．×　14．×　15．×　16．×　17．√　18．×

三、单项选择题

1．A　2．C　3．B　4．B　5．B　6．C　7．C　8．C　9．B　10．A　11．A　12．B　13．C　14．C　15．B　16．C　17．C　18．B

四、简答题

1．答：通风空调工程支撑风管系统的结构主要有托（支）架与吊架两种类型。

（1）托架为一端固定的悬臂机构，主要用于沿墙体或柱体敷设的风管安装，一般用支撑横梁、斜撑与卡环组成。

当风管口径较小，自重较轻时，还可省去斜撑；改为单独横梁的悬臂结构。

托架沿墙体敷设时，常为栽埋法固定；而沿柱体敷设时，可根据现场实际，分别可选用抱柱法或预埋件焊接法固定。

（2）吊架适用于风管系统吊装在楼板或屋架下的风管支撑固定，是由吊杆、横担与螺母组成。

吊杆一般与植根于楼板或屋架下的固定端钩挂或焊接形式固定，另一端由螺杆与螺

母控制横担的上下，以使风管系统符合设计标高。

工程中有时还会碰到托架与吊架并用形式。

2. 答：角钢弯扭复合变形矫正顺序必须是先矫正扭曲，再矫正弯曲。

（1）扭曲矫正常用的方法是将一端固定，再用大扳手或自制叉形工具作反方向扭转（略过一点），再以锤击略作修正。

（2）弯曲矫正相对容易，根据弯曲状况，选择合适支点的开度，以锤击打凸起部位，注意锤击下落部位应当在角钢厚度上，同时还应注意锤下落的推或拉的动作的协调。

3. 答：在墙体上栽埋托架工艺过程是：

（1）将制作好的托架插入墙体内，并使托架的中心线与安装基准钢丝（线）重合。

（2）将托架在洞内支撑固定，用90°角尺或目测校验托架侧面与墙体垂直，用水平尺校验托架横梁平面水平度。

（3）用水浇透墙洞后，用细石及混凝土捣实墙洞，浇筑捣实混凝土过程中应尽可能保持托架的相对稳定，基本捣实后，再次校验中心线、垂直度与水平度。

（4）符合要求后，再以砂浆抹平浇筑时略低于墙面的洞口。

4. 答：法兰与风管、配件装配连接形式有3种，分别是翻边形式、翻边加铆接形式以及焊接形式。

（1）翻边形式只适用于小口径圆风管与扁钢法兰的连接，不锈钢板、铝板风管与法兰的连接。

（2）翻边加铆接连接形式，广泛应用在工程中，凡壁厚$\delta \leq 1.2$ mm的风管、配件与角钢法兰的连接均采用之。

（3）当风管壁厚$\delta > 1.5$ mm时，与法兰连接可采用翻边加点焊或周边点焊再满焊的连接形式。

5. 答：风管、配件法兰组对连接是这样进行的：

（1）先在一只法兰孔中穿上螺栓并挂上垫片：

1）矩形法兰可先选择法兰四个角及法兰中间诸点穿上螺栓挂上垫片。

2）圆形法兰可采用十字交叉对称位置穿上螺栓并挂上垫片使垫片平贴法兰平面，螺栓及垫片外露量应小于10 mm。

（2）移动与其相连的另一只法兰，使两法兰端面靠近距离约10 mm，将螺栓穿入对应孔中，若有少许孔位不正，可用自制别棍借孔，待全部螺栓穿入后再稍作紧定。

（3）检查法兰垫片有无突入风管内壁或外露现象，并稍整理后，即可紧定螺母。

紧定螺母应注意以下问题：

1）紧定螺母的顺序应十字交叉对称紧定，一定不可以按顺时针或逆时针依次紧定。

2）紧定过程应随时观察调整风管连接的平直度。

3）使连接后的螺母在同一侧。

6. 答：支、吊架防腐涂料的手工涂刷工艺：

（1）根据要求选对涂料，并用稀释剂在漆桶内搅拌均匀，稀稠适当。

（2）用布或棉纱将支、吊架表面灰尘擦拭掉。

（3）用毛刷浸蘸涂料后，稍在桶边刮一下，以防毛刷浸蘸过多滴漏，然后迅即在型钢表面涂刷拉动，直至型钢表面被均匀涂抹一层防腐涂料。

（4）涂刷应先是底漆，再面漆。

底漆有时需要涂刷两遍，面漆一般只需一遍，当涂刷一遍后，一定等其干燥后，才能涂刷第二道漆。

7. 答：在矩形风管上使用玻璃棉或岩棉板，采用绑扎法保温，其工艺过程是：

（1）用保温板按风管尺寸计算下料后绑扎在矩形风管上并用铝箔玻璃布贴面包角。

（2）保温层上的铝箔贴面层必须绑扎牢固，用宽 60 mm 玻璃布胶带绑扎，并在贴面层上用间距不大于 300 mm 的加固卡子钉牢。

（3）铝箔玻璃布贴面绑扎牢固后，再用玻璃布全面缠包覆盖贴面层，玻璃布缠包其搭接宽度应在 60 ~ 80 mm 之间。

（4）最后用防火涂料在玻璃布覆面层上涂刷两遍。

理论知识模拟试卷样例（一）

一、填空题（请将正确的答案填在横线空白处，每空 1 分，共 20 分）

1．广义上的通风包括____和________两大部分，两者实际内容是不一样的。

2．______是依靠风机运转产生的动力，迫使室内外空气交换，达到改变室内空气环境的目的。

3．当一节圆风管轴线垂直于投影面时，得到的图形是圆，而在另外两个投影面上的投影则是________。

4．通风空调系统的轴测图是按照________轴测原理绘制的，用单线或双线绘出。

5．图纸幅面上的风管、设备尺寸都是按比例绘出的，若图纸上标明 M1∶100，图面尺寸 5 mm，实际尺寸应当是________。

6．通风工程使用的普通薄钢板及型钢易生锈，因此，用于工程必须进行________处理。

7．等边角钢常用于工程中制作法兰的材料，若使用的角钢边宽均为 30 mm，厚度为 4 mm，可简记作________。

8．聚氯乙烯板具有较好的耐腐蚀性，硬聚氯乙烯板常用来制作风管与配件，而软聚氯乙烯则用作________。

9．求一般位置直线实长的一种方法叫换面法，工程上移出作图叫________法。

10．圆弯管流经其中阻力的大小主要取决于________大小与分节数量的多少。

11．作圆形管件的展开，展开作图后应校验其展开周长必须等于计算的 πD，而作图的每一等分，必须是计算的________。

12．平行线法展开主要用于正圆柱或________管件与配件的展开。

13．手工或机械剪切板材，当被剪板边出现________时，说明上下剪刃有一定间隙。

14．使用咬口机加工咬口，当出现镀锌板材表面锌层脱落现象时，说明上下辊轮________，应调整后再使用。

15．圆形风管展开划线是根据直径 D 与管段长度 L，划出 $\pi D \times L$ 的矩形，再在纵缝上放出________后，方可剪切等工序的加工。

16．矩形风管制作，其纵缝的连接，较多的是采用________连接形式。

17．制作硬聚氯乙烯板的矩形风管，对折方线的加热属于________，是在上下加热管之间进行的。

18．制作玻璃钢风管与配件，玻纤布的铺设应错开接缝，不允许有________现象。

19．风管系统的标高，一般是指矩形风管的________，而圆形风管则指中心。

20．通风空调系统的防腐主要是针对________及型钢制成的制件，最为常用的方法

试卷

是喷刷涂料。

二、判断题（请将判断结果填入括号中，正确的打“√”，错误的打“×”；每题1分，共10分）

21. 通风与空调技术都是置换室内室气、改善空气环境，满足生活与生产的要求，二者几乎没有什么区别。（ ）

22. 一节圆变径管，当其轴线平行于投影面时，得到的投影是梯形。（ ）

23. 普通薄钢板具有较好的加工性能，价格也便宜，应当广泛用在通风空调系统中。（ ）

24. 手工直把剪不仅适用于板材的直线剪切，对于较小内圆弧曲线也有较好的剪切效果。（ ）

25. 位于垂直面上的平行曲线，在其所垂直的投影面积上投影仍为曲线。（ ）

26. 咬口连接具有变形小，外形美观的特点，因此，即使是用 $\delta=2$ mm 钢板制作风管，其纵缝仍然选用咬口连接。（ ）

27. 使用机械卷圆质量好、效率高，但要视管径的大小与板材的厚薄，一般是较厚的板卷圆时才使用之。（ ）

28. 硬聚氯乙烯板风管组对延长节时，应当把纵缝交错设置。（ ）

29. 钻削法兰等较小孔径时，应当使用较高的台钻钻速，这样不仅省力，也提高了工效。（ ）

30. 法兰垫片易突入风管内壁或外露，因此，制垫时可以任意缩小其边宽。（ ）

三、单项选择题（下列每题的选项中，只有1个是正确的，请将其代号填在横线空白处；每题2分，共20分）

31. 某电镀车间酸洗槽产生有害气体，可采用加装吸气柜或罩的方法，此种排风它属于________。

A. 全面排风　　B. 局部排气　　C. 全面送排风

32. 某超市出入口宽为6 m，此时应选择________送风空气幕墙较为合理。

A. 单侧　　B. 上送式　　C. 双侧

33. 三视图中的每个视图只能反映物体两个方面的尺寸，俯视图上反映是______。

A. 长度与高度　　B. 长度与宽度　　C. 高度与宽度

34. 如果一幅施工图有两种比例，除必须在图面上标注外，图中所标注尺寸一律按________标注。

A. 实际尺寸　　B. 按比例缩小　　C. 按比例扩大

35. 法兰与风管、配件的装配铆接，最常用的是钢制________。

A. 沉头铆钉　　B. 平头铆钉　　C. 半圆头铆钉

36. 在剪板机上剪切板材，应使________伸出上下剪刃间，这样板材在剪板机工作台面上平稳，利于剪切的控制。

A. 较窄面　　B. 较宽面　　C. 两者均可

37. 通风空调系统使用的任意角度圆弯头或来回弯，都有中节和端节之分，端节等

试卷

于________中节。

A. 1/2　　B. 1.5　　C. 2

38. 单立咬口手工加工双边的第二道折边过窄，咬合成咬口会出现________现象。

A 包边紧抵管壁　　B. 包边不严密　　C. 包边相互抵碰

39. 当圆变径管口径变化较大，高度较低时，角钢法兰套入小口端会发生________更无法铆接现象。

A. 轻松套入　　B. 无法套入　　C. 两者紧抵

40. 水平安装的风管水平度每米允差小于等于 3 mm，垂直安装的垂直度每米允差小于等于 2 mm，二者的总偏差小于等于________mm。

A. 5　　B. 15　　C. 20

四、简答题（每题 8 分，共 32 分）

41. 为什么圆形管件展开作图中的每一等分必须是计算的 $\pi D/n$？而不能取辅助圆上作图等分的长度？

42. 法兰与风管、配件装配出现虚铆，是何原因怎样解决？

43. 矩形风管制作怎样才能把握其加工质量？

44. 支、吊架防腐涂料的手工涂刷怎样进行？

五、作图题（18 分）

如图卷—1 所示，作圆管被弧形切割的展开图。

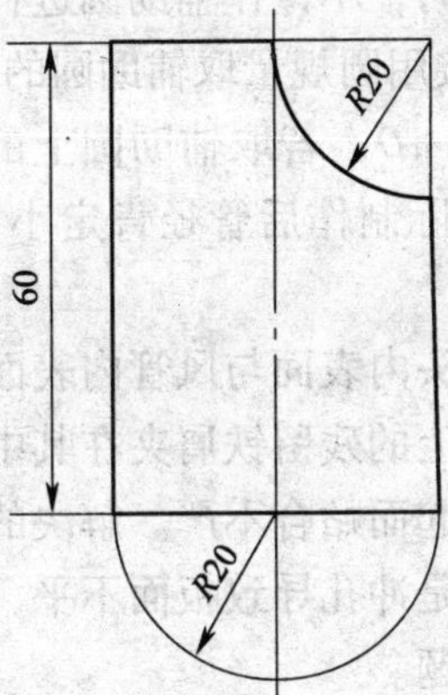

图卷—1

理论知识模拟试卷样例（一）答案

一、填空题

1．通风　空气调节　2．机械通风　3．矩形　4．斜等　5．500 mm　6．防腐　7．∠30×4　8．垫料　9．直角梯形　10．曲率半径　11．$\pi D/n$　12．正棱柱体　13．飞边毛刺　14．间隙太小　15．单平咬口留量　16．联合角咬口 17．局部加热　18．数层重叠　19．管底　20．普通钢板

二、判断题

21．×　22．√　23．×　24．×　25．×　26．×　27．√　28．√　29．√　30．×

三、单项选择题

31．B　32．C　33．B　34．A　35．B　36．A　37．A　38．B　39．B　40．C

四、简答题

41．答：圆形管件展开作图时，不论作辅助圆进行多少等分，展开作图时每一等分必须是计算的 $\pi D/n$，而不能直接用圆规量取辅助圆的 $\pi D/n$，因为只有用计算的$\pi D/n$，最终才能保证管件的展开周长为 πD；若取辅助圆上的 $\pi D/n$，并不是取的弧长，而是弦长，结果便不能保证周长，实际制作后管径肯定小于实际需要的管径，甚至是件废品。

42．答：所谓虚铆是指铆钉头内表面与风管内表面没有紧密贴合。产生的原因是钻孔，主要是冲孔后，风管内表面上的残留铁屑夹在其中，有时还会因为冲孔时操作者将垫铁距所冲孔较远，而使板材隆起而贴合不严。解决的方法是在冲孔后，用方锤把内壁上的铁屑剔除后再穿入铆钉；若是冲孔导致板面不平，或用锤向外击打，或穿钉后再向外击打，均可消除板面不平的问题。

43．答：矩形风管制作应根据风管口径与板材的实际尺寸确定合适的咬口形式。

（1）展开放样，划出的矩形必须严格校验90°，并放出与其匹配的咬口留量。

（2）用手工或机械方法进行剪切。

（3）用手工或机械加工好咬口。

（4）用手工或机械方法进行折方，折方时必须严格按线进行。

（5）把加工好单边插入双边中再包边敲实。

制作矩形风管，重要的是控制展开放样尺寸准确且保证所有线条与边垂直；其次是折方时必须按线操作，第三包边要严实。只有这样，才能保证风管较好的内在与外观质量。

44．答：支、吊架防腐涂料的手工涂刷工艺：

答案

（1）根据要求选对涂料，并用稀释剂在漆桶内搅拌均匀，稀稠适当。

（2）用布或棉纱将支、吊架表面灰尘擦拭掉。

（3）用毛刷浸蘸涂料后，稍在桶边刮一下，以防毛刷浸蘸过多油漆滴漏，然后迅即在型钢表面涂刷拉动，直至型钢表面被均匀涂抹一层防腐涂料。

（4）涂刷应先是底漆，再面漆。

底漆有时需要涂刷两遍，面漆一般只需一遍，当涂刷一遍后，一定等其干燥后才能涂刷第二道漆。

五、作图题

答案如图卷—2 所示。

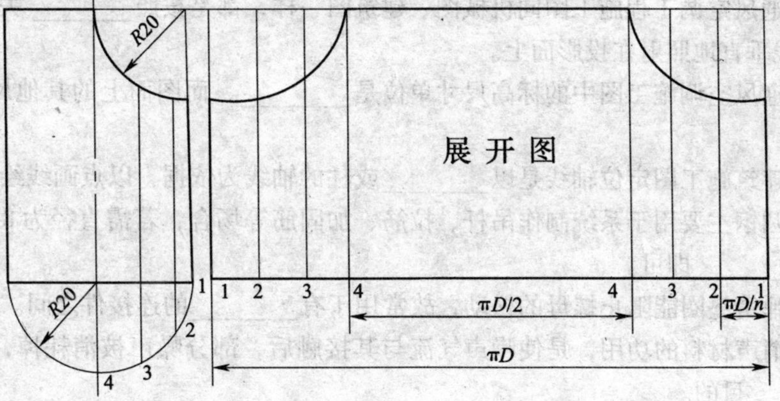

图卷—2

理论知识模拟试卷样例（二）

一、填空题（请将正确的答案填在横线空白处；每空1分，共20分）

1. 自然通风是利用室外风力造成风压以及室内外空气温度差与高度差产生的________使空气流动的通风方式。

2. 空调系统按使用新风量的多少分直流式、________以及全部回风空调系统。

3. 通风空调工程施工图同机械图、建筑图一样，都是按照________关系画出来的，即将光线垂直地照射在投影面上。

4. 通风空调施工图中的标高尺寸单位是________，而图面上的其他尺寸单位均为mm。

5. 建筑施工图定位轴线是以________或柱的轴线为依据，以点画线绘出。

6. 圆钢主要用于系统制作吊杆、拉筋、加固筋等场合，若需直径为8 mm的圆钢，可记作________即可。

7. 弹簧垫圈能阻止螺母的松动，故常用于有________的连接件之间。

8. 消声材料的功用，是使噪声气流与其接触后，部分噪声被消耗掉，达到降低系统的______目的。

9. 要系统掌握展开放样技术，必须首先掌握各种线段实长的鉴别以及求________实长的方法。

10. 作板壳构件展开图的方法有两种，目前工程上最为常用的是________。

11. 作一节圆直管被斜切或弧形切割的展开图应当选用________法。

12. 直角三角形法展开作图，就是设法应用诸多的素线将制件表面分割成若干________，然后求出实长后，再作出制件的展开图。

13. 使用直把剪刀或弯剪剪切板材，剪刃都不能完全闭合，否则一定会出现______现象，使被剪板边起伏不平。

14. 单平咬口制作时，若第二道折边________，咬口咬合后无凹槽，咬口边互相无抵靠，受横向外力时易被推开。

15. 当圆形风管长度有严格要求时，根据直径 D 与管段长度 L 划出 $\pi D \times L$ 的展开矩形后，在纵缝上除放出单平咬口留量，还需在风管两端放出________。

16. 矩形风管制作工序是展开划线，剪切下料，咬口加工、________、咬口咬合等

17. 制作硬聚氯乙烯板风管必须严格控制温度，当温度大于________时，板材会出现气泡、分层及碳化现象。

18. 玻璃钢风管及配件成型后，不得________，否则会因固化时间不够，必然导致风管主体变形。

19. 风管支吊架起着控制风管位置，保证风管安装的水平度、垂直度、坡度以及支

试卷

撑________的重要作用。

20. 空调系统的绝热施工的主要目的，就是为了减少________。

二、判断题（请将判断结果填入括号中，正确的打“√”，错误的打“×“；每题1分，共10分）

21. 空气的温度、相对湿度、气流速度与洁净度是空气调节调控的最基本参数。（ ）

22. 投影图无论光线的照射角度或距离有无改变，其图样都不会改变。（ ）

23. 型钢中的“∠30×4”表示的意义是：等边角钢，边宽30 mm，厚度是4 mm。（ ）

24. 使用剪板机剪切板材，无论被剪板的长与短，必须由两人看线，才能保证剪切尺寸的准确。（ ）

25. 圆柱管被斜切或圆弧切割后，其对应素线均不再反映实长，因此，展开放样时还得重新求出实长。（ ）

26. 使用手工直把剪或弯剪剪切板材，剪刃完全闭合后再移动，这样每次剪切线长度增加了，才能提高剪切效率。（ ）

27. 矩形风管制作时，其折方线应当严格控制，否则易出现歪扭现象。（ ）

28. 玻璃钢风管制作工艺相对麻烦，只要其表面基本光滑，厚度相关不大，有点分层、气泡现象也属正常。（ ）

29. 装配矩形法兰与风管，一定要用角度尺严格测量风管棱线与法兰边的垂直度，否则会出现歪扭。（ ）

30. 绝热的目的在于保持空调房间参数的基本稳定，以减少空调系统的热量损失。（ ）

三、单项选择题（下列每题的选项中，只有一个是正确的，请将其代号填在横线空白处；每题2分，共20分）

31. 通风空调系统运转过程中噪声的控制，还包含自身产生的________、电磁噪声与机械噪声的控制。

A. 乱流噪声　　B. 气流噪声　　C. 涡流噪声

32. 大型商场、超市空调系统需要处理的空气量大，服务面积广，应选用________空调系统。

A. 半集中式　　B. 局部式　　C. 集中式

33. 建筑施工图绘制时，定位轴线一般以承重墙或柱的轴线为依据，以________线表示。

A. 细实线　　B. 点画线　　C. 粗实线

34. 识读通风空调工程图时，若要查找风管及设备在高度方向上的位置及尺寸，应查阅________。

A. 平面图　　B. 轴测图　　C. 剖面图

35. 较小型号的槽钢常用来制作空调机组的支架或小型空调器吊架的横担，常以号数表示其大小，它的尺寸单位是________。

A. dm　　B. cm　　C. mm

36. 在卷圆机上卷制圆管，影响风管曲率半径的主要因素是______。

A. 手工掀按直边的弧度　B. 上轴辊下压量　C. 两下轴辊开度

37. 工程中应用直角三角形求实长，一直角边等于未反映实长线段的投影长，另一直角边则应等于______。

A. 斜边长　　B. 棱边长　　C. 实际制作高度

38. 单平咬口手工加工时；第二道折边常出现太窄或过宽现象，使咬口咬合时易被推开；第二道折边比咬口折边宽______mm 较为合适。

A. 10　　B. 8　　C. 3

39. 制作圆变径管两端变化较大，高度又较低时，角钢法兰套入大口时，会出现______无法铆接现象。

A. 法兰套不进　B 法兰内边与风管外壁不贴合　C. 法兰紧抵管壁

40. 装于设备层或吊顶内的可伸缩金属或非金属软风管的长度一般不应超过______m，并不得有死弯塌凹现象。

A. 2.0　　B. 2.5～3.0　　C. 3.5～4.0

四、简答题（每题 8 分，共 32 分）

41. 应用直角三角形法求实长的作图过程怎样？

42. 使用手工直把剪刀剪切板材消除剪刃间隙的操作要领是什么？

43. 正圆变径管制作工艺如何？

44. 法兰与风管、配件装配连接形式有几种？各有何特点？

五、作图题（第 45 题 18 分）

如图卷—3 所示，作矩形管被斜切的展开图。

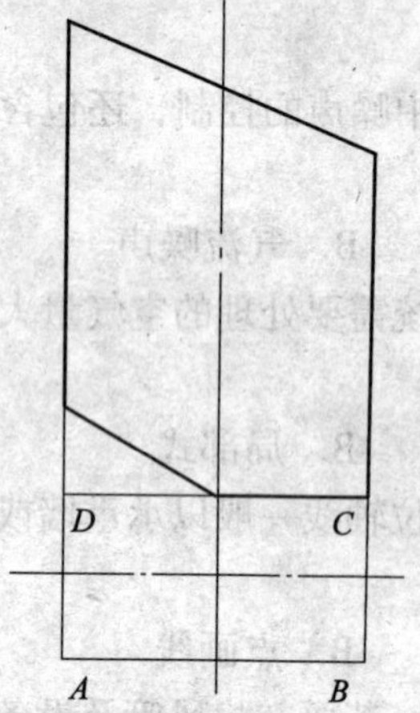

图卷—3

理论知识模拟试卷样例（二）答案

一、填空题

1．热压　2．部分回风　3．正投影　4．m　5．承重墙　6．$\phi 8$　7．振动载荷　8．噪声声量值　9．一般位置直线　10．展开放样　11．平行线法　12．三角形　13．扎刀　14．太窄　15．法兰翻边留量　16．折方　17．150℃　18．过早脱模　19．风管荷载　20．能量（冷、热量）损失

二、判断题

21．√　22．×　23．√　24．×　25．×　26．×　27．√　28．×　29．√　30．×

三、单项选择题

31．B　32．C　33．B　34．C　35．B　36．B　37．C　38．C　39．B　40．A

四、简答题

41．答：应用直角三角形求实长的作图过程是：

（1）画一个直角。

（2）令直角的一边等于未反映实长线段的投影长，另一直角边等于该工件实际制作高度。

（3）连接直角两端点成一直角三角形，其斜边则为所求线段的实长。

42．答：使用手工直把剪刀进行板材剪切控制剪刃间隙的操作要领是用右手的中指、无名指和小拇指控制剪刀下柄尽量向右拉，而用大拇指与虎口控制剪刀上柄向左推，此时两剪刃间隙就能消除，彼此紧密贴靠。

43．答：圆变径管制作：

（1）选择合适的展开方法，将扇形展开图划出再分别放出咬口留量后进行剪切。

（2）按咬口留量的多少加工好咬口折边并注意咬口一反一正。

（3）在钢管上按放射线方向卷制圆弧，两端口径不一样，掀按时应控制好圆弧度与力度。

（4）咬口钩挂后用木方尺将咬口压实。

（5）整形修理，去除卷圆时的少许硬棱或斜棱。

44．答：法兰与风管、配件装配连接形式有三种，分别是翻边形式、翻边加铆接形式以及焊接形式。

（1）翻边形式只适用于小口径圆风管与扁钢法兰的连接以及不锈钢板、铝板风管与法兰的连接。

（2）翻边加铆接连接形式，广泛应用在工程中，凡壁厚 $\delta \leqslant 1.2$ mm 的风管、配件与角钢法兰的连接均采用之。

答案

（3）当风管壁厚 $\delta>1.5$ mm 时，与法兰连接可采用翻边加点焊或周边点焊再满焊的连接形式。

五、作图题

45. 作展开图

答案如图卷—4 所示。

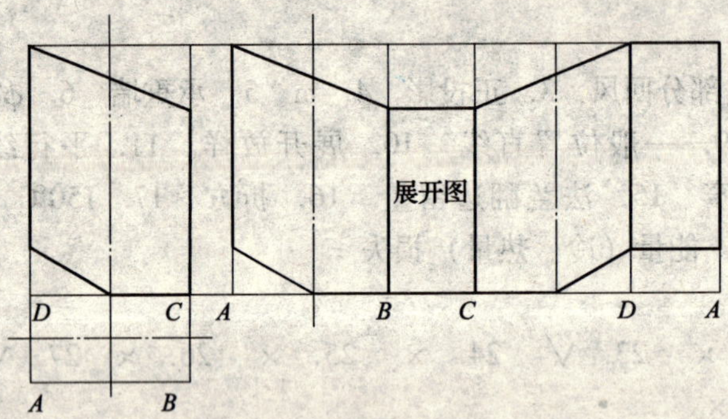

图卷—4

操作技能模拟试卷样例（一）

试题1　圆风管的展开与制作

尺寸如图卷—5所示。

本题分值：40分。

考核时间：60 min。

考核形式：实际操作。

试题2　矩形变径管展开与制作

尺寸如图卷—6所示。

本题分值：60分。

考核时间：150 min。

考核形式：实际操作。

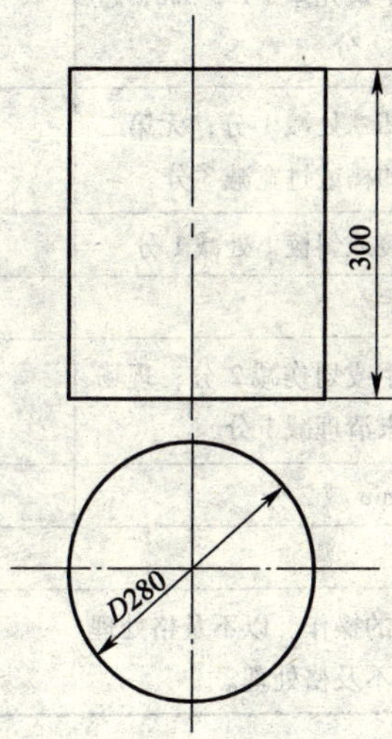

图卷—5

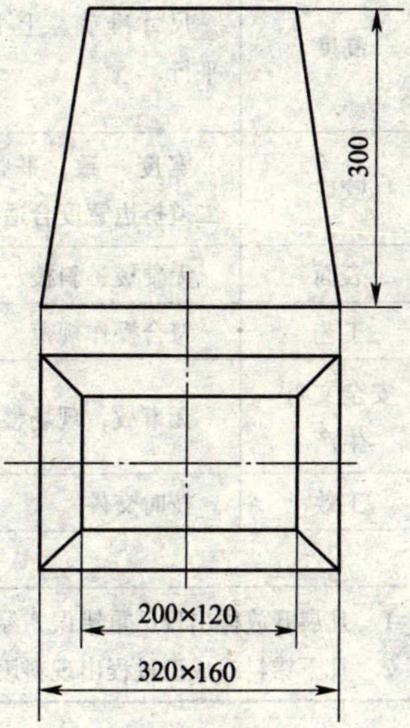

图卷—6

操作技能模拟试卷样例（一）考核内容及评分标准

试题1考核内容及评分标准见表卷—1。

试题2考核内容及评分标准见表卷—2。

表卷—1　　圆风管的展开与制作考核内容及评分标准

序号	测定项目	分项内容	配分	评分标准	检测结果	得分
1	展开图	作图方法正确，尺寸准确	4	展开矩形测量90°，πD尺寸允差1 mm，超1 mm减1分		
2	直径	尺寸准确，圆弧均匀圆滑	10	允差 -1 mm，超1 mm减2分；椭圆度允差 ±1 mm，超1 mm减2分		
3	高度	尺寸准确，上下口平行	6	允差 ±1 mm，超1 mm减1分；上下口允差 ±1.5 mm，超1 mm减2分		
4	咬口	宽度一致，平整第二道折边宽度合适	7	有凸凹二处减1分；无第二道折边凹槽或过宽减3分		
5	表面	无硬棱、斜棱	3	有硬棱或斜棱1处减1分		
6	工艺	符合操作规范	2	错误无分		
7	安全文明生产	无事故，现场整洁	3	有夹手或划伤减2分；现场边角料未清理减1分		
8	工效	按时交件	5	超5 min减2分		
合计	40分					
否定项	1. 凡展开放样出现严重错误，经考评员认定后，取消后面的操作，以不及格处理。 2. 凡下错料或成型过程出现料废的，亦取消考试资格，以不及格处理。					

表卷—2　　矩形变径管展开与制作考核内容及评分标准

序号	测定项目	分项内容	配分	评分标准	检测结果	得分
1	展开图	作图方法正确	10	图线清晰、准确，超1 mm减2分		
2	口径	尺寸准确，四个角90°	10	允差 -1 mm，超1 mm减2分；四角90°，一处不准减2分		
3	高度	尺寸准确，上下口平行	10	允差 ±1 mm，超1 mm减1分；上下口允差 ±1.5 mm，超1 mm减2分		

续表

序号	测定项目	分项内容	配分	评分标准	检测结果	得分
4	折边	棱线清晰，无歪扭	5	一条棱线有圆弧状或歪斜减1分		
5	咬口	宽度一致，平整，包边严实	5	有凸凹二处减1分，包边不严密二处减1分		
6	表面	平整，无棱痕	5	有二处减1分		
7	工艺	符合操作规范	5	错误无分		
8	安全文明生产	无事故，现场整洁	5	有划伤减2分，未清理边角料减1分		
9	工效	按时交件	5	超5 min减2分		
合计	60分					
否定项	1. 凡展开放样出现严重错误，经考评员认定后，取消后面的操作，以不及格处理。 2. 凡下错料或成型过程出现料废的，亦取消考试资格，以不及格处理。					

操作技能模拟试卷样例（二）

试题1　矩形风管的展开与制作

尺寸如图卷—7所示。

本题分值：40分。

考核时间：60 min。

考核形式：实际操作。

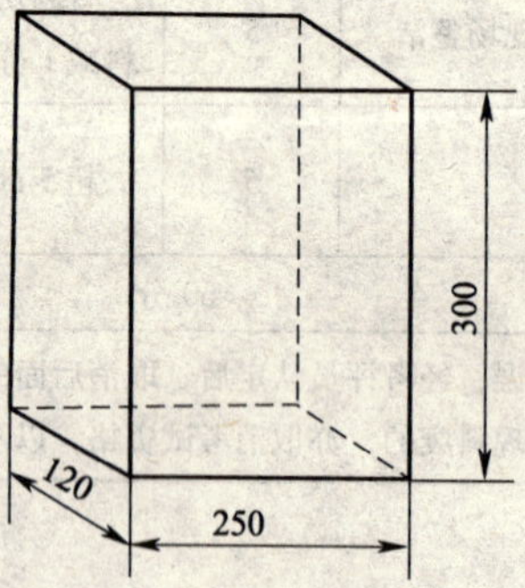

图卷—7

试题2　圆变径管的展开与制作

尺寸如图卷—8所示。

本题分值：60分。

考核时间：150 min。

考核形式：实际操作。

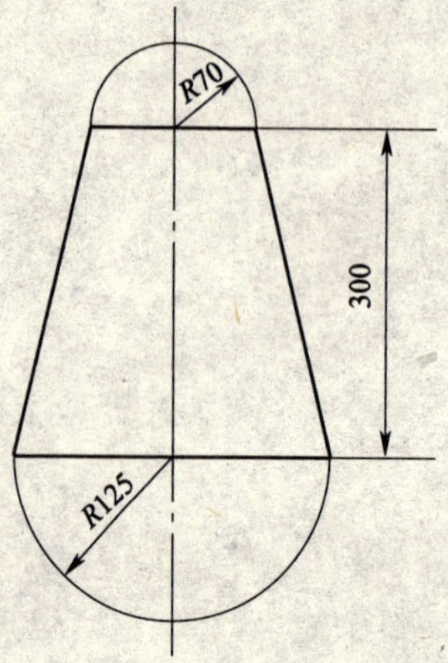

图卷—8

操作技能模拟试卷样例（二）考核内容及评分标准

试题 1 考核内容及评分标准见表卷—3。

试题 2 考核内容及评分标准见表卷—4。

表卷—3　　矩形风管的展开与制作考核内容及评分标准

序号	测定项目	分项内容	配分	评分标准	检测结果	得分
1	展开作图	作图方法正确	4	严格校验图线 90°，边长允差 1 mm，超 1 mm 减 1 分		
2	口径	尺寸准确，四角均为 90°	10	允差 -1 mm，超 1 mm 减 1 分；一角不准确减 2 分		
3	高度	尺寸准确，上下口平行	6	允差 ±1 mm，超 1 mm 减 1 分；上下口允差 ±1.5 mm，超 1 mm 减 2 分		
4	折边	棱线清晰，无歪扭	3	一条折线有弧状减 1 分，一边歪斜减 2 分		
5	咬口	宽度一致，平整包边严实	5	有凸凹二处减 1 分，包边不严密二处减 1 分		
6	表面	平整、无棱痕	2	有二处减 1 分		
7	工艺	符合操作规范	2	错误无分		
8	安全文明生产	无事故，现场整洁	3	有划伤减 2 分，未清理边角料减 1 分		
9	工效	按时交件	5	超 5 min 减 2 分		
合计	40 分					
否定项	1. 凡展开放样出现严重错误，经考评员认定后，取消后面的操作，以不及格处理。 2. 凡下错料或成型过程出现料废的，亦取消考试资格，以不及格处理。					

表卷—4　　圆变径管的展开与制作考核内容及评分标准

序号	测定项目	分项内容	配分	评分标准	检测结果	得分
1	展开作图	方法正确	10	校验 πD 及 πd 展开周长，未校一处减 2 分		
2	直径	尺寸准确，圆弧均匀圆滑	15	允差 -1.5 mm，超 1 mm 减 2 分；椭圆度 ±1 mm，超1 mm 减 2 分		

续表

序号	测定项目	分项内容	配分	评分标准	检测结果	得分
3	高度	尺寸准确，上下口平行	10	允差 ±1.5 mm，超 1 mm 减 1 分；上下口允差 ±1.5 mm，超 1 mm 减 2 分		
4	咬口	宽度一致，平整第二道折边宽度适中	5	有凸凹二处减 1 分；无第二道折边或过宽减 2 分		
5	表面	卷圆呈放射线状，无明显棱痕	5	有斜棱 1 处减 1 分		
6	工艺	符合操作规范	5	错误无分		
7	安全文明生产	无事故，现场整洁	5	有伤手一处减 2 分；有边角料减 1 分		
8	工效	按时交件	5	超 5 min 减 2 分		
合计	60 分					
否定项	1. 凡展开放样出现严重错误，经考评员认定后，取消后面的操作，以不及格处理。 2. 凡下错料或成型过程出现料废的，亦取消考试资格，以不及格处理。					

试卷